高等学校导航工程专业规划教材

导航装备原理与应用

主　编　王　坚

副主编　张　鹏　袁德宝　韩厚增　郭宝宇

参　编　刘　超　宁一鹏　胡　洪　李增科

　　　　王胜利　尹　川　李　鹏　黎　芳

　　　　陶叶青　刘　飞　周命端　陈　铮

WUHAN UNIVERSITY PRESS

武汉大学出版社

图书在版编目(CIP)数据

导航装备原理与应用/王坚主编 . —武汉:武汉大学出版社,2024.8
高等学校导航工程专业规划教材
ISBN 978-7-307-24304-0

Ⅰ.导… Ⅱ.王… Ⅲ.导航设备—高等学校—教材 Ⅳ.TN965

中国国家版本馆 CIP 数据核字(2024)第 045538 号

责任编辑:鲍　玲　　　责任校对:汪欣怡　　　版式设计:马　佳

出版发行:**武汉大学出版社**　　(430072　武昌　珞珈山)
(电子邮箱:cbs22@ whu.edu.cn 网址:www.wdp.com.cn)
印刷:武汉图物印刷有限公司
开本:787×1092　1/16　　印张:17.5　　字数:412 千字　　插页:1
版次:2024 年 8 月第 1 版　　2024 年 8 月第 1 次印刷
ISBN 978-7-307-24304-0　　定价:55.00 元

序

随着全球导航卫星系统（GNSS）的蓬勃发展，导航装备已跃升为现代社会不可或缺的重要工具，其自主研发能力更是成为衡量一个国家科技实力和国际竞争力的重要标尺。2020年7月31日，北斗三号全球卫星导航系统正式开通，不仅标志着我国在全球导航领域的重大突破，也确立了我国作为导航大国的国际地位。随着相关导航装备制造产业链的迅猛进步，我国已经成功摆脱了对外国技术的依赖。党的二十大强调加快建设航天强国，党的二十届三中全会提出"教育、科技、人才是中国式现代化的基础性、战略性支撑"，这说明无论是航天强国还是中国式现代化建设都对导航人才的培养提出了新需求。导航装备制造基础知识教育对导航人才的培养至关重要，唯有确保教学内容的前沿性、系统性与实践性，方能培养出适应新时代需求的优秀人才。

导航装备制造技术是测绘工程、电子工程、通信工程、计算机科学、机械工程、材料科学与工程、工业设计等多个学科交叉融合的技术，是导航工程专业必备的基础知识。编写一本适合高等学校导航工程专业使用，能够全面介绍导航装备制造专业知识的教材显得尤为重要。鉴于目前市场上尚缺乏一本系统阐述导航装备制造专业知识的教材，《导航装备原理与应用》的编撰显得尤为迫切且意义深远。它不仅有助于导航工程专业学生构建知识体系，更将对我国导航装备制造产业的持续发展产生积极的推动作用。

本书全面梳理了导航装备从研发到制造的全流程知识体系，形成了导航装备研制的完整知识框架。教材尽可能地对导航装备研制涉及的导航定位理论、电子元器件、PCB设计、嵌入式开发、装备结构设计与封装、产品质量控制、项目管理与逆向工程等关键环节进行详细阐述，并通过GNSS接收机制造的实际案例，帮助学生提高对相关知识点的理解力与实战能力。

编写团队凭借多年来在导航装备领域的深厚学术积淀与丰富的实践经验，精心编写了《导航装备原理与应用》这本教材。将复杂的导航装备研发知识以深入浅出的方式呈现，将高度专业化的知识变得系统而清晰，使得初学者也能轻松入门，快速掌握导航装备的全貌。本书不仅注重基础知识的传授，更强调实践操作能力的培养和创新思维的激发，完美诠释了科研与教学相长、理论与实践并重的教育理念。教材内容详实、体系完整、可读性强，强调案例教学，对于提升导航工程专业学生产品思维能力具有重要指导意义。它不仅适合于高校相关专业的本科生和研究生作为教材使用，也是广大工程技术人员和技术研发人员提升专业技能、拓展知识视野的重要参考书籍。此外，本教材也将为测绘科学与技术学科其他专业教学内容的改革与创新提供了新视角和新思路,具有重要的参考价值。

  我相信《导航装备原理与应用》教材的出版,必将对导航人才培养产生积极意义。期待它能够成为广大读者探索导航装备制造领域的重要参考书籍,为推动我国导航科技教育事业的蓬勃发展贡献一份力量。同时,也希望更多的优秀的教师加入导航事业中来,一起为推进强国建设和民族复兴伟业而奋斗。

2024 年 7 月

前　　言

　　在新工科建设背景下,导航定位技术发展迅速,并逐渐朝着学科交叉、科教融合、实践创新方向变革。本教材立足卫星导航定位技术新发展和导航工程专业知识结构,以培养具有多学科综合素养、较强的智能制造能力的导航定位人才为目标,对导航定位装备研制涉及的学科知识、生产工艺和逆向工程进行了整合与重构,提供了导航装备研制的知识框架,支撑导航定位领域高素质复合型人才培养。

　　本教材为导航工程专业的专业课教材,涵盖了导航装备研制多学科知识和逆向工程方法等主要内容。教材尽可能地对导航装备研制涉及的电子元器件、PCB 设计、嵌入式装备开发、装备结构设计与封装、产品质量控制、项目管理与逆向工程等内容进行详细阐述,并通过讲解 GNSS 接收机制造的实际案例来帮助学生加深对知识点的理解。

　　本书由北京建筑大学王坚担任主编,武汉大学张鹏、中国矿业大学(北京)袁德宝、北京建筑大学韩厚增、广州南方测绘科技股份有限公司郭宝宇担任副主编,安徽理工大学刘超、山东建筑大学宁一鹏、安徽大学胡洪、中国矿业大学李增科、山东科技大学王胜利、滁州学院李鹏、淮阴师范学院陶叶青和北京建筑大学尹川、黎芳、刘飞、周命端、陈铮老师参与编写,全书由王坚协调统稿。在撰写的过程中,我的研究生们做了大量的文字录入和校对工作,在此一并表示感谢。

　　在编写过程中,虽然编者做了很大努力,但书中仍可能有不妥与疏忽,恳请读者予以批评指正。

编者

2024 年 7 月

目　　录

第1章 概 述

导航定位装备是导航定位的系统设施与用户终端的统称,大致可分为卫星导航定位装备、基站导航定位装备、自主导航定位装备及多源融合导航定位装备四类。本章将首先介绍导航定位装备的历史及各类装备的组成,并讨论导航定位装备的发展趋势。

1.1 导航装备技术发展

公元 16 世纪大航海时代,导航定位装备制造主要基于模拟技术,利用天文地理知识模拟真实方位以确定航向和载体概略信息。18 世纪末至 20 世纪中期,基于光学技术制造的六分仪、牵星板等导航仪器设备逐步出现。20 世纪中期,基于电子技术制造的导航定位装备开始大规模应用于航天、航海、军事等领域。20 世纪末,以 GPS 卫星导航定位系统为代表的数字导航技术装备开始大规模进入民用市场,其中卫星导航与惯性导航系统的组合定位装备起到了核心作用。21 世纪,视觉、激光雷达等多种类型的导航与定位传感器的发展,促使导航定位装备形态发生了根本性变化。导航定位装备逐步朝向高智能、高精度、高自动化和高抗干扰的方向发展。导航定位装备制造技术总体经历了模拟技术、电子技术、数字技术和智能技术四个技术发展阶段,如图 1-1 所示。

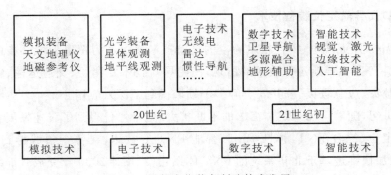

图 1-1 导航定位装备制造技术发展

1.1.1 古代导航定位装备技术

导航技术及装备的相关研究历史可追溯至约公元前 47 世纪,据西晋崔豹所编著《古今注》记载(涿鹿之野):"……大驾指南车,起黄帝与蚩尤战于涿鹿之野。蚩尤作大雾,兵士皆迷,于是作指南车,以示四方,遂擒蚩尤,而即帝位……",此处采用机械结构驱动机制造的指南车可认为是最早的导航定位装置。我国自战国时期开始,先后出现了司南、罗盘、牵星术等导航定位装备或技术,而西方则早在公元前5世纪左右逐步发明了灯塔、风向蔷薇、四分仪、八分仪等导航定位装备,如图1-2所示。

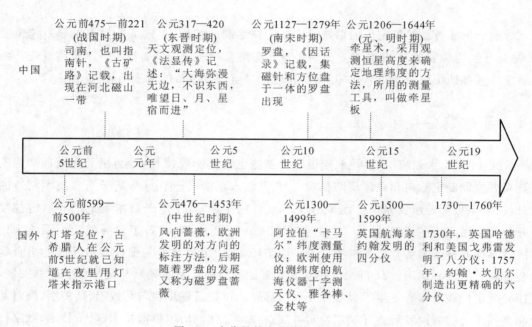

图 1-2 古代导航定位装备发展历程

1.1.2 近(现)代导航定位装备技术

20世纪以来,以无线电、惯性技术为主的导航技术逐步成为军事领域必备的导航方式。随着 GPS、北斗等卫星导航定位技术的出现,民用导航技术在测绘、交通运输、农林渔业、通信授时、抢险救灾、应急救援、公共安全等多个领域得到了深入应用。

进入21世纪,随着全场景定位需求的不断扩大,融合定位得到了飞速发展,先后出现全源定位、泛在定位、综合 PNT、弹性 PNT、智能 PNT 等技术,在各个领域得到了广泛的应用。我国正在加快推进基于北斗系统的 PNT 体系建设,预计2030年完成基准统一、覆盖无缝、安全可信、高效便捷的国家综合 PNT 体系建设。随着电子信息、计算机技术的革新,北斗网、通信网、互联网和传感网等技术实现了融合突破,导航技术迎来了前所未有的发展机遇,如图1-3所示。

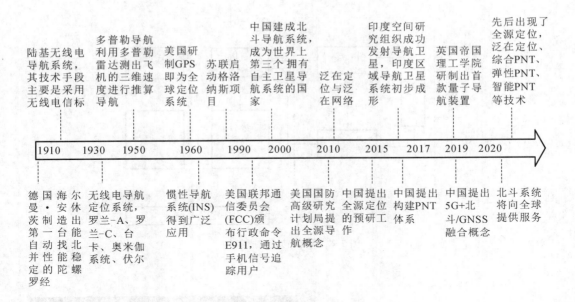

图 1-3 近代以来导航定位技术发展历程

1.2 卫星导航定位装备

卫星导航定位装备是实现导航定位功能的系统设施与用户终端的统称,是全球导航卫星系统的核心组成部分,主要包括导航卫星、地面运控装备和用户终端三部分。

1.2.1 导航卫星

导航卫星是 GNSS 卫星导航系统空间的主要组成部分,多颗导航卫星构成空间导航网,导航卫星星座的设计应充分地考虑用户定位精度需求,卫星可用性、覆盖范围,卫星的质量大小以及卫星的几何构型等。典型的 GNSS 导航卫星主要包括七大系统,分别为位置与姿态控制系统、天线系统、转发系统、遥测指令系统、电源系统、温控系统及入轨与推进系统。除上述必备组成部分外,每颗 GNSS 导航卫星还配置了原子钟、无线电收发器、微处理器和操控系统等其他必备的附属设备,如图 1-4 所示。

导航卫星按照轨道高度,可以分为低轨道、中轨道和高轨道卫星。低轨道又称为近地轨道,高度区间为 400~2000 千米,如早期的星链计划发射星链卫星。中轨道高度区间为2000~36000 千米,高轨道又称为地球同步轨道,高度约为 36000 千米。

GPS 导航卫星星座由 24 颗中轨道卫星组成,平均轨道高度为 20200 千米,如图 1-5 所示。我国自主研发的北斗导航卫星系统是由多种轨道卫星混合组成,其中 IGSO 卫星与GEO 卫星轨道高度相同,倾斜角度不同,高度为 35786 千米,属于高轨道卫星;MEO 卫星轨道高度为 21500 千米,属于中轨道卫星,如图 1-6 所示。

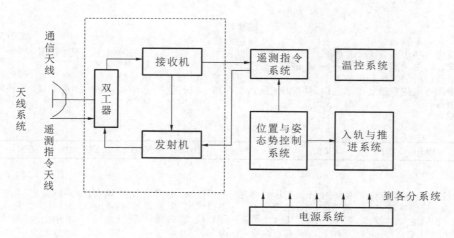

图 1-4　导航卫星组成架构

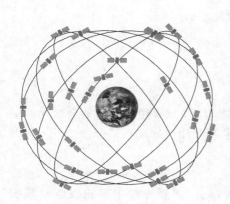

图 1-5　GPS卫星星座

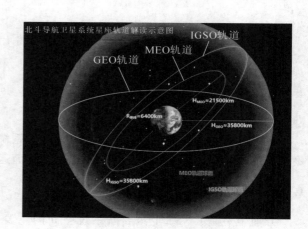

图 1-6　北斗卫星星座

1.2.2　地面运控装备

地面运控装备,包括主控站装备、地面卫星监测站装备、上行信息注入站装备、通信网络涉及的各类计算装备、天线、通信设备等。

地面运控装备能够测量、收集与校正导航定位装备参数,基于监测站观测资料推演并编制卫星星历、钟差和大气修正参数等,完成测轨并调整卫星轨道参数、姿态,生成导航定位误差数据,修正用户定位结果。如图 1-7 所示,监测站是卫星数据采集中心,可以接收卫星信号,监测卫星运行状态,收集数据,并在处理后传输至主控站。主控站基于监测站观测资料推演并编制卫星星历、钟差和大气修正参数等各类数据,注入导航电文。注入站在主控站的控制下,将编制完成的数据传送至导航卫星,根据注入的数据向导航卫星发布指令,控制导航卫星沿固定的轨道运行,并在导航卫星出现故障时,及时调度备用导航卫星。

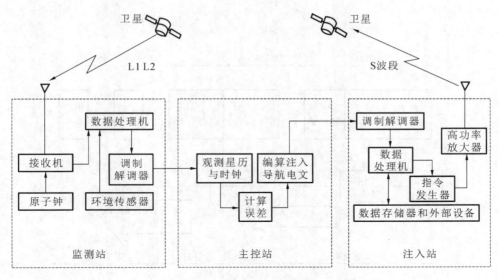

图 1-7　地面运控部分

地面运控装备的另一重要作用是使所有卫星的时间标准保持一致。这要求监测站监测卫星时间并计算出卫星钟差,将携带卫星钟差的导航电文发送给导航卫星,导航卫星再将其发送到用户终端设备上。如 GPS 工作卫星的地面监控装备包括 1 个主控站、3 个注入站和 5 个监测站。

1.2.3　用户终端

卫星导航定位用户终端是指用于接收导航卫星信号的接收机,按照接收机的性质和功能分类,可分为硬件和软件两个部分。

用户终端的硬件部分主要由天线单元、接收单元、电源等硬件设备组成。GNSS 卫星发射出电磁波信号,通过天线单元转变为电流,并将电流进行放大和变频处理。主机对已处理的信号电源进行跟踪、测量以及进一步处理,图 1-8 展示了 GNSS 信号接收机的功能设计。

用户终端的软件部分是实现各种硬件功能的无实体应用程序,包括内软件和外软件。内软件和用户终端一体共存,如控制终端中按照时间顺序测量卫星信号的软件,以及中央处理器的自动操作程序部分。外软件是用于观测数据后处理的软件系统,可以不依赖用户终端而独立工作。通常所说的软件均指数据后处理软件系统。用户终端软件基于捕获、跟踪的卫星信号,解算出接收天线和卫星之间伪距、真实距离的变化率,并从导航电文中解调出各类卫星参数数据,经过接收机内部微处理计算机的处理,得到用户的时间、速度、位置信息。与其他卫星导航定位用户终端相比,北斗卫星导航定位系统接收机还具备全球应急通信能力。北斗卫星导航定位系统集成卫星无线电测定(Radio Determination Satellite Service,RDSS)与卫星无线电导航(Radio Navigation Satellite System,RNSS)两种体制,既能向用户提供卫星无线电导航服务,又创新了短报文通信功能。

卫星导航定位装备用户终端按照应用功能可分为测地型接收机、导航型接收机、授时型

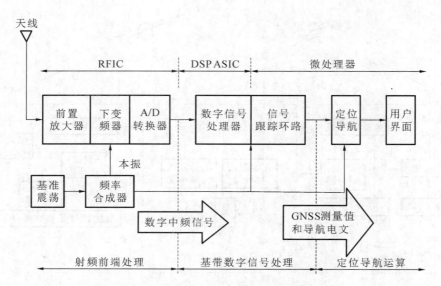

图 1-8　GNSS 信号接收机功能设计

接收机、新兴定位终端等。

1. 测地型接收机

测地型接收机基于载波相位观测值进行相对定位处理,通常在精密大地测量、精密工程测量等对精度要求高的应用场景中使用。测地型接收机形式各有不同,有些接收机将天线单元、接收单元集成为一个整体,观测时将其安置在测站点上即可。有些接收机将二者分开,用电缆连接,观测时只需将天线单元安置在测站上,接收单元置于测站附近的适当位置即可。

国外一些公司在测地型接收机研发领域起步较早,产业化趋于成熟。1988 年 Magllan 公司推出了第一台商用手持式 GPS 接收机,该接收机采用单时序通道,可以同时跟踪四颗 GPS 卫星。2005 年 9 月,TOPCON 公司推出 GR-3 兼容接收机,采用独特的通用信号跟踪技术,能够跟踪 72 个通道,处理 GPS、GLONASS 及 GALILEO 卫星任意频率信号,全面支持 GPS 现代化的 L2C、L5 信号,标志着多模接收机时代的到来。21 世纪以来,美国 Maxim 公司和 Trimble 公司推出的单芯片多模 GNSS 接收机,只需要少量外围器件就可以实现对多系统导航信号的处理,在接收机成本、体积、功耗都大大降低的同时,定位能力得到了极大提升。如 Trimble 公司推出的 Trimble R12 接收机,具有 672 个 GNSS 通道,可通过 Wi-fi、蓝牙、串口、USB 访问,增强了对干扰源和欺骗信号的屏蔽作用,并且拥有顶尖的 HD-GNSS 处理引擎,能够实现精确位置捕获和全面倾斜补偿;无需使用基站或 VRS 网就可在任何地方提供 RTK 等级的定位精度(见图 1-9)。

国内方面,南方测绘在 1997 年相继推出第一台国产分体式静态 GPS 接收机和第一套实时差分 GPS 定位系统;2000 年,中海达向国际领先品牌 Trimble 接收机技术看齐,推出第一套国产 GPS-RTK 产品和一体化静态 GPS 接收机,这标志着在技术上,我国接收机开始加入主流产品的市场竞争;2005 年,中海达率先把 GPRS 通信技术应用到 RTK 产品,实现了网络化通

图 1-9　Trimble 早期 TransPak GPS 接收机和新款 R12 接收机

信的 RTK 技术。近年来,国内导航公司逐渐增多,北斗星通、司南导航、华大北斗、华测导航、南方测绘(见图 1-10)、中海达等公司逐步进入高精度交互操作应用市场,可接收全星座全频点 GNSS 信号,全面支持北斗三号卫星信号成为国产测量型接收机的基础功能,更多产品支持北斗 SBAS(星基增强系统)单、双频服务,符合 RTCA 和 ARINC 相关标准设计,支持 RAIM 接收机自主完好性监测功能,可满足航空用户的使用需求,广泛用于测量测绘、变形监测、航空航海等高精度应用领域。

图 1-10　南方测绘极点 RTK

2. 导航型接收机

导航型接收机主要应用于需要导航的运动载体上,按照载体不同可以分为车载型、航海型、航空型、星载型等,可以实时测定载体的位置和速度。根据载体的不同,导航型接收机具有不同的特点和应用场景,可以为用户提供更加准确、可靠的导航服务。车载型导航接收机通常安装在汽车上,提供车载导航服务。航海型导航接收机通常用于船只导航,可以提供海上导航、定位和授时等服务(图 1-11(a))。航空型导航接收机通常用于飞机导航(图 1-11(b)),可以提供飞机在空中的导航定位和飞行控制等服务。星载型导航接收机则通常用于卫星的导航定位,可以提供卫星的定位、导航和授时等服务。

在众多导航接收机类型中车载型目前应用得最多,主要用于车辆导航定位或者自动驾驶、辅助驾驶定位。车载导航型接收机产品的定位精度一般为米级,主要用于实时数据处理,对硬件的算法处理能力要求相对较高。为减少城市复杂环境下卫星信号失锁带来的影

(a)中电科北斗导航仪   (b)中海达SKY2

图 1-11　船载导航接收机和船载导航接收机

响,国内中海达、华测导航、北斗星通、导远电子等诸多厂商研发了 GNSS/INS 组合导航型接收机(见图 1-12),内置高精度 MEMS 陀螺仪与加速度计,满足各类车辆导航定位服务的需求,如消防车、运钞车、港口叉车、农机等车辆监控与调度、教练车路考项目定位等,绝大部分终端采用车规级设计,满足 ASIL-B 级以上要求,同时具备 RS232、CAN 接口,能够在城市"峡谷"、林荫道等复杂城市环境下提供更高精度、更为可靠的导航结果。

(a) 华测CGI-210   (b) 中海达iNav2   (c) 北斗星通MS-6111   (d) 导远电子INS570D

图 1-12　车载组合导航接收机

3.授时型接收机

授时型接收机主要基于 GNSS 卫星提供的高精度时间标准进行授时服务,可在天文台、无线电通信、电网、军事、金融等应用中实现时间同步,如图 1-13 所示。如 SDH(同步数字体系)通信网的时间同步和频率校准,为空中目标的探测和拦截(类似美国爱国者导弹系统)提供了高精度的时频基准,对时间和频率传递精度要求达纳秒量级。

图 1-13　司南 M300D 授时型接收机

　　授时型接收机包含一个内置振荡器或者外接频率源(铷钟或铯钟),基于接收机组成的整体授时系统由授时基准站和授时移动站组成,采用双机共视差分原理,具有授时成本低、精度高、实现简单等特点,在多个领域获得广泛的应用。我国北斗卫星导航定位系统建立后,可以利用北斗卫星导航系统采用双机共视的方法进行时间传递,其双机共视授时差精度可达 1.67 纳秒。

　　4.新兴定位终端

　　新兴定位终端主要包括手机、手环、智能手表、智能头盔等可穿戴设备,如图 1-14 所示。这类用户终端能够满足对位置精度要求不高的用户的日常定位与监管需求。

图 1-14　新兴定位终端

　　以手机定位终端为例,2016 年 Google 发布 Android 7.0 操作系统,开放 GNSS 原始观测数据的获取接口,标志着手机终端高精度定位时代的到来。各通信行业巨头先后提出"+北斗"战略,华为、三星、OPPO、ViVO、中兴等企业先后研发了基于 GPS/BDS 的双频智能手机。2020 年苹果公司发布的 iPhone 12 系列也首次支持包括北斗卫星导航系统在内的五种全球卫星导航系统。

　　全球移动通信系统联盟(Global System for Mobile Communications Alliance, GSMA)在 2022 年世界移动通信大会的报告中指出,全球移动用户数量已突破 50 亿,配备消费级全球卫星导航系统芯片的智能手机已经成为民众日常生活的必备品。

1.3　基站导航定位装备

　　基站导航定位装备是基于地面布设基站和电磁波定位原理的一系列系统设施与终端的

统称。典型的有蓝牙导航定位装备、蜂窝导航定位装备、超宽带导航定位装备、声学导航定位装备、雷达导航定位装备。主要应用于室内定位、室内外无缝定位、过渡区定位、特殊区域定位等场景。

1.3.1 蓝牙导航定位装备

蓝牙导航定位装备是室内定位技术常见的一种应用。从天线阵列获取信号在不同阵元上的相位差,基于信号强度指示(Received Signal Strength Indication,RSSI),通过信号角度估计算法获得来波方向信息。相比其他定位系统,蓝牙导航定位装备的体积小、功耗小、操作简易、不受非视距影响。现有的手机、平板电脑、PDA、笔记本电脑等设备都带有蓝牙功能,这也是室内蓝牙导航定位系统的优势之一,只需要适当的场地设备部署,打开智能终端的蓝牙模块就可以轻松实现定位,并且低功耗蓝牙标签续航可超过 5 年,满足长期部署定位需求。

蓝牙导航系统主要分为三类,分别是自动式蓝牙导航定位系统、被迫式蓝牙导航定位系统,以及主被迫一体化室内蓝牙导航定位系统,其硬件系统构成各不相同。自动式蓝牙导航定位设备由手持设备(手机、平板等)、iBeacon 基站等硬件及特有的定位软件构成(见图 1-15),采用高性能蓝牙定位算法,支撑多种移动终端室内高精度定位导航需求,广泛应用于医院、停车场、商超等大型场所。被迫式蓝牙导航定位系统由定位算法、蓝牙网关、蓝牙定位标签(胸卡、手环、标签等)和系统平台构成,定位标签发出的信息由蓝牙网关接收,经过服务器的运算,展示在实时系统平台上,可供工作人员实时了解人员和物品的定位信息,广泛应用于工厂财物定位、单位访客办理、养老院等场景。主被迫一体化室内定位方案集成蓝牙定位算法、蓝牙网关、蓝牙定位标签和 iBeacon 等一系列硬件,并最大限度地削减蓝牙网关的运用,可大大降低部署定位硬件的成本,采用蓝牙 5.0 实现数据回传,具有覆盖间隔远、实时性强、并发效果好的特色,广泛适用于博物馆、化工厂、展览馆、物流仓储、养老院等场所。

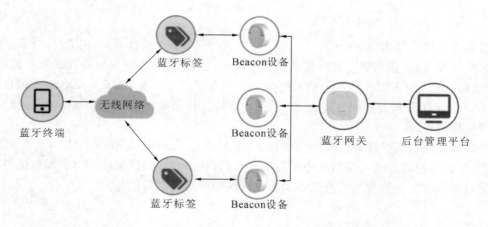

图 1-15　自动式蓝牙定位系统架构

1.3.2　蜂窝导航定位装备

移动通信蜂窝网络(Cellular network)又称移动网络,是目前覆盖范围最广的移动通信硬件架构。基于移动通信蜂窝网络的蜂窝基站导航定位技术,结合高精度电子地图平台,为用户提供相应的导航定位服务。

根据定位原理的不同,定位方法可以分为 COO(Cell of Origin)定位、七号信令定位、TOA/TDOA 定位、AOA 定位、基于场强的定位、混合定位(例如与 GNSS)等。GSM 蜂窝基站定位作为一种轻量级的定位方法,以其定位速度快、成本低(不需要移动终端上添加额外的硬件)、耗电少、室内可用等优势得到广泛应用。

蜂窝定位基于 GSM 网络,其基础结构由一系列的蜂窝基站构成,这些蜂窝基站把整个通信区域划分成一个个蜂窝小区,如图 1-16 所示。这些小区小则几十米,大则几千米。当用户的移动设备在 GSM 网络中通信,实际上就是通过某一个蜂窝基站接入 GSM 网络,然后通过 GSM 网络进行数据(语音数据、文本数据、多媒体数据等)传输。也就是说,当用户在 GSM 中通信时,总是需要和某一个蜂窝基站连接,或者说是处于某一个蜂窝小区中。因此,用户可以借助上述蜂窝基站进行定位。

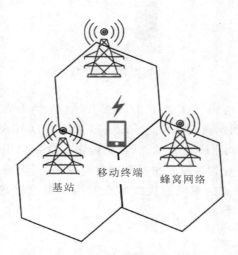

基站　　　移动终端　　蜂窝网络

图 1-16　移动终端蜂窝导航定位

1.3.3　超宽带导航定位装备

超宽带(Ultra-Wide Band,UWB)导航定位技术是一种利用高速无线数据传输短程通信的定位技术。它不需要使用传统通信体制中的载波,超宽带是通过发送、接收具有纳秒级以下的极窄脉冲来传输数据,从而具有 GHz 量级的带宽。UWB 定位系统具有穿透力强、发射功率低、传输速率高、抗多径效果好、精度高等优点,多用于室内定位。英国 Ubisense公司于 2006 年研发出了基于超宽带的室内定位系统,并在阿斯顿马丁和宝马公司的产品中得到了应用。

　　超宽带导航定位系统主要由室内定位基站、定位标签等硬件组成。定位基站分布于场景区域的几何边缘,并对该区域进行信号覆盖。室内定位基站的主要功能就是探测标签的数据信息并上传至服务器进行汇总分析。定位标签附着于定位对象的表面,当标签进入基站的信号覆盖范围内,即自动与基站建立联系(见图1-17)。定位标签可根据应用需求制定不同的附着方案,如悬挂、粘贴等形式,大小和外形也会根据定位对象的不同而有所不同。

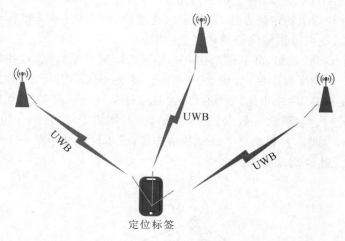

图 1-17　超宽带导航定位系统

　　Ubisense公司于2011年开发了基于TDOA和AOA的UWB室内导航定位系统,定位精度可达15cm,测距范围达到50m。此外,Zebra推出了Dart超宽带导航定位系统,定位精度可达30cm,测距范围达到100m。然而,在室内定位这一应用场景下,由于室内环境复杂,超宽带信号在传播中易受到多径和非视距现象的影响,很大程度上影响了定位精度,难以实现大范围室内覆盖,较高的系统建设成本也成为了制约超宽带导航定位技术发展的瓶颈。

1.3.4　声学导航定位装备

　　声学导航定位装备通常用于水下潜航器等载体的导航定位,通过在目标海底布放若干声信号源,潜航器通过测量待测点到这些信号源的绝对距离,获得持续、精确的导航定位,广泛应用于无人缆控机器人、自航深潜器、无人深潜器、载人深潜器以及拖曳海洋测量系统等。水下声学定位装备担负着这些系统的导航、定位、跟踪等工作,关系着海洋信息的空间位置获取、系统和人员的安全、工程效益等内容。

　　依据声波传输的频率特性,可以分为中高频声学导航定位装备(几十 kHz～上千 kHz)和低频声学导航定位装备(小于 1kHz)。当前以美国、法国、挪威、英国为代表的国外公司研制的水下声学定位系统产品的最大定位距离约为 10km,定位精度为作用距离的 0.15%～1.0%。例如,美国 LinkQuest 公司推出的 TrackLink 系列,可达到斜距测量精度为0.2m,最大作用距离可达 11000m。国内方面,以哈尔滨工程大学、中国科学院声学研究所和中船重工第七一五研究所为代表研制的声学定位系统,作用距离通常也为 10km 左右量级,定位精度为作用距离的 0.2%～1%。例如,原国家海洋局第一海洋研究所与哈尔滨工程大学共同开发研制的长程超短基线定位系统于 2006 年 5 月在中国南海进行了长距离深水定位试验,最大作用距离可达 8.6km,工作水深超过 3700m,定位精度可以达到斜距的 0.2%～0.3%,并且具有水下目标动态跟踪功能。

　　水下声学定位技术经过数十年的发展已成为各种应用领域解决水下定位和跟踪最主要和最可靠的技术手段,从定位模式方面可分为 USBL(超短基线)定位、SBL(短基线)定位、LBL(长基线)定位三种基本定位模式。长基线定位技术是当前高精度定位的唯一可靠的技术手段(见图 1-18),测量基线通常为数百米至数千米,可为深海海洋工程施工、模块安装、管线铺设和对接、高精度拖体定位跟踪等领域提供厘米级定位的技术方案。

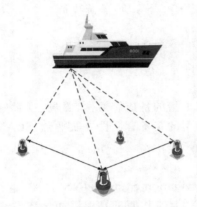

图 1-18　长基线水下声学定位

1.3.5　雷达导航定位装备

　　雷达利用电磁波探测目标,发射电磁波对目标进行照射并接收其回波,由此获得目标至电磁波发射点的距离、距离变化率(径向速度)、方位、高度等信息(见图 1-19)。雷达导航定位系统主要由发射机、发射天线、接收机、接收天线、处理部分以及显示器等硬件部分构成,还包括电源设备、数据录取设备、抗干扰设备等辅助设备。

　　雷达的种类繁多,分类的方法也非常复杂。通常可以按照雷达的用途分类,如预警雷达、搜索警戒雷达、引导指挥雷达、炮瞄雷达、测高雷达、监视雷达等。雷达定位系统的优点是能够探测远距离的目标,且不受雾、云和雨的阻挡,具有全天候、全天时的特点,并有一定的穿透能力。因此,它不仅成为军事上必不可少的电子装备,而且广泛应用于社会经济活动(如气象预报、资源探测、环境监测等)和科学研究(天体研究、大气物理、电离层结构研究等)中。星载和机载合成孔径雷达已经成为当今遥感中十分重要的传感器。以地面为目标的雷达可以探测地面的精确形状,其空间分辨率可达几米到几十米,且与距离无关。实践证明,雷达在洪水监测、海冰监测、土壤湿度调查、森林资源清查、地质调查等方面也显示出了很好的应用潜力。

图 1-19　多普勒雷达

1.4　自主导航定位装备

自主导航定位装备在本书中指的是依靠惯性、磁场、视觉等实现自主定位的装备体系，主要指导航定位装备终端。典型的装备有惯性导航平台、SLAM、地磁匹配导航等。

1.4.1　惯性导航定位装备

惯性导航系统（Inertial Navigation System，INS）是 20 世纪初发展起来的导航定位系统，其理论基础是牛顿经典力学，其工作原理是根据初始姿态和初始的位置信息，利用惯性传感器（陀螺仪和加速度计）来连续推算载体位置、速度和姿态信息。惯性导航产业最早起步于军事领域，如航天、航空、制导武器、舰船、战机等。

惯性导航系统由三轴陀螺仪和三轴加速度计构成，根据两种传感器敏感载体在惯性系下的运动，实现全天候、全天时地独立自主导航定位。惯性导航系统不受外界光、电、磁等信号干扰，是完全封闭自主的导航系统。目前主要分为两类，捷联式惯性导航系统（SINS）和平台式惯性导航系统（Platform Inertial Navigation System，PINS）。SINS 采用"数学平台"代替 PINS 的物理平台，系统结构设计更为简单，系统容错性和可靠性更高。在 SINS 中，基于 MEMS 技术的惯性导航系统体积更小、性价比更高，已成为民用市场应用的主流。随着电子技术的发展和商业价值的挖掘，MEMS 惯性导航系统的应用逐步扩展到车辆导航、轨道交通、隧道、消防定位、室内定位等民用领域，甚至在无人机、自动驾驶、便携式定位终端（如智能手机、儿童/老人定位追踪器等）中也被广泛应用。

例如，在自动驾驶领域，惯性导航系统凭借其导航自主性已成为自动驾驶高精度定位中必不可少的关键部件，是 L3 及以上等级自动驾驶车辆不可或缺的模块，能够在 GNSS、5G 等外部信号不佳时通过自身运动信息实现定位。在行人定位领域，行人导航系统是一种为行人提供导航服务的便携式设备，可以适应地下、矿洞等卫星信号拒止的地区，以及大商场等拓扑结构复杂的地区，通常基于 MEMS 惯导技术实现，其本质上是惯性导航系统的一种。用户可以仅通过自身佩戴（例如胸部、足部或者特种鞋内）的微型惯性传感器（见图 1-20），实现人员的自主、连续、精确定位。通过建立人体足部运动模型，系统可以识别走路、小跑、跳跃、倒退、侧移等各种步态，从而实现不依赖导航卫星、无线基站以及指纹数据库的自主导航定位。

图 1-20　可嵌入 MEMS 惯性导航系统的特种作业鞋垫

1.4.2　SLAM 导航技术

机器人在自主导航时多采用同步定位与建图（Simultaneous localization and mapping, SLAM），主要用于解决机器人在未知环境运动时的定位与地图构建问题。SLAM 可以辅助机器人执行路径规划、自主探索、导航等任务。SLAM 系统一般分为五个模块，包括传感器数据、视觉里程计、后端、建图及回环检测（见图 1-21）。目前用在 SLAM 上的传感器主要分为两类，一种是基于激光雷达的激光 SLAM（LiDAR SLAM），另一种是基于视觉的 VSLAM（Visual SLAM）。

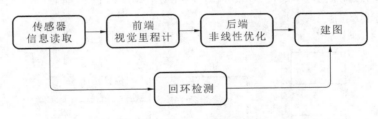

图 1-21　经典的 SLAM 框架

激光 SLAM 采用 2D 或 3D 激光雷达（也叫单线或多线激光雷达），2D 激光雷达一般用于室内机器人上（如扫地机器人），而 3D 激光雷达一般用于无人驾驶领域。激光雷达测距比较准确，误差模型简单，在强光直射以外的环境中运行稳定，点云的处理也比较容易。视觉 SLAM 通过高清摄像从环境中获取海量的、冗余的纹理信息，拥有超强的场景辨识能力，因此视觉 SLAM 在重定位、场景分类上具有无可比拟的巨大优势。

物流行业是 SLAM 自主导航技术应用最成熟的行业。将 SLAM 自主导航技术应用于物流机器人中（见图 1-22），能保证机器人高度的智能化及强大的环境适应能力，从而有效提升企业物流效率，降低生产成本。物流仓储环境较为复杂，且机器人需要完成较多的工作,因此其位置信息将不断发生变化,利用 SLAM 技术,可使机器人完成自主定位,对目标进行有效跟踪和操作,实现自主路径规划和导航,自动避开障碍物等操作,可大幅提高仓储系统的智能性和自主性,扩大移动搬运机器人应用的范围。

图 1-22　采用 SLAM 技术的物流机器人

1.4.3　地磁匹配导航

地球上任意一点,都有唯一的磁场大小和方向与之对应,并且与该点的三维地理坐标相匹配,使它具有导航定位的功能(见图 1-23)。地磁匹配导航既不用像卫星导航那样需要依赖外界设备的帮助,也不像惯性导航那样存在误差累积,其较强的抗干扰和生存能力,使它逐渐发展成为一种热门的导航技术。目前,地磁匹配导航主要依赖地磁场模型来实现,最著名的就是世界地磁场模型(World Magnetic Model,WMM),世界地磁场模型每 5 年更新一次,最新版本是 2020 版。

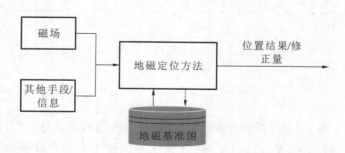

图 1-23　地磁匹配导航基本原理

弱磁测量仪器(磁通门传感器、磁阻传感器)的出现,为采用地磁匹配来实现导航提供了硬件基础。地磁匹配导航技术主要是利用仪器测得地磁场元素与地磁场模型计算数值进行匹配导航来获取位置信息。地磁匹配导航具有无源、自主、隐蔽性好等特点,在空中、陆上、水下均可使用,应用范围更广。

地磁匹配导航技术的应用覆盖航空、航天、水下、地面、地下等多种场景。在航天应用中，美国康奈尔大学利用磁矢量信息和星敏感器信息对低轨道卫星进行轨道确定，仿真结果位置精度在 200m 的数量级；在航空、水下和地面场景中，美国国家航空航天局公布的结果显示，纯地磁导航性能在地面和空中的定位精度优于 30m(CEP)，水下优于 500m(CEP)；在室内导航领域，芬兰的 IndoorAtlas 公司使用磁场进行定位，导航精度可达 0.1～2m；在地下场景中，奥卢大学在芬兰中部距离地表以下 1400m 的矿井中使用地磁导航，实现了 1.5m 的定位精度。

1.5 多源融合导航定位装备

多源融合导航定位装备是多种传感器、信息源融合的导航系统，用来提高目标的导航定位授时性能，可广泛应用于人员、车辆、飞机等典型应用目标在复杂应用环境下的导航定位。终端层面体现为如何高效地利用多个导航系统所提供的信号和信息，达成最优的时间、位置、姿态结果。在系统层面体现为如何体系化地部署不同物理机理、不同特点的多种导航系统，为终端提供互补性的信号和信息。多源融合导航定位装备采用可靠的估计方法，将多种有互补特性的传感器数据组合，以获得优于各个传感器系统性能的效果，使其更适应城市环境、遮蔽环境、地下空间等场景。

为提高复杂环境下的导航定位的准确性和可靠性，多源融合导航定位装备的硬件终端应具备即插即用的体系结构，可实现硬件传感器的动态存取，解决传感器接口的带宽和处理负载动态变化等问题，从而获得更高的导航性能。具体包括：①支持多源数据融合的统一接口架构设计，可实现任意传感器的快速配置；②具备即插即用的传感器动态监视与数据管理机制；③具备不同类型传感器的数据抽象模型，实现任意传感器的测量数据的标准化输入；④具备即插即用的多源融合滤波器的重新配置方法，解决滤波器时变状态空间问题，实现传感器的动态接入与移除。软件方面，多源融合装备一方面应包含兼具完备性与效率的融合算法，以解决平台运动和测量可用性之间产生的时变状态空间问题；另一方面，具备标准化的全源信息融合滤波体系架构，具备环境变化识别与自主调整能力。典型的多源融合导航定位装备体系如图 1-24 所示。

商业化的多源融合导航定位装备体系目前已相对成熟，并广泛应用于智能驾驶车辆上，如百度、华为、特斯拉等具备完善的多源融合体系架构。以百度 Apollo2.0 为例(见图 1-25)，其导航定位系统依赖的硬件以及数据包括惯性测量单元 IMU、GNSS、LiDAR 以及高精度地图等。该系统具多传感器自适应融合定位模块，在许多城市复杂场景(例如市区、隧道、枢纽立交等)中定位精度达到了厘米级。

多源融合导航定位装备按照使用场景和用户的不同可以演化为不同的类型，其传感器数量和配置也不尽相同。常见的装备包括 GNSS/INS 组合导航定位装备、视觉/INS 组合导航定位装备、UWB/INS 室内定位装备等。基于小型化、低功耗设计的多源导航定位装备可将多源观测信息智能融合，实现复杂环境中的稳健导航。

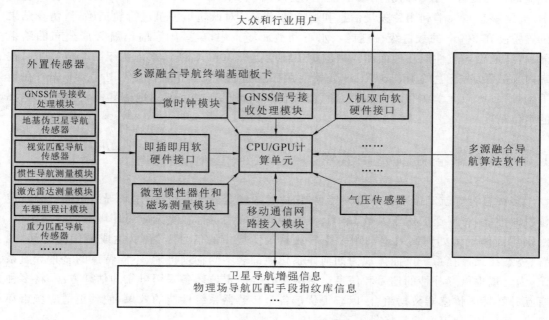

图 1-24 典型的多源融合导航定位装备体系

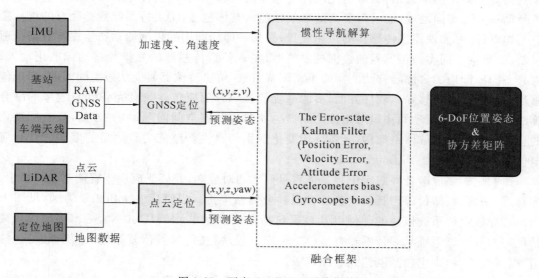

图 1-25 百度 Apollo2.0 系统架构

1.5.1 GNSS/INS 组合导航定位装备

GNSS/INS 组合导航系统将惯性导航与 GNSS 高精度定位方式结合使用,通过卫星定位系统信息定时功能对惯性系统进行偏差纠正,同时,在无法接收到卫星信号的情况下,惯性定向定位导航系统能够保障在一定时间内导航信息的精准,能够满足大多数场景的高频、连续、可靠定位需求。

目前,GNSS/INS 组合导航定位系统从组合方式上可分为三类,松组合(Loosely Coupled,LC)、紧组合(Tightly Coupled,TC)和深组合(Ultra Tightly Coupled,UTC)。通过系统组合,能够实现以下效果:① 可以控制 INS 误差累积,降低系统对惯性器件精度的依赖,进而降低整个系统成本;② 可发现并标校惯导系统误差,提高导航精度;③ 可弥补卫星导航的信号缺损问题,提高导航连续性;④ 可加快卫星导航载波相位的模糊度搜索速度,提高导航信号周跳的检测能力和组合导航可靠性;⑤ 提高接收机对信号的捕获能力,提高导航效率;⑥ 可增加观测冗余度,提高异常误差的监测能力,以及改善系统的容错功能;⑦ 可提高导航系统的抗干扰、抗欺骗能力,提高系统完好性。

目前 GNSS/INS 组合导航产品的主流方案是外置的 P—box 方案,尚处于中间形态。近年来,已有汽车制造企业开始把组合导航盒子拆开,将 GNSS 模块、IMU 模块融入域控制器中,使其成为芯片化、小型化的模组,和域控制器相融合,拥有更好的共享算力和感知数据。同时,这种集成方案将减少线束的使用,这样一来不但能减少整车重量,还大幅度降低了自动化生产中人工的参与度和后期维护难度。例如,国内新能源汽车小鹏的 P5、P7 车型均使用远导电子高精度组合导航定位系统(见图 1-26),这两种车型的交付量实现了 10 万十的突破。

图 1-26　导远电子高精度组合导航定位产品 INS570D

1.5.2　视觉/INS 组合导航定位装备

视觉惯性里程计(Visual—Inertial Odometry,VIO)将视觉传感器和惯性传感器融合,是一种低成本高性能的导航方案,不仅可以实现导航定位的功能,同时可以根据获取的外界信息完成障碍物躲避、目标识别等其他任务,从而解决了视觉惯性里程计的视觉传感器在快速运动或光照突变时易受影响的问题,在机器人、AR/VR 领域得到了较多关注。目前,主流的视觉惯导融合框架分为两部分:前端和后端。前端提取传感器数据构建模型用于状态估计,后端根据前端提供的数据进行优化,最后输出相机的位置、姿态和全局地图。

近年来,随着视觉/INS 组合导航系统的发展,机器人、无人机、自动驾驶等领域的发展也备受关注。国内华为、腾讯、阿里、百度等企业已有自动驾驶成熟的视觉/INS 融合解决方案,部分车企已将视觉/INS组合导航系统应用于L3级别的自动驾驶道路测试。商汤科技、海康威视、INDEMIND(见图1-27)、小觅智能等研发的面向不同应用的视觉/INS融合导航系统,在实现优于纯视觉定位效果的同时还具有成本低、稳定性强等方面的优势。

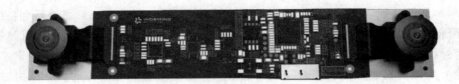

图1-27　INDEMIND双目视觉惯性模组

1.5.3　UWB/INS 室内定位装备

UWB通过测量基站和标签之间的距离来进行定位,具有分辨率高、抗干扰性能强、穿透性强、成本低、功耗低的优点,但UWB定位技术的定位精度受多径效应和NLOS误差影响,环境适应性不强,定位性能不稳定。基于INS和UWB定位技术各自具有不可取代的优势和固有的缺陷,组合这两种定位技术,即利用INS短期可靠的定位特点来减少UWB定位中NLOS误差的影响,利用UWB在LOS情况下长期准确的定位特点来校正INS定位的累积误差,以此提高组合定位系统的精度、可靠性和稳定性。由于惯性导航需要大量的实时传感信息及实时计算,因此融合算法通常在标签侧实现,这也是为何UWB/INS大多数是反向TDOA和惯导融合的原因。

UWB/INS组合定位精度比较高,比较适合在一些重点区域如化工厂、核电站、发电站、货场、物流等环境较为复杂的场景中定位,也可满足多人大场景虚拟现实(VR)定位的需求。图1-28为UWB/INS室内定位装备示意图。

图1-28　UWB/INS室内定位装备

1.6　导航装备发展趋势

1.6.1　导航定位装备多源融合化

随着惯性导航、磁力计、蓝牙等传感器技术的更新迭代,量子导航、类脑导航等新的导航理念陆续提出,导航定位装备多源融合将有进一步深入的趋势。2010 年,美国 DARPA 设立了全源导航(ASPN)系统计划,强调融合导航的一般性。2011 年,刘经南院士提出泛在定位技术,强调泛在定位需基于多种感知信息牵引构建,利用多源感知信息确定目标位置。2016 年,杨元喜院士提出综合 PNT 概念,指出综合 PNT 是未来 PNT 体系建设的主要发展方向,需要多传感器的高度集成和多源数据深度融合;随后杨元喜院士于 2018 年又提出弹性 PNT 基本框架,强调发展多源 PNT 组件的弹性集成对提升复杂场景下定位连续性、可靠性及稳定性的重要性。同时间,美国制订了"国家 PNT 系统弹性提升研发计划""国家定位导航与授时体系执行计划"等一系列发展计划,其中对弹性 PNT 的重要性与未来发展趋势也进行了系统描述。2021 年,杨元喜院士对智能 PNT 概念进行了系统阐述,明确指出未来 PNT 技术的发展需要智能化融合多源感知信息,提供个性化和特色化的 PNT 定位服务。导航定位装备多源融合化趋势明显,将在城市、地下等环境定位中得到广泛应用。

1.6.2　导航定位装备低功耗小型化

导航定位信息源的增加给定位终端装备研发带来新的挑战,研发小型化、低功耗、低成本的导航定位终端装备将成为多源 PNT 集成导航技术落地的关键。智能化硬件技术的发展,为实现低功耗、小型化导航定位装备提供了新机遇。例如高性能惯性器件可实现高精度数据采集、计算、显示一体化,且能与其他传感器集成;激光雷达传感器在性能不断提升的同时价格也在逐渐下降。除 PNT 传感器外,高性能定位导航数据处理芯片、全系统全频点定位定向模块、多系统高精度定位板卡等核心器件的研发也是实现智能化定位装备小型化的关键。如美国麻省理工学院研发的微型低功耗导航芯片"Navion",在能耗仅为 24 毫瓦的同时可保持每秒 171 帧的视觉图像与惯性测量数据处理速度。中国科学院计算技术研究所自主研发的"寒武纪"神经网络处理芯片具有每秒超过 200 万亿次的运算能力。依托单一硬件的导航定位装备已无法满足复杂环境及高精度定位需求,多硬件智能化集成并实现装备的低功耗和小型化,发展多传感器硬件的深度集成而非简单捆绑,是未来导航定位装备发展的必然趋势。

1.6.3　导航定位装备智能化

导航定位装备智能化是定位装备通过软件硬件相结合的方式对传统设备进行改造,形成"云+端"的典型架构,具备了大数据等附加价值,进而让其拥有智能化的功能,形成智能导航硬件产品体系。智能导航硬件已经从可穿戴设备延伸到智能手机、智能电视、智能家居、智能汽车、医疗健康、智能玩具、机器人等领域。当下人工智能技术发展迅速,已渗透到导航定位装备的运行、维护、终端产品等各个环节。如依托人工智能技术判断用户场景及导航信号的可用性,对多源感知数据进行智能融合,在提高复杂场景下定位精度的同时,进一步依托云端大数据智能分析,实现线路规划与优化、交通事故及时提醒等功能,提高导航定位装备的智能化水平。随着人工智能时代导航定位产品个性化、智能化的需求逐渐增加,高效、智能的"互联+智慧"特征要素逐渐成为智能导航定位硬件生产者的关注重点。依靠智能硬件具备的超强数据处理及连接能力,紧密结合云计算、大数据等高新技术,通过设备传感实现人机交互、现实感知的智能化导航定位应用。

第 2 章 导航装备元器件

电子元器件是电子元件、小型设备及仪器的组成部分,是电阻、电容、电感、晶体管、芯片等电子器件的统称。本章重点介绍导航装备制造涉及的电子元器件分类及功能,集成电路、GNSS 板卡组成及 MEMS IMU 单元组成。

2.1 电子元器件概述

电子元器件是用于制造或者组装电子装备的基本零件,也是构成复杂电子电路的基本元素。元器件种类繁多,分类方法多种多样,按照国际上通用的分类方式,可将元器件分为主动元器件(又称有源元器件)和被动元器件(又称无源元器件)。主动元器件是在受到能量供给时,可以对电信号进行放大、振荡、控制电流或能量分配等,甚至可以执行数据运算、处理,主动元器件包括各种各样的晶体管、影像管、显示器和集成电路(IC)等;而被动元器件是指不能对电信号进行放大、振荡等操作,当电信号经过元器件后基本特性不会发生变化,最常见的被动元器件有电阻器、电容器、电感器等。电子元器件具体分类如图 2-1 所示。

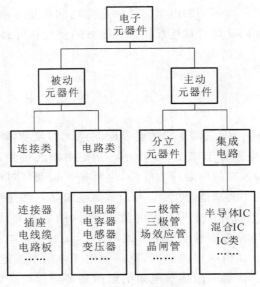

图 2-1 电子元器件分类图

2.2 电子元器件

电子元器件在设备制作中扮演的角色和所具备的功能不尽相同,不同的电子元器件组合在一起构成复杂的电子电路,可以实现各种应用,包括通信、计算机、嵌入式系统等,辅助导航定位装置中的惯性传感器、GNSS 板卡等的制作。下面介绍几种电子元器件的常见功能。

2.2.1 连接类元器件

连接类元器件是一类用于连接电子元件或电路的组件,它们在电子设备中起到连接、传输信号和导电等作用。常见连接类元器件有:① 连接器(Connector),用于连接不同电子元器件或电路板之间的接口,常见的有插头和插座,也有印刷电路板上的引脚连接器,如 USB 接口、HDMI 接口等。② 接线端子(Terminal Block),用于连接导线或电缆,常见于工业控制设备、终端设备和电力系统中。③ 头针排(Header)和排针(Pin Header),常用于插座、连接器和印刷电路板上为其提供连接接口。④ 焊接端子(Solder Terminal),印刷电路板上用于连接其他元件或电线的端口。⑤ 焊接引脚(Solder Pin),各个元器件上与焊接端子相连接的引脚,如电阻器、电容器和晶体管等。⑥ 焊盘(Pad),位于印刷电路板上,用于焊接元器件引脚的金属区域。⑦ 弹簧接头(Spring Contact),用于提供可拆卸的连接,常见于电池盒、电池夹等设备中。⑧ 线缆(Cable),用于连接不同部件或设备,如电源线、数据线、传感器线缆等。⑨ 组合线束(Wiring Harness),将多根线缆或导线组合在一起,形成一个整体,用于连接复杂的系统或设备。⑩ 焊锡线(Solder Wire),用于焊接元器件的引脚和印刷电路板上的焊盘。连接类元器件为不同的电子元件和电路之间提供了有效和可靠的连接方式,从而实现了整个电子系统的功能。这些连接类元器件的质量和可靠性对于电子设备的性能和稳定性至关重要。

2.2.2 电路类元器件

1. 电阻器

电阻器通常被称作"电阻",它的主要功能是限制电流的流动,调整电路的电阻值,并稳定电流和电压,电阻器的电路标志如图 2-2 所示。把电阻器连接到一条回路上可对流过其支路的电流进行限制。最理想的电阻应为线性,也就是在瞬间流过电阻的电流与瞬间施加的电压成比例。电阻器的主要功能(见图 2-3)有:① 控制某一回路的电压和电流比例。当回路的电压为恒定值时,电阻可产生恒定的电流;当回路的电流为恒定值时,电阻可产生恒定的电压。② 分配某一电路各部件电压所占比例。③ 限制某一电路各部件流过的电流大小。④ 释放热能。例如吹风机吹出的热气,就是利用了电阻器的这一特性,将电能转换为热能。⑤ 采集环境信息。例如利用热敏电阻的阻值随环境温度变化的特性收集周围的温度信息。

根据不同构造,电阻器可分为定值电阻器、可变电阻器、热敏电阻器、光敏电阻器、压敏电阻器。定值电阻器由带电阻材料或线圈构成,不会因外界因素而改变电阻阻值,常用电阻

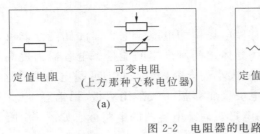 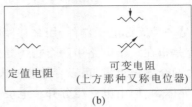

(a)   (b)

图 2-2　电阻器的电路标志

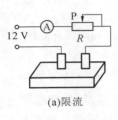 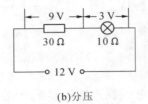 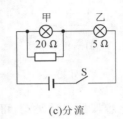

(a)限流   (b)分压   (c)分流

图 2-3　电阻器的功能

的电阻值和误差可根据电阻上的颜色条纹识别。为了便于安装,定值电阻的两端多带有连接线,部分在集成电路中属于镶嵌形式;可变电阻器又称电压分配器、电位器,泛指所有能够通过手动去改变电阻值的电阻器,以便适用于不同场合,常用的可变电阻有三个连接端,通过不同的接线方式可使电阻以不同的方式运作,如可变电阻、分压计或定值电阻;热敏电阻器的电阻值随温度的变化而改变;光敏电阻器的电阻值随光照强度的变化而改变;压敏电阻器是一种限压元件,对电压的变化反应敏感,在特定的温度下,当电压超过某个临界值,电阻值会骤降,而通过它的电流会骤增,而且电压与电流并非呈比例关系,所以,压敏电阻也叫作非线性可变电阻。不同种类电阻器如图 2-4 所示。

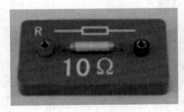  

(a)定值电阻器   (b) 可变电阻器   (c) 热敏电阻器

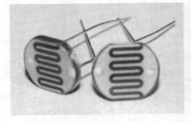 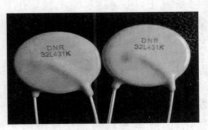

(d)光敏电阻器   (e) 压敏电阻器

图 2-4　不同种类电阻器的外观

2. 电容器

电容器是一种无源电子器件,用来存储电场中的电能。电容器的储能性能可以用电容来表示,电容是指在一个电路中两个相邻导体之间所产生的能量。电容器为提高线路的容量而添加,由两个电极组成,可以存储相同大小的电荷,其标志相反,呈电中性。这些电极自身也是一个导体,它们由电介质分开。电极金属薄板一般采用铝板、铝箔等,电介质一般采用氧化铝。电荷存储在接近介质材料的电极表面。电容器的电路标志如图2-5所示。

(a)一般电容器   (b)可变电容器   (c)同轴双联电容器   (d)微调电容器

图2-5 电容器的电路标志

根据电容器的介质类型,可将电容器分成四大类:①电解电容器,如钽电解电容器、铝电解电容器等;②有机电容器,如薄膜电容器(聚酯膜、聚丙烯膜、对聚苯硫醚膜等)、纸介电容器;③无机电容器,如云母、陶瓷、空气等;④超级电容器,如双电层电容器、赝电容器等。图2-6为常见电容器的外观。

图2-6 电容器的外观

电容器在不同的电路中作用有所不同。电容器在普通电路中常用于通过交流电,阻隔直流电;在LC振荡回路中,通过调整电容器与电感器之比,可以产生特定频率信号,用于无线电通信或收音机;在模拟滤波电路中,电容器可对电源输出进行滤波处理,使电源输出稳定;在电力传输系统中,电容器起到了稳定电压及功率的作用;在早期的数字电脑中,根据电容器储存能量的特性将其用作动态存储器。

3. 电感器

电感器由导体线圈或线圈组成,能够储存能量,并对电流变化做出反应。当电流变化时,它将产生一个电动势来抵抗电流变化。当电流通过电感器时,产生磁场并储存在其内部。当电流发生变化时,储存在电感器内部的磁场也会发生变化,从而产生自感电动势用于阻碍电流的变化,因此电感器对于交流电路来说是一种阻抗元器件。电感器的结构如图2-7所示。

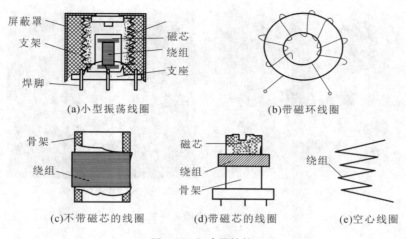

图 2-7　电感器结构

电感器的分类方法有很多,根据作用可以划分为扼流线圈、偏转线圈、校正线圈、耦合线圈和振荡线圈;根据能否调节可划分为微调电感、可调电感和固定电感;根据构造可以划分为铁芯线圈、磁芯线圈和空心线圈;根据形状可以划分为平面电感(片状电感、印制板电感)和线绕电感(单层线圈、多层线圈及蜂房线圈)。在信号处理和模拟电路过程中,电感元件被广泛使用,主要应用如下:

(1)电容元件和电感元件以及其他某些装置组合在一起,构成对某些特定信号频率进行放大或滤波的调谐电路。

(2)大电感可用作电源阀门,过去常与滤波器一起使用,以消除多余和不稳定的直流输出分量。

(3)磁珠或环绕电缆在传输线上产生小电感,从而防止在传输过程中产生射频干扰。

(4)电容和电感串联在一起,为无线电发射和接收提供调谐回路。

(5)两个及两个以上的电感之间存在耦合磁通量,构成变压器。变压器的效率会随着频率的提高而降低,但是高频变压器的尺寸也会变得很小,这也是为何有些飞机使用 400 Hz 交流电而不是一般使用 50 Hz 或 60 Hz 的原因,同时使用小型变压器能够节省很多载重。

(6)在切换电源中,电感元件可用作能量存储元件。当电流通过线圈时产生磁通量,并存储能量。

(7)电感元件可应用在输电系统中,以降低电网的电压或限制短路电流。

电感元件较其他元件更为笨重,因而在现代设备中,它的使用越来越少。有些固态开关电源取消了大变压器,将电路改为采用小型的电感元件,有些则用回转器进行电路模拟。图 2-8 为电感器外观。

4. 变压器

变压器是一种用于变换交流电压的电器设备,它由两个或多个互相缠绕在共同磁路上的线圈(称为原/一次侧和副/二次侧)组成。变压器主要有两个功能:一是用于改变交流电压的大小,从而实现电能在不同电压等级之间的传输和转换。二是在各回路进行阻抗转换,

(a)空心电感线圈

(b)贴片绕线电感

图 2-8　电感器的外观

使之满足各回路阻抗的要求。

在导航定位装备中变压器主要用作：①电源适配器。在导航设备中，可能需要将来自电网或其他电源的高电压变换为适合设备操作的低电压。这时候，降压变压器可以用作电源适配器，以确保导航设备得到正确的电压供应。②隔离变压器。将输入电路与输出电路完全隔离，用于电路隔离，以防止电气干扰或提高安全性。③信号传输隔离器。在某些导航设备或系统中，可能需要将信号从一处传输到另一处，例如数据传输或通信线路。变压器可以用作信号传输隔离器，通过电磁感应实现信号的传输，从而在不同的电路之间实现信号隔离。

2.2.3　分立元器件

半导体分立器件可划分为二极管、三极管、场效应管、晶闸管等。

1. 二极管

二极管是一个具有非对称电导的双电极电子元件。理想的二极管在正向导通时，其两个电极（正、负极）之间为零电阻，而在反向导通时，其电阻为无限大，也就是电流只能从一个方向通过二极管。在半导体出现后，二极管成为世界上第一种半导体器件。现在的二极管大部分是以硅、锗等为原料制作，偶尔也会用到其他的半导体材料。目前最常见的结构是一个半导体特性的晶片由 PN 结与两个电终端相联。

二极管具有单向导电性，即电流可以由阳极流向阴极，而不能由阴极流向阳极。二极管的单向导电性，一般被称为"整流"，可以把交流电转换成脉动直流电，可以用整流技术实现对射频信号的调制。二极管的电路标志如图 2-9 所示。

根据用途，半导体二极管可划分为普通二极管和特殊二极管。普通二极管有整流二极管、开关二极管、快速二极管、检波二极管、稳压二极管等，特殊二极管有发光二极管、变容二极管、触发二极管、隧道二极管等。发光二极管如图 2-10(a)所示。主流应用主要涉及的是肖特基二极管(见图 2-10(b))，它具有低功耗、大电流、超高速等特点，反向恢复时间非常短，正向导通压降仅为 0.4V 左右，而整流电流则高达几千安培，工作频率可以达到

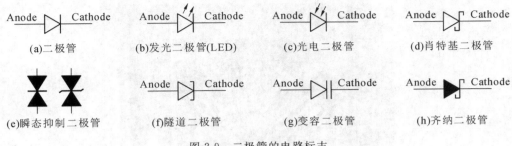

(a)二极管　(b)发光二极管(LED)　(c)光电二极管　(d)肖特基二极管

(e)瞬态抑制二极管　(f)隧道二极管　(g)变容二极管　(h)齐纳二极管

图 2-9　二极管的电路标志

100GHz,并有很低的正向势垒电压,工作性能稳定。

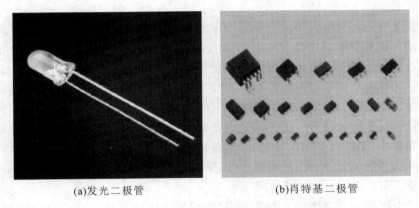

(a)发光二极管　(b)肖特基二极管

图 2-10　二极管的外观

2.三极管

三极管,全称是半导体三极管,又称双极型晶体管、晶体三极管,它是用来控制电流的半导体器件,作用是将微弱信号放大成幅度值较大的电信号,同时用作无触点开关。

三极管由两个相邻的 PN 结构成,整个半导体被两个 PN 结分为三个区域,分别是基区 B、发射区 E 和集电区 C,它的排列方式有 NPN 和 PNP。电流方向为两进一出的是 NPN 型三极管,电流方向为两出一进的是 PNP 型三极管,如图 2-11 所示。三极管的外观如图 2-12 所示。

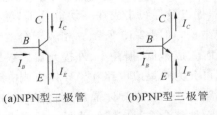

(a)NPN型三极管　(b)PNP型三极管

图 2-11　三极管电路标识

图 2-12　三极管的外观

3.场效应管

场效应管全称为场效应晶体管(Field-Effect Transistor,FET),它是一种基于半导体材料的电子器件。它依靠电场去改变导电沟道的形状,进而改变通道的导电性。由于单载流子导电的场效应管不同于双载流子导电的双极型晶体管,故也可将其称作"单极型晶体管"。虽然场效应管的概念比双极型晶体管更早提出,但是由于受到半导体材料的制束,并且其制作困难,因此场效应管的成功研制比双极型晶体管来得更晚。

场效应管可用于放大信号。由于场效应管放大器具有非常高的输入阻抗,所以它的耦合电容可以非常小,不需要采用电解电容器,是用于阻抗变换的理想选择,常用于在输入端进行阻抗转换的多级放大器;此外,场效应管还可以作为可变电阻、恒流源、电子开关。

4.晶闸管

晶闸管是由四个相互交错的 P 层和 N 层构成的半导体器件。最早出现的是硅控整流器(Silicon Controlled Rectifier,SCR),又称半导体控制整流器,它是一种具有三个 PN 结的功率型半导体器件,同时它也是第一代半导体电子器件的代表。与普通二极管不同,晶闸管具有可控单向导电性,必须在控制极加上控制电压后才可以正向导通。晶闸管可以用小电流(电压)控制大电流(电压),它具有体积小、重量轻、功耗低、效率高、开关迅速等优点,被广泛应用于无触点开关、可控整流、逆变、调光、调压、调速等方面。

2.2.4　集成电路

1.集成电路概念

集成电路(Integrated Circuit,IC),又称微电路、微芯片、芯片,采用一定的工艺,将电阻、电容、电感、半导体分立器件以及导线集成在一块硅片上,随后将其封装成一个整体,成为具有所需电路功能的微型结构,如图 2-13 所示。相较于分立元件电路,集成电路具有体积小、质量轻、性能好、可靠性高、成本低、损耗小、外接元器件数量少、整体性能好、安装调试方便等优点。安装制作工艺可分为膜集成电路和半导体集成电路。其中膜集成电路又分为薄膜集成电路与厚膜集成电路。在一块半导体晶片上制作的集成电路,称为薄膜集成电路。将单独的半导体器件与无源元件整合在衬底或线路板上的集成电路,称为厚膜集成电路。

集成电路按照其一片上所集成的微电子器件数目,可以分为:小型集成电路(包含 10 个

图 2-13　天玑 9000 移动平台处理芯片

以下逻辑门或 100 个以下晶体管);中型集成电路(包含 11～100 个逻辑门或 101～1000 个晶体管);大规模集成电路(包含 101～1000 个逻辑门或 1001～10000 个晶体管);超大规模集成电路(包含 1001～100000 个逻辑门或 10001～100000 个晶体管);特大规模集成电路(包含 10001～1M 个逻辑门或 100001～1000000 个晶体管);巨大规模集成电路(包含 1000001 个以上逻辑门或 10000001 个以上晶体管)。

　　按照处理信号的不同,可以将其划分为模拟集成电路、数字集成电路以及兼具模拟与数字的混合信号集成电路。图 2-14 是常见的几种集成电路外观。

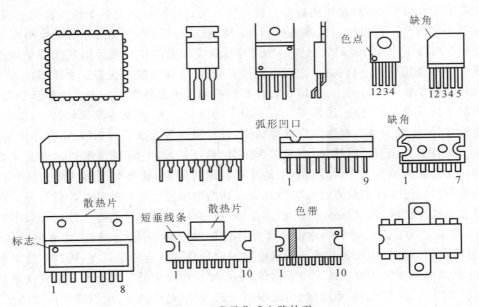

图 2-14　常见集成电路外观

　　近年来,由于集成电路的外型不断地向小尺寸发展,因此每一个芯片上能封装的电路数量在不断增加。在减小外形尺寸的同时,几乎所有的性能指标都得到了提高,即单位成本和开关功率消耗在降低,但速度得到提高。然而,在小型化集成电路发展的过程中,有研究发现纳米级别设备的集成电路涉及漏电的问题,且运行速度降低和功率消耗增加的现象也十分明显。因此,如何研制更高效的集成电路结构是未来面临的一个严峻挑战。

2. 集成电路发展过程

1958 年,JackKilby 制造了世界上最早的集成电路。1965 年仙童公司的摩尔提出了"摩尔定律",指出集成电路中所容纳的元器件数目每隔 18~24 个月会增加 1 倍,性能也将提升 1 倍。1969 年英特尔公司生产出 64 bit 的存储器,随后,1971 年,英特尔推出第一个 4 位的商用微处理器 Intel 4004,集成度覆盖 2300 个晶体管。次年,英特尔推出 8 位商用微处理器 Intel 8008,集成度覆盖 3500 个晶体管,采用 MOS 工艺和 $6\mu m$ 工艺,主频达到 2MHz。随着芯片上可以集成晶体管数量的增多,芯片的体积也越来越小,功能也越来越强。如今中国芯片企业在 4nm 封装技术上的突破,更是让增加集成芯片上的晶体管数量的工艺技术达到了空前的水平,这也标志着"后摩尔时代"的正式到来,集成电路产业朝向创新和成熟阶段发展。

总的来说,未来集成电路的发展趋势为:① 特征尺寸向皮米(pm)发展。目前的主流集成电路设计已经达到了 4nm 工艺;② 规模不断扩大,目前 CPU 中的晶体管数量已达百亿级;③ 速度不断加快;④ 复杂度不断增大,集成电路中的元器件种类与集成方式多样化;⑤ 设计的可靠性与可行性不断提高。

3. 集成电路设计与制造

1) 集成电路设计

在集成电路设计中,最常用的衬底材料是硅。通过将硅衬底上各个器件彼此电隔离,从而控制每一个器件的导电性。集成电路器件的基础结构包括 PN 结、金属氧化物半导体场效应管(MOSFET)等,由金属氧化物半导体场效应管构成的互补式金属氧化物半导体是数字集成电路中逻辑门的基础构造,它拥有低静态功耗、高集成度的优势。由于集成电路中的全部元件都集成在一块硅片上,所以在设计时就必须考虑晶体管和互连线的能量耗散。

在数字集成电路设计中,通常采用自上而下的设计方法,其基本步骤包括:系统定义、寄存器传输设计、物理设计。根据逻辑抽象级别,设计可划分为系统行为级、寄存器传输级、逻辑门级。设计者在编写函数代码、设置综合工具、验证逻辑时序性能、规划物理设计策略等方面都面对很大的挑战。在设计过程中的某些特定时间点,还要对逻辑功能、时序约束、设计规则等方面进行多次的检查、调试,以保证设计的结果符合设计的最初收敛目标。模拟集成电路包括线性整流器、运算放大器、振荡电路、锁相环、有源滤波器等。相比于数字集成电路设计,模拟集成电路设计更多地涉及半导体器件的物理特性,如增益、功率耗散、电路匹配、阻抗等。模拟信号的放大和滤波要求电路对信号具备一定的保真度,所以与数字集成电路相比,模拟电路使用了更多的大面积器件,集成度也相对较低。混合信号集成电路的基本设计流程主要有:设计规划、系统级设计、模拟电路/数字电路划分、电路级设计与仿真、版图级设计与仿真等。

2) 集成电路制造

集成电路的制造过程如下:

(1) 晶元制造。首先是将硅矿提纯并纯化,得到纯度高达 99.999% 的硅晶元,然后用特殊工艺生产出直径适当的硅锭,再把硅锭切割成薄硅片,用于制造芯片,最后按照不同的沾污水平和定位边等参数制成不同规格的晶元。

（2）硅片制造。裸露的晶元被送达硅片制造工厂,经过一系列的清洗、成膜、光刻、刻蚀和掺杂等步骤,硅片上就刻蚀了一整套集成电路。

（3）硅片测试/拣选。硅片制造完后,会被送往测试分选区,在那里每个硅片都会进行探测和电学检测,然后拣选出合格的硅片,并对不合格的硅片进行标记。

（4）装配与封装。硅片经过测试分选区后,就进入装配和封装阶段,该阶段的目的是把硅片的每个芯片进行单独包装并封在一个保护壳管内。为了减小衬底的厚度,硅片的背面都要经过打磨,然后在硅片的背面粘上一层塑料膜,再沿着划线片用带金刚石尖的锯刃将硅片上每个芯片分开,塑料膜可以保证芯片不脱落。在装配厂,好的芯片经过压焊或抽真空形成装配包,最后把芯片密封在塑料或陶瓷外壳中。

（5）终测。为了保证芯片能正常工作,每个被封装好的集成电路都要经过严格的检测,以达到生产厂家对其电气性能及连接部件性能的要求。

2.3　电子元器件检测

2.3.1　外观完整性

对于元器件的包装、表面进行外观检查能够发现电子元器件的早期缺陷和在采购过程中的损坏。检查主要针对内外包装是否完好、是否有损伤,包装上是否包含应有的标识,标识应包括电阻器,电容器,电感器,二极管、三极管的型号和数量,生产厂家或产地,生产日期,生产厂家等内容且必须符合相关产品材料清单要求,制造日期不能超过 18 个月。同时所有器件上都应有标志,标志包括元件的商标、型号或能代表电特性的可辨认的代码、极性元件的极性标记。

同时要求电阻器、电容器、电感器、二极管、三极管表面无沾污、无裂缝、缺口、刻痕、断头镀层脱落等机械性损伤,且引出端完好、无损伤变形。

2.3.2　电气性能

由于生产器件的公司并不具备检验电子元器件所有电性能的条件,当具体型号元器件检验标准含有下述电性能项目时,应按照相应方法进行以下项目的抽样检查:

（1）电阻器:测量时将万用表调至电阻档位,把两表笔(不分正负)分别连接到电阻器的两个管脚上,测出实际电阻值。读数和额定电阻的偏差可达±5%、±10%、±20%。如果超过了这个误差的范围,就表明这个电阻器的电学特性没有达到标准。

（2）电容器:测量时将万用表调至电阻档位,把两表笔(不分正负)分别连接到电容器的两个管脚上,其电阻应该是无穷大。当电阻为 0 时,表示电容器因泄露而损坏,或因内部故障而损坏。

（3）电感器:测量时将万用表调至电阻档位,被测电感器的大小与绕制电感器线圈所采用的漆包线直径及绕制的圈数有关,只要能测出电阻值,就可认为被测电感器是正常的。若被测电感器电阻为 0,则说明其内部有短路。

（4）二极管:利用其单向导电特性,使用万用表进行检测。把万用表置于 R×1kΩ 挡处,将红、黑两表笔接触二极管两端,测出阻值;将红、黑表笔对换再测出一个阻值。若两次测得的阻值相差很大,说明该二极管单向导电性好,并且阻值大(几百 kΩ 以上)的那次对应红笔所接的为二极管正极;若两次测得的阻值相差很小,说明该二极管已失去单向导电性;若两次测得的阻值均很大,说明该二极管已经开路。

(5)三极管:三级管相当于是用两个二极管衔接而成,测试的时候可以按照测二极管的方式测量。有的数字万用表上有专门测试三级管用的孔,直接插入测试即可。

2.3.3 可焊性

可焊性检测是为了确保元器件与焊接过程的相容性,以避免焊接质量问题和制造缺陷。通过对元器件的引脚或焊盘进行试验,检查焊接性能,包括焊锡覆盖情况、焊锡平整度、焊锡湿润性等。这可以确保焊接过程中焊锡能够正确地润湿引脚或焊盘,确保良好的焊接连接。对于一些特殊元器件,焊锡涂覆可能需要进行测试,以确保焊锡层厚度和涂敷的均匀性。在测试过程中将焊接工具调节在 260℃±5℃,在电阻、电容、二极管、三极管的引脚镀锡,焊锡附着面积应是金属管脚总面积的 95% 以上,外观无可见机械损伤或变形,标志清晰即可。

有些元器件在焊接过程中需要承受高温,因此需要进行焊接耐热性测试,以确保元器件的材料和结构能够在焊接过程中不受损坏。此检验项目仅适用于二极管、三极管,同样在 260℃±5℃ 的温度进行焊锡,将焊锡放置二极管、三极管的引脚处持续 4～6s,静置 1 个小时后检查外观,再测试其电性能是否与未检测前一致。

2.4 GNSS 板卡

GNSS 板卡是一种集成了全球导航卫星系统(GNSS)接收器和相关电路的电子板卡,可追踪全星座卫星信号,实时接收卫星测距与导航电文信息,并通过相关算法计算出设备的位置、速度和时间等数据。

GNSS 接收机板卡主要包括射频前端、基带数字信号处理模块、导航解算控制模块等。射频前端将微弱射频信号进行放大、滤波和下变频等处理,最终经模数转换器(ADC)进行数字化生成所需要的中频信号。在基带数字信号处理模块中首先进行数字下变频处理,再通过复数乘法器将中频数字信号变为基带信号,最后通过累加积分,将各种观测量与导航电文输出。导航解算控制模块的主要作用是对收集到的观测量进行处理,并将相关的控制提供给数字信号处理模块,进而构成一个闭合环路,同时还可以进行定位、测时和授时(PVT)解算。接收机板卡结构如图 2-15 所示。

UB4B0-MINI 是和芯星通公司推出的一款基于多核高精度 Nebulas-Ⅱ 高性能 SoC 芯片研发的紧凑型高精度板卡。其中,射频部分可将射频信号转换为中频信号,再将中频的模拟信号转换为 Nebulas-Ⅱ 芯片(UC4C0)所需的数字信号。Nebulas-Ⅱ 芯片(UC4C0)是一款 55nm 工艺制作,支持 432 路信道,集成了两颗 600MHz 频率的 ARM 处理器和专用高速浮点运算处理器以及专用抗干扰单元,可以在一个芯片上实现高精度的基带处理和 RTK 定位定向解算。图 2-16 为 UB4B0-MINI 高精度板卡实体图。

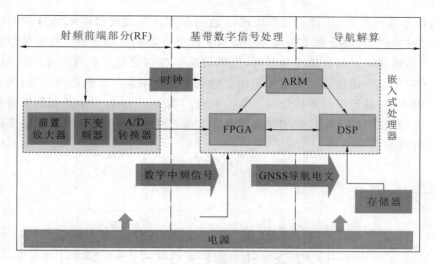

图 2-15 接收机板卡结构

图 2-16 UB4B0-MINI 高精度板卡

2.4.1 射频前端

射频前端(Radio Frequency,RF)实现了接收机信号的放大、功分、混频、A/D 模数转换等功能。卫星信号由接收机天线送入低噪声前置放大器放大带通滤波后,和本地的本振信号进行混频,将接收信号载波频率经过 AGC 稳幅后送入 AD 转换器,把原有的射频信号转变为可供基带信号处理模块使用的数字中频信号,如图 2-17 所示。

在一些特殊的环境下,如茂密的森林、室内等,其输出功率电平可以低至 -160 dBm。这样一个频率极低的射频信号,必须经过精密的电路处理,才能进行下一步处理。射频信号处理部件主要包括:①低噪声放大器;②预选带通滤波器;③下变频器;④中频放大器;⑤模数转换器。

整个电路要完成的工作主要有以下几点:

(1) 限制天线接收的信号的带宽,将有用信号从其他干扰中隔离出来。

(2) 对射频信号进行下变频,使得信号的频率变换到一个适合模数转换器处理的较低的中频频率。

（3）对信号进行放大，使得信号幅值能够达到模数转换器模拟输入信号的上限。放大工作主要针对射频放大部分和中频可变增益放大部分。射频信号处理电路也被称为射频通道，通道的整体增益满足接收微弱信号时，模数转换器有幅值较大的数字量输出；接收较强信号时，为了避免整个通道的一级或多级由于输入信号功率太强而饱和的现象，随着输入信号功率大小的不同，通道应具有自动调节整个通道的能力。同时，整个通道的增益分配也是一个需要考虑的问题，即分配好的增益量有多少需要在变频之前实现，有多少需要在变频之后对中频信号实现。

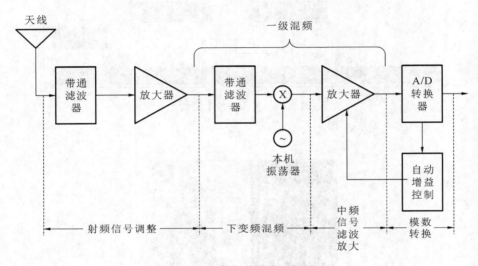

图 2-17 射频前端实现框图

2.4.2 嵌入式处理器

嵌入式处理器是嵌入式系统的核心部分，它是控制和辅助系统运行的硬件单元，应用范围非常广泛，从最早的 4 位处理器，到后来的 8 位单片机，再到越来越受欢迎的 32 位、64 位嵌入式处理器。目前应用较为广泛的嵌入式处理器有 ARM、FPGA、DSP。在 GPS 接收机设计过程中，常采用 DSP 辅助 FPGA 组合或 ARM/FPGA/DSP 三者任意组合形式作为接收机信号处理的核心单元，近年来，ARM＋FPGA＋DSP 架构已成为接收机设计的主流趋势，下文将分别介绍 ARM、FPGA、DSP 三种嵌入式处理器。

1. ARM 处理器

ARM（Advanced RISC Machine），过去称作进阶精简指令集机器，是一个精简指令集（RISC）处理器架构集合，被广泛应用于各种嵌入式系统的设计中，因其具有低功耗的特点，使得在其他领域也有很大的发展空间。ARM 处理器在移动通信中表现出良好的应用前景，满足了其低成本、高性能、低功耗的设计目标。另外，由于超级计算机消耗电量较多，ARM 也被认为是一种效率更高的替代方案。

ARM 架构版本从 ARMv3 到 ARMv7 支持 32 位空间和 32 位算数运算，大部分架构的指令为定长 32 位(Thumb 指令集支持变长的指令集,提供对 32 位和 16 位指令集的支持),而在 2011 年发布的 ARMv8－A 架构添加了对 64 位空间和 64 位算术运算的支持,同时也更新了 32 位定长指令集。

　　到 2009 年为止,ARM 架构的处理器已经占据 90％的市场,成为全球最主流的 32 位处理器。在许多消费性电子产品中都可以找到 ARM 处理器的身影,从便携式设备(PDA、手机、多媒体播放器、掌上型电子游戏和计算机)到电脑外设(硬盘、桌面型路由器),甚至在导弹的弹载计算机等军事设施中都可以找到 ARM 处理器。此外还有一些基于 ARM 设计的衍生产品,其中最重要产品还包括 Marvell 公司的 XScale 架构和德州仪器公司的 OMAP 系列。

　　2011 年,ARM 的客户报告数据显示,它们公司拥有 79 亿 ARM 处理器的出货量,占据了 95％的智能手机、90％的硬盘驱动器、40％的数字电视和机上盒、15％的微控制器和 20％的移动电脑。在 2012 年,微软联合 ARM 推出了一款全新的 Surface 平板电脑,AMD 公司宣布于 2014 年开始推出以 ARM 为核心的 64 位服务器芯片。2016 年,日本富士通公司公布了新一代"京"超级计算机会以 ARM 架构为内核进行设计。

　　ARM 处理器的内核种类见表 2-1。

表 2-1　ARM 处理器家族

内核(架构)版本	处理器版本
ARMv1	ARM1
ARMv2	ARM2、ARM3
ARMv3	ARM6、ARM7
ARMv4	StrongARM、ARM7TDMI、ARM9TDMI
ARMv5	ARM7EJ、ARM9E、ARM10E、XScale
ARMv6	ARM11、ARM Cortex-M
ARMv7	ARM Cortex-A、ARM Cortex-M、ARM Cortex-R
ARMv8	ARM Cortex-A30、ARM Cortex-A50、ARM Cortex-A70

ARM 处理器的主要特点包括:

(1) 支持 Thumb(16 位)/ARM(32 位)双指令集,同时可以兼容 8 位/16 位器件;

(2) 采用固定长度的指令格式,有 2～3 种寻址模式;

(3) 大量使用寄存器,数据处理指令只针对寄存器操作,只提供存储/加载指令访问存储器;

(4) 增加了 DSP 指令集提供增强的 16 位和 32 位运算能力,系统的性能和灵活性得到了提高;

(5) 体积小、功耗低、低成本、高性能。

ARM 处理器共有 37 个寄存器,分成若干个组(BANK),其中包括:

（1）31 个 32 位的通用寄存器，包括程序计数器（PC 指针）；

（2）6 个 32 位状态寄存器，用以识别 CPU 的工作状态及程序的运行状态。

2. DSP 处理器

DSP（Digital signal processor）作为一种特殊的微处理器，是利用数字信号对大量数据进行处理的器件。它的工作原理是接收模拟信号，将其转换成 0 或 1 的数字信号，然后对数字信号进行修改、删除、增强，并在其他系统芯片中将数字数据解译成模拟数据或实际环境格式。它不但可以进行编程，还可以在一秒钟内完成上百万个复杂指令程序，远远强于通用微处理器，它实现了数字信号处理，是数字时代不可或缺的电脑芯片。DSP 芯片是一种高速运行的微处理器，独特之处在于它能够即时处理资料。DSP 芯片的内部采用程序和数据分开的哈弗结构，具有专门的硬件乘法器，数据处理能力强，运行速度快。

DSP 芯片通常为 5 层及以上的流水线结构，能为特殊的数字信号处理算法提供专用的 DSP 指令。在数字化时代，DSP 已经成为通信、计算机和消费类电子产品等不可或缺的基本元件。DSP 具有以下主要特征：

（1）一个时钟周期可以完成一次乘累加运算；

（2）采用哈弗结构，将数据与程序的存储空间分开，对数据和程序指令进行同步存取；

（3）支持无开销或低开销的循环和跳转指令；

（4）内含高速随机存取存储器，可通过独立的数据总线同时访问两块随机存取存储器；

（5）支持外部硬件中断；

（6）支持流水操作，支持操作的并行执行，尤其是乘累加运算。

DSP 是 GNSS 接收机数字信号处理部分的核心硬件，可看作是一个带有数字信号处理能力的控制器。主要任务有两项：①完成数字信号处理运算：处理 FPGA 发送的数据，完成数据的乘法、三角运算等复杂的数据运算；完成和上位机的通信，将接收机的定位结果传给上位机等。②控制流程：接收机的启动，信号的捕获、跟踪，导航电文的解调，用户 PVT 的解算以及串口通信操作都是在 DSP/ARM 软件的控制下进行的；协调板卡上各模块的工作流程，调度各方面的资源，使接收机能正常地完成相应的工作。

DSP 不仅是 GNSS 接收机的重要组成部分，也是惯性测量单元（IMU）的核心，DSP 芯片在 IMU 中主要进行温度补偿、降噪滤波、姿态解算、数据输出等数字算法处理。陀螺仪和加速度计的输出经 AD 转换后送入 DSP 芯片，根据陀螺仪输出的角速度和数字磁罗盘的输出数据进行系统的力学编排，计算载体的姿态矩阵；再结合 MEMS 加速度计输出的比力，求解姿态和速度信息。

3. FPGA 处理器

现场可编程门阵列（FPGA）是基于可编程逻辑器件（PAL、GAL、CPLD 等）发展起来的处理器。它是专用集成电路（ASIC）领域中的一种半定制电路，不仅可以解决传统定制电路的缺陷，还可以弥补传统可编程器件在门电路数量上的不足。在实际应用中，系统设计人员可以将 FPGA 中的各逻辑模块以编程的方式连接起来，以达到所需要的功能。这就好比把一块电路实验板放在了一块芯片上。通常情况下，FPGA 的运算速度要慢于 ASIC，不能实现更为复杂的电路设计。但 FPGA 也有许多优势，例如它能快速成品，并且设计者能通过反复修改其内部逻辑来纠正程序中的错误，此外 FPGA 的调试成本也相对低廉。供货商还可以提供便宜的 FPGA 产品,但是编辑能力会受到限制。因为这些芯片的可编辑性不高,所以设计开发基本上是在普通的 FPGA 上完成的,再把设计转移到一个与 ASIC 类似的芯片上。在某些技术更新速度较快的产业中,FPGA 几乎成为了电子系统中必不可少的组成部分,所以在进行大批量供货前,可利用 FPGA 方便灵活的优势迅速地抢占市场。FPGA 具有以下主要特征:

(1) FPGA 设计的 ASIC 电路,用户无需进行芯片的投片制造,便可获得与其相匹配的芯片;

(2) FPGA 可用于制作其他 ASIC 电路的实验样品;

(3) FPGA 内部有大量的触发器和 I/O 引脚。FPGA 是 ASIC 电路中设计周期最短、开发成本最低和风险最小的一种;

(4) FPGA 使用的是高速 CMOS 工艺,具有较低的功耗,能够与 CMOS、TTL 电平兼容。

Xilinx 是世界上最大的 FPGA 供应商,FPGA 的发明人,Fabless 无生产线半导体商业模式的创始人,也是全球第一款 28nm 产品的推出者,同时也是全球第一个 All Programmable 3D IC 的推出者,第一个 All Programable SoC 的推出者。1996 年,Altera 公司通过销售模式第一次追赶上 Xilinx 公司后,Xilinx 和 Altera 成为当前 FPGA 的领先厂商。Lattice Semiconductor 是我国最早的供应商,生产规模大,可提供 SRAM 以及非易失性、基于 Flash 的 FPGA。

传统的接收机板卡多采用 ASIC+DSP/CPU(主要是 ARM)的设计方案,现在已有比较成熟的解决方案(某公司的 GP2004+ARM),并已广泛地应用于多种应用场景。然而,ASIC 并不能够像微处理器一样方便地重新编程配置,系统的重新设计将需要较大的成本;而且,ASIC+DSP/CPU 的配置使得接收机成本较高,且体积无法进一步压缩。为了解决上述问题,使用 FPGA 配合嵌入式处理器的硬件平台来实现 GNSS 接收机功能是一个比较合适的选择。在接收机中对运算速度要求最为严格的是通道部分的载波剥离和相关运算,这部分也是 ASIC 芯片的主要工作。这部分功能可以用基于 HDL 语言构造的 FPGA 模块完成。

2.4.3 存储器

ROM(Read Only Memory)称作只读存储器,这种存储器的内容在任何情况下都不会发生改变,计算机与用户只能读取所保存的指令,并使用存储在 ROM 中的数据,但是不能对其进行修改或存入。ROM 的内部芯片为一个非易失性芯片,也就是说,当计算机关机后存储的内容仍可以被保存,所以这种存储器通常用来存储一些拥有特定功能的程序或者系统程序。如用来存储引导计算机的指令,引导的时候它会向中央处理单元发出一系列的指令以供测试。在最初的测试中,检查 RAM 位置以确认其存储数据的能力。除此之外,还要检查其他电子组件包括键盘、计时回路,甚至是 CPU 本身。

RAM(Random Access Memory)称为随机存取存储器,又称内存或主存,它可以与中央处理器进行数据交换,随时读取和写入(刷新时除外),并且速度很快,经常用作操作系统或其他执行程序的临时数据储存介质。2011 年生产的计算机所使用的 RAM 以 DDR3 为主,从 2016 年开始 DDR4 逐渐普及化,如今,最新的 DDR5 已经进入千家万户。

GPS 信号接收机内设有存储器，以存储所解译的 GPS 卫星星历、载波相位观测量、伪距观测量等数据。在 1988 年以前，接收机基本采用盒式磁带记录器，例如 WM101GPS 信号接收机，就是采用带有时间标识符的每英寸 800Byte 的记录磁带。目前大多数接收机采用内置式半导体存储器，如 Ashtech Z-12 97 款 GPS 信号接收机，就配备了 2～85Mbit 内存卡以供选用。保存在接收机内存中的数据可以通过数据传输接口传送到微机内，以便储存与处理观测数据。存储器内通常还装有多种工作软件，如自检软件、导航电文解码软件、天空卫星预报软件、GPS 单点定位软件等。

2.4.4 电源模块

电源模块是所有电路工作的必要模块，若电源出现较大的问题，整个系统都有被损害的危险。一个完整的电源模块除了包括能够稳定输出电压的电源变换器以外还包括大量的退耦电容，不同器件往往需要不同数量、不同容值和不同大小的退耦电容。

在某些应用场合对设备的功耗要求很高乃至非常苛刻，电源除了保证系统能稳健运行之外，还应尽量满足低功耗的需求。例如一些传感器设备，虽然只能靠小型的电池提供电源，但可以工作数年之久，且不需要任何维护。再如，由于智能穿戴设备的小型化需求，电池体积不能过大，从而其容量相对较小，因此降低功耗，提高设备的电源稳定性和可靠性是很有必要的。所以在设计电源模块时，应考虑设计专门的电源管理部分，以确保硬件系统的稳定运行，并尽量降低设备功耗。

2.4.5 时钟模块

时钟模块由一个固定频率的温度补偿晶体振荡器生成，用来保证接收机产生的本地载波的频率和伪随机码的码速率在捕获和跟踪过程中相对恒定，使得接收机能够较快完成时间同步工作。在接收机系统中，无论是射频前端的混频模块，还是基带数字部分的 FPGA 芯片，在进行捕获和跟踪卫星信号、导航电文译码并解算时，它们之间的数据传输和正常工作都需要不同的时钟频率。

时钟信号既是强干扰源又是敏感信号，因为它一般包含较高频率的谐波分量，本身还具有比较高的功率电平，所以时钟信号常常会影响射频信号和中频信号。在传输过程中，也要保证时钟信号保持较低的相位噪声。由于它容易受到其他信号尤其是高速数字信号和开关电源的开关信号的干扰，所以在时钟网络的布线上要注意远离射频链路、高速数字链路和开关电源的开关节点，并注意不要跨越同一层的不同参考平面。

2.5 MEMS IMU 单元组成

2.5.1 陀螺仪

陀螺仪作为惯性器件的核心部件，它的发展直接影响着惯导技术的进步。它是一种测量载体角位移、角速度的敏感器件，根据输出的载体角速度信息，运用姿态算法可以解算出姿态角等运动参数，从而为飞行器控制、载体姿态确定及准确地导航定位等提供保证。陀螺仪的种类很多,根据陀螺转子主轴所具有的进动自由度数目可划分为:二自由度陀螺仪和单自由度陀螺仪;根据支承系统的不同可划分为:滚珠轴承支撑陀螺,液浮、气浮与磁浮陀螺,挠性陀螺(动力调谐式挠性陀螺仪),静电陀螺;根据物理原理可划分为:基于高速旋转体物理特性工作的转子式陀螺,以及基于其他物理原理工作的半球微机械陀螺、谐振陀螺、光纤陀螺(FOG)和环形激光陀螺(RLG)等。

激光陀螺和光纤陀螺是惯性导航技术的革命性发展方向,其工作机理不同于传统的机械式转子陀螺,遵循宏观世界的牛顿力学,而是遵循量子化的微观物理规律,是一种全新的惯性导航装置。激光陀螺仪的出现稍早于光纤陀螺,其测量精度高,但需要严格的气体密封,组成部件需要精密加工和复杂工艺装配。而光纤陀螺由于不存在激光陀螺中出现的闭锁效应和易受复杂物理条件限制等影响,并且结构更为简单,性能测试表明其具有动态范围宽、瞬时响应灵敏、可承受较大过载、寿命长等优点,因此受到了厂家和用户的关注,发展相当迅速,正逐渐发展为高精度导航领域主要的惯性器件。图 2-18 为不同型号的光纤陀螺仪。

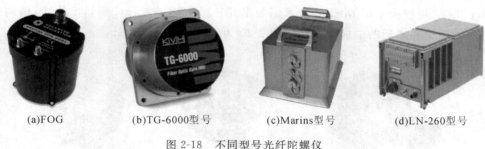

(a)FOG   (b)TG-6000型号   (c)Marins型号   (d)LN-260型号

图 2-18　不同型号光纤陀螺仪

20 世纪 80 年代,随着制作集成电路的硅半导体工艺不断成熟和完善,使得微型机械、微型传感器和微型执行器的微机械制造技术运营而生,这种利用微机械机构和控制电路工艺来制造微电机系统的技术通常被称为 MEMS 技术,与机械陀螺相比不仅具有体积小、重量轻、易于安装、高可靠性、耐冲击等优点,并且能够实现大批量生产,在成本上也具有一定的优势,所以微机械陀螺已成为当前研究的热点,并在民用领域得到广泛的应用。图 2-19 为不同型号的 MEMS 陀螺仪。

(a)CRS07-11   (b)ADIS16060BCCZ   (c)村田SCR2100-D08-05   (d)ITG-3701三轴陀螺仪

图 2-19　不同型号 MEMS 陀螺仪

2.5.2　加速度计

加速度计传感器是一种惯性器件,用来感测移动载体沿一定方向上所受的作用力。根据输入与输出的关系加速度计可划分为:普通型加速度计、积分型加速度计和二次积分型加速度计;根据物理原理可分为摆式加速度计和非摆式加速度计,摆式加速度计包括摆式积分加速度计、液浮摆式加速度计和挠性摆式加速度计,非摆式加速度计包括振梁加速度计和静电加速度计;根据测量的自由度可划分为单轴加速度计、双轴加速度计和三轴加速度计;根据测量精度可划分为高精度、中精度和低精度三类。它的主要性能指标包括测量范围、分辨率、标度因数稳定性、标度因数非线性、噪声、零偏稳定性和带宽等。

随着惯性技术的发展,微加速度计的制造技术日趋成熟,相较于传统的加速度计,它具有体积小、重量轻、成本低、功耗低、可靠性高等特点,在航空航天、汽车工业、工业自动化和机器人等领域有着广阔的应用前景,同时也为各领域的发展提供了新的契机。根据敏感原理不同,常见的微加速度计可划分为:压阻式、压电式、隧道效应式、电容式以及热敏式等;根据制成的工艺方法不同又可划分为体硅工艺微加速度计和表面工艺微加速度计。美国斯坦福大学于 1977 年首次采用 MEMS 技术研制出开环微型加速度计。到目前为止,国内外已研制出多种结构和原理的微加速度计。图 2-20 为不同类型加速度计。

(a)DYTRAN 3273A低噪三轴　　(b)JHT-I-H-3高精度石英挠性　　(c)CS-LAS-03单轴
　　加速度传感器　　　　　　　　　　加速度计　　　　　　　　　　加速度计

图 2-20　不同类型加速度计

2.5.3　MEMS IMU 微惯性测量单元

惯性导航系统(Inertial Navigation System,INS)是以牛顿经典力学为理论基础,于 20 世纪初在惯性传感器(陀螺仪、加速度计)的基础上提出的一种新型导航定位系统,可用来推算载体位置、速度和姿态信息。INS 最大的优点是具有自主导航能力,不需要任何外界电磁信号,抗外界干扰强,因此其具有卫星导航、无线电导航、天文导航等导航系统无法比拟的优势。尽管它的导航性能不及卫星导航,但 INS 仍成为了载体导航的核心设备。

未来,基于新原理和新工艺的高精度 MEMS 惯性器件及系统将不断涌现,在保留 MEMS 器件及系统体积小、重量轻、成本低和可靠性高等优点的基础上,精度将有所突破,有望达到中低精度光纤陀螺水平。MEMS 惯性器件具有较高的精度和极高的性价比,这将极大地降低其使用成本,为其大规模产业化应用创造了有利条件,并将进一步拓展其应用范围。

MPU9250 是一款 QFN 封装的复合芯片(MCM),如图 2-21 所示,它包含两个部分:一个部分是三轴加速度和三轴陀螺仪,另一个部分是 AKM 公司的三轴磁力计。所以,MPU9250 是一款九轴运动跟踪装置,它在小小的 $3 \times 3 \times 1mm^3$ 封装中融合了三轴加速度、三轴陀螺仪以及数字运动处理器(DMP)并且兼容 MPU6515。该芯片也为兼容其他传感器开放了辅助 I2C 接口,如连接压力传感器。MPU9250 具有三个 16 位加速度 AD 输出,三个 16 位陀螺仪 AD 输出,三个 6 位磁力计 AD 输出。

图 2-21　MPU9250 封装

同时 MPU9250 芯片具有精密的慢速和快速运动跟踪,为用户提供全量程的可编程陀螺仪参数选择($\pm250°/s$,$\pm500°/s$,$\pm1000°/s$,$\pm2000°/s$)、可编程的加速度参数选择($\pm2g$,$\pm4g$,$\pm8g$,$\pm16g$),并且最大磁力计可达到 $\pm4800\mu T$。其他业界领先的功能还有可编程的数字滤波器,$40 \sim 85$℃时带高精度的 1% 时钟漂移,嵌入了温度传感器,并且带有可编程中断功能。该装置提供 I2C 和 SPI 的接口,$2.4 \sim 3.6V$ 的供电电压,还有单独的数字 IO 口,支持 $1.71V$ 的 VDD。通信采用 $400kHz$ 的 I2C 和 $1MHz$ 的 SPI,若需要更快的速度,可以用 SPI 在 $20MHz$ 的模式下直接读取传感器和中断寄存器。采用 CMOS—MEMS 的制作平台,让传感器低成本、高性能地集成在一个 $3 \times 3 \times 1mm$ 的芯片内,并且能承受住 $10000g$ 的震动冲击。表 2-3 和表 2-4 为陀螺仪的性能参数。

表 2-3　陀螺仪性能参数

性能指标参数	条件	典型值或范围	单位
陀螺仪量程	FS_SEL=0/1/2/3	$\pm250/\pm500/\pm1000/\pm2000$	°/s
灵敏度	FS_SEL=0/1/2/3	131/65.5/32.8/16.4	LSB/(°/s)
灵敏度测试温度	25℃	$\pm3\%$	—
灵敏度适用温度范围	$-40 \sim +85$℃	$\pm4\%$	—
陀螺仪采样频率		$25 \sim 29$	kHz
陀螺仪启动时间	睡眠模式	35	ms
输出速率	可编程,正常模式	$4 \sim 8000$	Hz

表 2-4　加速度计性能参数

性能指标参数	条件	典型值或范围	单位
加速度计量程	FS_SEL＝0/1/2/3	±2/±4/±8/±16	g
灵敏度	FS_SEL＝0/1/2/3	16384/8192/4096/2048	LSB/g
灵敏度测试温度	25℃	±3%	—
灵敏度适用温度范围	−40～＋85℃	±0.026	%/℃
加速度计启动时间	睡眠模式	20	ms
	冷启动,1msV$_{dd}$起跳	30	ms
输出速率	低功耗(循环)	0.24～500	Hz
	循环,过载	±15%	—
	低噪	4～4000	Hz

第3章　导航装备 PCB 设计与制作

导航装备的 PCB 设计与制作和普通电子产品类似,主要包括电路图设计、电路板绘制以及 PCB 制作三个步骤。本章首先对电路图设计的原理进行说明,随后介绍 PCB 设计的基础知识、PCB 设计工艺,最后介绍 PCB 设计的主要软件及设计流程。

3.1　电路图设计原理

电路由各种元件与设备通过一定的方式连接而成,为电流提供流动的通道。电路图通过使用标准的电气符号和精确的图形来描述元件、部件、装置和整个系统。工作人员对于电路图进行分析与理解之后,可以知晓其功能原理,有助于高效地完成工作。

3.1.1　常用电路

看懂电路图的基础是了解电路关系,下面简单介绍电压 U、电流 I、电阻 R、电功 W、功率 P、热量 Q 之间的表达关系和电路相关的基础定律。

(1) 欧姆定律:

$$I = \frac{U}{R} \tag{3-1}$$

(变形公式: $U = IR$, $R = \dfrac{U}{I}$,即伏安法求电阻原理)

$$R = \frac{L}{S}\rho \text{(只适用于纯电阻电路)} \tag{3-2}$$

式中: L 为电阻长度, S 为电阻横截面积, ρ 为电阻率。

(2) 看铭牌求工作电流和电阻:

$$I = \frac{P}{U} \tag{3-3}$$

$$R = \frac{U^2}{P} \tag{3-4}$$

(3) 串联电路:

$$I = I_1 = I_2 \tag{3-5}$$

$$U = U_1 + U_2 \tag{3-6}$$

$$R = R_1 + R_2 \, (R = nR_0) \tag{3-7}$$

$$\frac{R_1}{R_2} = \frac{U_1}{U_2} = \frac{W_1}{W_2} = \frac{P_1}{P_2} = \frac{Q_1}{Q_2} \tag{3-8}$$

（4）并联电路：

$$I = I_1 + I_2 \tag{3-9}$$

$$U = U_1 = U_2（纯并联电路）\tag{3-10}$$

$$\frac{1}{R} = \frac{1}{R_1} + \frac{1}{R_2}（R = \frac{R_1 \cdot R_2}{R_1 + R_2}）\tag{3-11}$$

$$R = \frac{1}{n}R_0 \tag{3-12}$$

$$\frac{R_1}{R_2} = \frac{I_2}{I_1} = \frac{W_2}{W_1} = \frac{P_2}{P_1} = \frac{Q_2}{Q_1} \tag{3-13}$$

（5）当电路中电源电压固定时，定值电阻和阻值相同的滑动变阻器串联连接时，滑动变阻器的功率最大。

（6）将两个灯泡串联时，灯泡的电阻越大就越亮（$P = I^2R$），而将两个灯泡并联，灯泡的电阻越小就越亮（$P = \dfrac{U^2}{R}$）。

①当两个灯泡串联时，要得到总电路上的最大电压，计算时取两个灯泡中额定电流中较小的值：

$$U_{最大} = I(R_1 + R_2) \tag{3-14}$$

②当两个灯泡并联时，要得到干路上的最大电流，计算时取两个灯泡中额定电压中较小的值：

$$I_{最大} = U/R_1 + U/R_2 \tag{3-15}$$

（7）基尔霍夫定律：

基尔霍夫定律作为一种重要的电压、电流分布规律，为复杂电位的分析与计算提供了依据。1845 年，德国物理学家基尔霍夫首次发现了这一规律，并将其归纳为基尔霍夫电流定律（KCL）和基尔霍夫电压定律（KVL）。在电路分析的过程中，基尔霍夫定律是不可或缺的工具。

①支路：a. 每个元件可以视为一条支路；b. 串联的元件需要将其视为一条支路；c. 在同一条支路之中每一处电流都相等。

②结点：a. 支路与支路的连接点；b. 两条以上支路的连接点；c. 广义结点（任意闭合面）。

③回路：a. 闭合的支路；b. 闭合结点的集合。

④网孔：a. 不含有其他支路的回路；b. 所有的网孔都是回路，但并非所有回路都是网孔。

基尔霍夫电流定律（KCL）：也被称为基尔霍夫第一定律，是电路中电流连续性的体现，它基于电荷守恒公理。简单来说，KCL 指出在任意结点，进入该结点的电流被视为正值，离开该结点的电流被视为负值，所有与该结点相关的电流的代数和应该等于零。因此，KCL 可以用以下方程式表示：

$$\sum_{k=1}^{n} i_k = 0 \tag{3-16}$$

式中：n 为流入和流出该结点的电流数之和，i_k 代表第 k 个流经该结点的电流，它是流过与这结点相连接的第 k 个支路的电流，其值可为实数也可为复数。

基尔霍夫电压定律（KVL）：又被称作基尔霍夫第二定律，它以能量守恒为依据，在集总参数电路中,当电场是位场时,电势的单值性就表现出来了。简而言之,就是闭合回路上各单元上的电位差值(电压)的代数总和为 0。以方程式表达,对于电路的任意闭合回路:

$$\sum_{k=1}^{m} v_k = 0 \tag{3-17}$$

式中:m 是在此回路中的元器件数目,v_k 是元件两端的电压值,其值可为实数也可为复数。

3.1.2 电路图分类

在日常生活中,使用电路图可以方便地分析、安装、调试、维修和研究电气设备,避免了频繁查看电路板,因而节省了大量时间。另外,设计电路也可以用纸笔或电脑轻松完成,可以说电路图的使用在很大程度上提高了人们的工作效率。对于电路图来说,通常有以下两种分类方法。

1. 按照工作电压分类

按照工作电压的强度,可以将电路图分为两种,分别是强电电路和弱电电路。

1) 强电电路

强电电路在通常情况下指的是工作电压超过 36V 交流电压的电路,例如在日常生活中所使用的取暖器、电冰箱、空调器、洗衣机等电器,都属于强电气设备,其所用电路为强电电路。

2) 弱电电路

弱电电路也可以称为电子电路,通常指各种电压不足 36V 交流电压的电路,例如生活中常见的电视机、显示器等设备的主板电路,以及小家电的电脑板电路,都属于为弱电电路。

目前,在很多电子产品之中同时含有强电和弱电电路,例如电视机,其中的开关电源和显像管消磁电路都是强电电路,而小信号处理电路供电较低,是弱电电路。

2. 按照功能分类

按功能分类可以将电路图分为原理图、方框图、接线图这三类。

1) 原理图

原理图是一种用于展示电路的结构和工作原理的电路图,电路原理图的主要作用是对电路进行设计和分析,通过对图纸上所画的电路元件符号以及它们的连接方式进行识别,就能对电路的实际工作情况有一个清晰的认识。原理图不仅能显示出电路的具体工作原理,还能为元件的选择及电路的制造提供参考。

2) 方框图

方框图是一种用线将方框连接的电路图,可以用来表示电路的原理以及构成。方框图与原理图主要的区别在于二者的详细程度。原理图中对于电路所有元器件以及元器件之间的连接方式都有详细的描述绘制,与之相比方框图更为简略,只将电路按功能划分为不同模块,每个模块对应一个方框,配合文字说明和连线来表示每个方框间的关系。也正因如此,方框图只能概括性地说明电路的工作原理。

在具体应用中,只要读懂方框图,就能对整个电路的功能有一个大概的了解。将方框图划分得越细,就能越好地理解电路的作用和工作原理。

3）接线图

接线图是强电电气产品内部接线的图示，它需要根据原理图的要求画成。接线图主要表现了各个元器件和组件之间的相对位置关系，还有接线点的实际位置。所以，在绘制接线图时，不用画出那些与接线无关的元件或零件。

在实际工作中，工作人员往往将接线图与原理图结合使用，便能快速找到某个元器件的实际位置。

3.1.3　电路图组成

电路主要由 4 个部分组成，分别是电源、控制器件、导线以及负载，如图 3-1 所示。

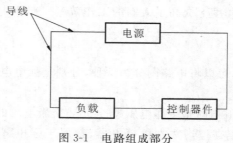

图 3-1　电路组成部分

1）电源

电源是电路之中关键的器件，起到提供能量的作用。在日常生活的使用中，家用电器的供电大部分来自市电电压，而门铃、手电筒等小型电器则通常由干电池供电，所以最为常见的电源有市电电压和干电池。除此之外，蓄电池和发电机这些能够为负载提供电能的器件也都被称为电源。

现实生活中，电源可以分为交流和直流两种类别，蓄电池、干电池属于直流电源，市电电压、交流发电机则是交流电源。

2）负载

负载指的是在电路之中消耗电能的设备或器件，加热器、灯泡等用电设备都是在生活中较为常见的负载。实际应用中，照明灯、电视、洗衣机、电冰箱等生活中常用的家用电器都是市电电压的负载；手电筒中的灯泡则是干电池的负载。

3）控制器件

控制器件是指能够控制电路工作状态的器件，生活中常见的开关和漏电保护器等都是电路的控制器件。在实际应用中，照明灯开关是其电路中的控制器件，对于电饭锅来说，与电饭锅按键联动的开关便属于电饭锅电路的控制器件。

4）导线

导线在电路中的作用是用各种方式连接电气设备或元器件，并起到为电路输送电流的作用。制作导线常见的材料有铜、铝、钢等易于导电的材料。在实际应用中，照明灯线是照明灯电路的导线，而对于手电筒来说，其金属制外壳也是一种特殊的导线。在电路分析的过程中，通常将回路视为导线，但为了简化分析，在一定条件下也能将导通的开关、二极管、电容、电感等元器件看作导线。

　　电路通常有三种状态,分别是通路、断路和短路。通路是正常工作时电路的状态,这时电源与负载正常连接,电流能够流过电路通过负载,电气设备或元器件都有各自正常的电压和电功率,能够进行能量的转换。断路也可以叫开路,指的是电路中存在断开,电流不能通过电路的情况。而短路是一种负载和电源两端电路非正常的连接状态。在电路短路时,负载处没有电流通过,而对于电源来说两端的导线直接相连,会导致电源严重过载而被烧毁,严重的甚至会有产生火灾的风险。因此为了防止短路的风险,电路之中通常配备有电阻和熔断器等保险装置,起过电流保护的作用。

　　在电气产品的构成中,通常包含各种各样的电子元器件,为了明确表明各种元器件,电路图中使用元器件对应的电路符号来反映电路构成。不仅如此,对于电路符号来说,需要按照一定要求连接并且对数值等进行注释。因此,电路图的组成部分主要有元器件符号、绘图符号以及注释。

　　1) 元器件符号

　　元器件符号的作用是在电路图中表示实际电路中存在的元器件,它的形状有可能与实际应用中的元器件大相径庭,但是其引脚数量是完全相同或基本相同的。元器件符号可以直观地表现出元器件的特点,让人对于电路图中的元器件一目了然。常见的元器件符号有电阻、开关、熔断器以及二极管等,如图 3-2 所示。除此以外,还有其他器件的符号如表 3-1、表 3-2、表 3-3 所示。

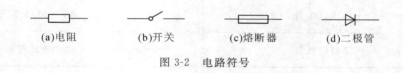

(a)电阻　　　　　(b)开关　　　　　(c)熔断器　　　　　(d)二极管

图 3-2　电路符号

表 3-1　电阻器、电容器和变压器

图形符号	名称与说明	图形符号	名称与说明
▭〰	电阻器一般符号	⌒⌒⌒	电感器、线圈、绕组或扼流图(注:符号中半圆数不得少于 3 个)
⟋▭	可变电阻器或可调电阻器	⌒⌒⌒	带磁芯、铁芯的电感器
▭	滑动触点电位器	⟋⌒⌒⌒	带磁芯连续可调的电感器
⊥	极性电容	⌒⌒⌒⌒	双绕组变压器(注:可增加绕组数目)

图形符号	名称与说明	图形符号	名称与说明
	可变电容器或可调电容器	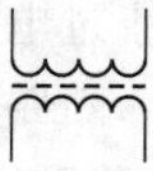	绕组间有屏蔽的双绕组变压器(注:可增加绕组数目)
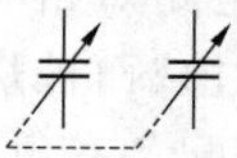	双联同调可变电容器(注:可增加同调联数)		在一个绕组上有抽头的变压器
	微调电容器		

表 3-2 半导体管

图形符号	名称与说明	图形符号	名称与说明
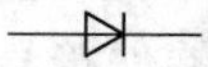	二极管的符号	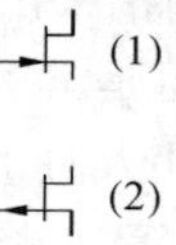 (1)	JFET 结型场效应管
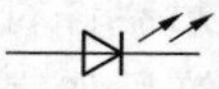	发光二极管	(2)	(1)N 沟道 (2)P 沟道
	光电二极管	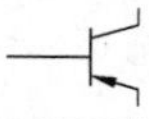	PNP 型晶体三极管
	稳压二极管	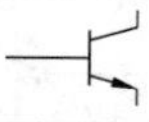	NPN 型晶体三极管
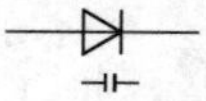	变容二极管	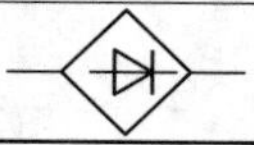	全波桥式整流器

表 3-3 其他电气图形符号

图形符号	名称与说明	图形符号	名称与说明
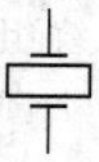	具有两个电极的压电晶体(注:电极数目可增加)	或	接机壳或底板
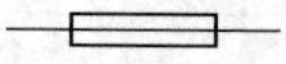	熔断器	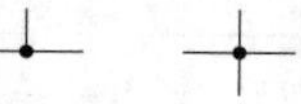	导线的连接
	指示灯及信号	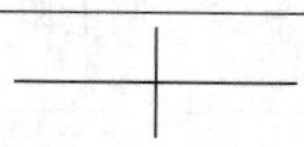	导线的不连接
	扬声器		动合(常开)触点开关
	蜂鸣器		动断(常闭)触点开关
	接地	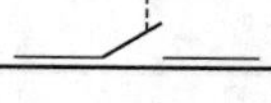	手动开关

2）绘图符号

为了绘制出完整的电路图,除了元器件符号之外还需要有表示电压、电流、波形的其他绘图符号。在绘图过程中将元器件符号和电路符号按照连接要求互相连接或接地线,形成回路,才能形成一幅完整的电路图。

3.1.4　电路图绘制规则

1.元器件的排列

首先,对于元器件的排列顺序应当注意,按照由左到右、由上到下顺序排列,通常将输入部分排在电路图左侧,而输出部分排在电路图右侧。其次,元器件的排列方向也要规范,应当尽量避免将元器件倾斜排列,而是保持元器件与图纸的边缘平行或垂直。最后,为了使整幅电路图做到整齐、简洁与美观,元器件的布局要做到疏密一致地均匀排列。

2.导线的画法

电路图上的导线在一般情况下都要求横平竖直,弯曲处应当使用直角。以下是几种在特殊情况下导线的画法。

1）导线的连接

在电路图的绘制过程中,导线的连接可以有多种绘制方式,其中较为常见的两种连接方法是:"T"字形连接和"十"字形连接。首先对于"T"字形连接的导线,它们之间的连接点通常用黑色实心圆点表示,但与"十"字形连接不同,不加黑色实心圆点也能表示连接,如图3-3(a)所示。对于"十"字形连接的导线,需要根据其连接情况,选择是否使用黑色圆点。若两条导线连接在一起,应加黑色圆点表示,否则表示两导线未连接,如图 3-3(b)所示。

(a)"T"字形连接　　　　(b)"十"字形连接

图 3-3　连线

2）连线的汇总画法

汇总画法通常在连线数目过多以至于影响电路图简洁直观的情况下使用。此时可以将多条连线绘制成一条汇总线,交汇处用 45°角或圆角表示,并在每根汇总线的两端将汇总的导线根数用数字进行标注,以方便对应查找,如图3-4所示。

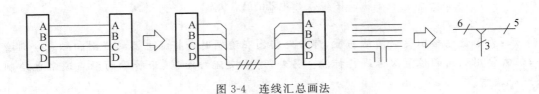

图 3-4　连线汇总画法

3）连线的中断画法

中断画法是一种用于导线中断处的绘制方法,需要将相同的数字或字符标注在连线中断处的两侧,如图 3-5 所示。

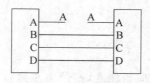

图 3-5　连线的中断画法

4）可操作元器件的画法

对于电路图中可以操作的元器件,有着可动作元器件的绘制规则,在无其他特别说明的情况下,规则如下:

(1) 开关:

在绘制电路图时,普通开关应当绘制在开路状态,其他转换开关例如单极四位开关和三极联动开关应当绘制为开路状态或其他具有代表性的状态,如图 3-6 所示。

(a)普通开关　　(b)单极四位开关　　(c)三极联动开关

图 3-6　开关画法

(2) 继电器:

继电器应当绘制为通电之前的静止状态,其中常开型继电器的触点状态为断开,而常闭型继电器的触点状态则需要绘制为接通,如图 3-7 所示。

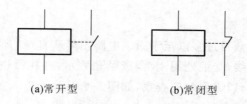

(a)常开型　　　　　　(b)常闭型

图 3-7　继电器的触点状态

注:为了使电路图更为简洁易懂,部分电路图在绘制时会将继电器的线圈和触点分别绘制,但需要用相同的位置编号进行标注。另外,对于交流接触器、干簧管的触点通常也绘制为断开状态。

5）组件的画法

对于在电路内有着相同任务的一组元器件来说，无论组件中的元器件在实际电路中的位置如何，即便是分开放置，画图时都可以将它们绘制在一起。在绘制电路图时也可以给该组元器件添加轮廓线，使组件更为清晰明了。

3.1.5　电路图功能模块

完整的电路图看起来较为复杂，但其实是由很多块功能模块一同组成的，单独的功能模块并不复杂。因此在分析电路时要根据整体功能先将电路划分成多个功能模块，再在每一个模块中分析是由怎样的电路组成的，分清不同功能模块的作用以及主次关系。以下为一些常见的功能模块。

1. 双路 RS232 通讯电路

如图 3-8 所示，双路 RS232 通讯电路的工作电压为 5V，采用三线连接，对应母头，可以使用 MAX202 或 MAX232。

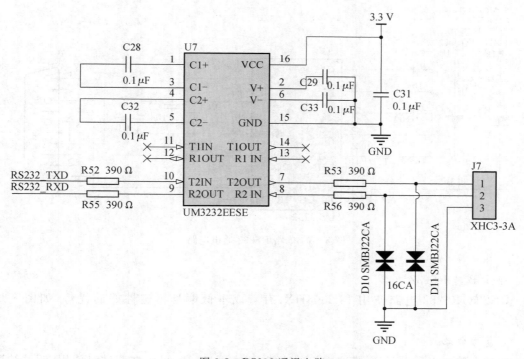

图 3-8　RS232 通讯电路

2. 三极管串口通讯电路

三极管串口通讯电路由三极管组成，如图 3-9 所示电路简单并且成本相对较低，一般用于低波特率下效果较好。

3. 单路 RS232 通讯电路

单路 RS232 通讯电路采用三线链接，和上述三级管串口通讯电路效果相同，如图 3-10 所示。

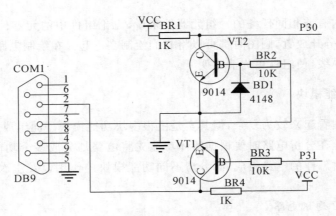

图 3-9　三极管串口通讯电路

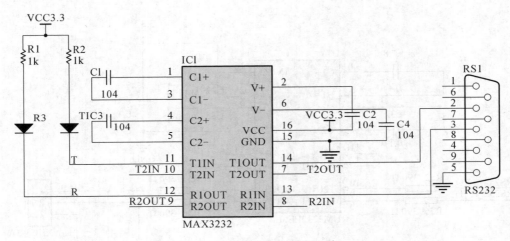

图 3-10　单路 RS232 通讯电路

4. USB 转 RS232 电路

USB 转 RS232 电路使用 PL2303HX,有着成本低廉且稳定性好的优势,如图 3-11 所示。

5. 复位电路

复位电路可以手动复位,带有看门狗功能,成本低廉,R4 可以在调试时使用,调试结束后将 R4 焊接完成,如图 3-12 所示。

6. SD 卡模块电路

SD 卡模块电路与 SD 卡的封装有关,应当与封装对应,如图 3-13 所示。此电路工作在 5V 和 3.3V,并且能通过端口控制对 SD 卡的电源进行较为完善的控制。

7. 全双工 RS485 电路

全双工 RS485 电路带有保护功能,全双工 4 线通信模式,适合远距离通信用,如图 3-14

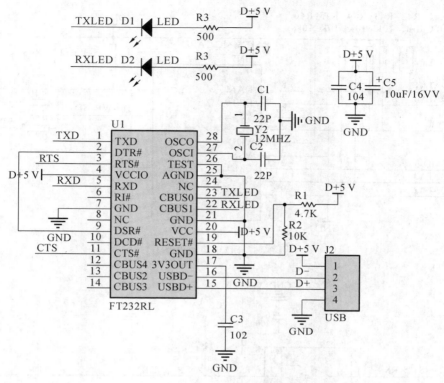

图 3-11　USB 转 RS232 电路

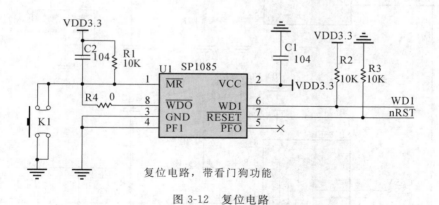

复位电路，带看门狗功能

图 3-12　复位电路

所示。

8. 半双工 RS485 电路

半双工 RS485 电路可以通过选择不同端口来改变数据的传输方向，并且带有保护功率，如图 3-15 所示。此电路仅能在 5V 电压下工作。

9. ARM JTAG 仿真接口

ARM JTAG 仿真接口是一种较为完善的电路，如图 3-16 所示，在常规 ARM 芯片的条

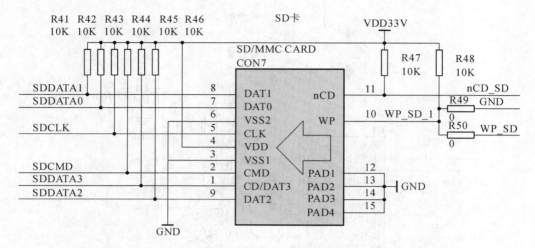

图 3-13 SD 卡模块电路

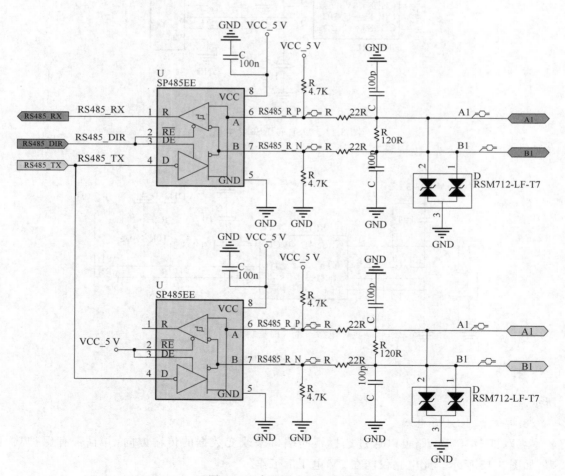

图 3-14 全双工 RS485 电路

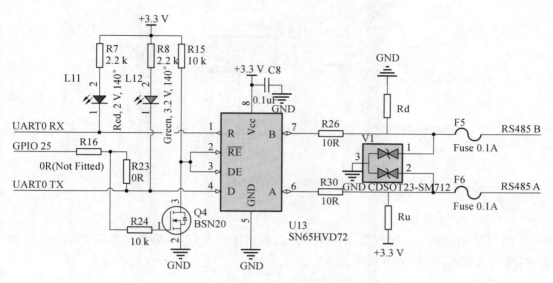

图 3-15　半双工 RS485 电路

件下即可使用,具有自动下载功能,可以用 JLINK 或 ULINK。

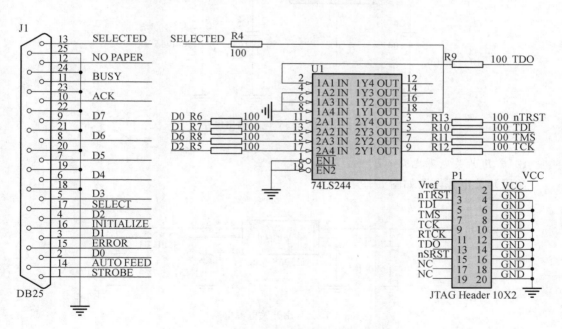

图 3-16　JTAG 仿真接口

10. DC5 V 电源模块

DC5 V 电源模块较为简易,如图 3-17 所示,直接插入 PCB 时电流可达 1.5 A,而使用贴片连接时电流能达到 1 A。

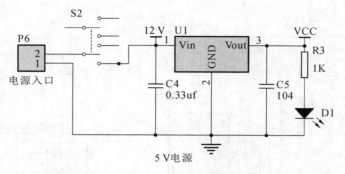

图 3-17　DC5V 电路

11. DC3.3V 电源模块

DC3.3V 电源模块电流可达 800mA,并且价格比较便宜,也有与之对应的 1.8/1.2 的芯片,可与之替代,如图 3-18 所示。

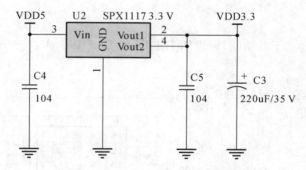

图 3-18　DC3.3V 电源输出电路

12. 常用开关电源电路

常用开关电源电路如图 3-19 所示。

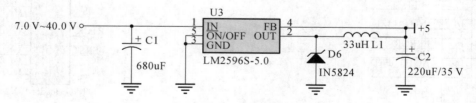

图 3-19　常用开关电源电路

说明:

1. 本电路采用 LM2596S—5.0 开关电源设计。电流可以达到 3A 输出。

2. 本电路可以直接更换成同一系列别的 IC,就可以得到不同的电流或电压输出,不过电感也需要相应改变。

13. DS1302 时钟电路

DS1302 是一款得到普遍使用的时钟电路,如图 3-20 所示,其优势在于可以适用于大部分电路,且价格便宜。

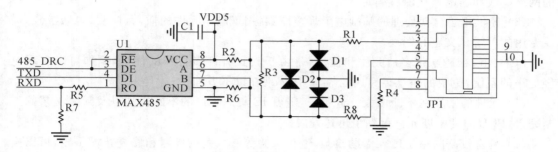

图 3-20 DS1302 时钟电路

3.1.6 电路抗干扰措施

对于电子产品来说,噪声和干扰会对其性能指标造成极大的影响,较轻的干扰会使信号失真,降低信号的质量,干扰过多则会淹没有用信号,使电路无法正常工作,甚至会对电子设备和电子产品造成损害,导致生产事故的发生。

1. 干扰的途径

电子产品的干扰往往是电场、磁场、电磁场等形式,可以通过多种途径来使信号失真,影响产品的质量,比较常见的途径有线路、电路、空间等。

2. 抗干扰措施

对于电路来说排除干扰可以从两个方面入手:一是直接消除干扰源,二是对干扰的途径进行破坏。在生活中较为常见的抗干扰措施有屏蔽、退耦、选频、滤波、接地等。值得一提的是,在对小信号高灵敏度的放大电路采取抗干扰措施时,还应当注意来自放大电路自身所含元器件的噪声干扰,使用低噪声的各种元器件以避免内部干扰。

3.2 PCB 设计基础知识

PCB(Printed Circuit Board)即印制电路板或印刷电路板,是电子工业的重要部件之一。几乎所有的电子设备,小到电子手表、计算器,大到计算机、通信电子设备、军用武器系统,只要有集成电路等电子部件,在其内部都会有印制电路板,以实现各个部件之间的电气互连。

3.2.1 PCB 概述

PCB 能够取代复杂的布线,在电路中实现各个组件的电气连接,从而使电子产品的组装和焊接工作变得简单,在传统的方法中不仅降低了接线的工作量,而且降低了工作人员的工作强度。在此基础上,可使机器体积减小,生产成本下降,从而提高了电子装置的品质及可靠性。同时,整个 PCB 组装调试完成后,可作为一个单独的零部件,方便整个设备的更换

和维护。在一个电子装置中,PCB 具有以下基本功能:

(1) 在机械设计的支撑下,例如可以将未附着的半导体 IC 及配件紧固到 PCB 上。

(2) 满足所需的物理属性诸如输出阻抗、电磁兼容性等,以使多种印刷电路板彼此之间的网络配线和连电连接能够满足。

(3) 提供用于自动处理的基础电阻焊接图案,用于电子元件的插入、检测、售后维修,提供专用的可辨认文字和图表。

PCB 能够被越来越多地关注和使用,是由于其具有许多特殊的优势,例如可以实现更轻更小的系统,更快的信息传递速度等,具体体现在以下方面:

(1) 元件的密度在不断增大。近年来,随着 IC 集成程度的不断提高以及封装工艺的不断完善,PCB 的高密度元件得到了迅速发展。

(2) 具有较高的稳定度。借助检验、老化试验等一系列的检测和修复技术手段,可以确保 PCB 长期稳定可靠地工作(选择期限一般为 20 年)。

(3) 可进行设计,可生产。通过设计规范化和标准化,可以达到对各类 PCB 质量和性能的特定要求(电气、物理、化学、机械设计等)。

(4) 产品的生产能力。采用信息化管理,PCB 可以实现标准化、规模化、自动化生产,这样就可以确保产品质量的相对稳定。

(5) 易测性。目前,已经建立起了相对完整的测试方法和通用的测试标准,可以利用各种测试系统和测量仪表,对 PCB 产品的优良性和使用寿命进行检测和评定。

(6) 易安装性。PCB 的生产不但可以实现标准化的装配,而且可以实现大规模的自动化生产。把印刷电路板和其它不同的电路板组合起来,就能组成较大的组件、系统,直至整个机器。

(7) 易维护性。随着时代的发展及 PCB 产品的演变,各类组件在设计及批量生产上都有了规范。当印刷电路板发生故障时,它就可以快速、方便、灵活地定位故障,并对故障进行替换,使整个印刷电路板快速地工作。

3.2.2 PCB 基本类别

按 PCB 所采用的材质、所设计的层数以及所采用的制造工艺可分为不同的种类。

1) 按基本材料分类

(1) 挠性绝缘底板:

使用丝网漏印的方式,将银色(导电银糊)的导电电路和按键,印在柔性绝缘板材 PCB 上,因此,这一类型 PCB 板也被称作柔性银泥 PCB 板。在普通计算机上广泛应用软性银色树脂印制线路板,例如键盘。

(2) 硬衬底印制线路板:

PCB 的硬基材通常是以纸基(主要是单面)和布基(主要是以层状为主)为主,并且在基材上事先进行了酚醛树脂、环氧树脂等改性处理。在 PCB 的一面或者两面上覆盖一到两层铜,并通过堆叠和固化而制成被称为"硬纸片"的铜。

2) 基于结构分类

(1) 单面板:

单面板,顾名思义电路插件、贴片元件以及电路引线等主要元件电路均在印制电路板的一面完成。在采用插入式设备时,需要将板子的另一侧进行焊合,在焊合过程中要注意火炉的温度,以免将板子烧焦。在单侧基片上,线路仅有一侧,不允许相交,并须要沿着各自的线路连接。

（2）双面板:

双面板即两端都有电线。为方便在电路板上布线,应在电路板上增设合适大小的导引孔,使电路板能更方便地进行配线。插针可以连接两块 PCB,因为双面板的布线和布置面积比单面板大 2 倍。因此,双面板可以通过一个导引孔把两侧的导线连接起来,这样就可以避开难以交错的导线。

（3）多层板:

多层板即多层复合面板,则是在两层复合面板中间,用胶水和胶水混合,再挤出。多层薄板由等量的薄板组成,通常为偶数。在普通多层印制电路中,通常将各层印制电路划分为信号层、电源层和接地层。如果 PCB 上的电子器件需要另外的电源供应,这种 PCB 会有两块以上的电源。虽然现在的多层 PCB 通常只有 4～8 层,但现有技术能够支持 48 层以上的 PCB。

一般情况下都是将一个通孔贯穿整个纸板,以便将纸线连接起来。但对于多层印刷电路板,如果只需在两个或两个以上的印刷电路板上建立一个引出通道,就会浪费其他印刷电路板的配线空间。目前常用的方法是对印刷电路板进行遮光,但这种遮光方法仅能穿透局部印刷电路板。

经过半个多世纪的发展,PCB 由简单到复杂,由单、双面板到多层板,经历了两代演变,现在正向着第三代产品——积层多层 PCB 迈进。

3.2.3　PCB 术语定义

1) 层(Layer)

在 PCB 板的设计中,"层"定义为印制板材料本身的各铜箔层。由于 PCB 电子电路的元器件分布十分密集,为了进一步满足特殊的防干扰及布线要求,在一些特定的电子设备中会采用的印刷电路板不仅在其顶部和底部各设置一层贯穿板,还会在 PCB 板的内部设有经过特殊加工的夹层铜箔。现今众多的计算机主板都采用 4 层以上 PCB 板印制方法。

2) 过孔(Via)

在 PCB 中为了可以使得各层之间的线路连通,需要使用过孔来实现,在各层需要连通的导线交会处钻一个公共孔。在 PCB 制造工艺中,通常采用化学沉积的方法,在过孔的孔壁圆柱面上进行镀金操作,以便于连通特定的铜箔层。同时,在 PCB 的上下两面会形成焊盘,直接与上下两侧的线路相连,在特定情况下过孔也可以不与元器件或电路连接。

在设计 PCB 的线路时,应遵循以下过孔处理原则:在 PCB 中需要尽可能地减少使用过孔设计,一旦选用,需注意处理好其与周边元件之间的间隙。中间层中与过孔不相连的线需要特别注意。另外,需要承受更大载流量的线路应使用更大尺寸的过孔,例如连接电源层和地层以及其他层之间的过孔。

过孔根据用处的不同可分为两种:PTH(Plated Through-Hole)(电镀通孔或金属化孔)和 NPTH(非电镀通孔或非金属化孔)。PTH 包括盲孔和埋孔。盲孔是从中间层延伸到

PCB 一个表面层的过孔。常见的有一阶、二阶之分，如一阶盲孔是指第二层到顶层（Top）的过孔或倒数第二层到底层（Bottom）的过孔。埋孔是从一个中间层到另一个中间层之间的过孔，不会延伸到 PCB 表面层。NPTH 孔壁无金属层，一般作为定位孔或安装孔。

3）丝印层（Overlay）

在 PCB 上为方便电路元件的安装及后期维修等，需将一些必要信息的图案和文字代号印制在 PCB 的相应位置。这些必要信息包括：电路元器件编号、电路的标称值、PCB 的外形尺寸大小及生产厂家的标志、PCB 板的生产日期等重要信息。但是在初学者设计丝印层时，不能只注重 PCB 上文字和符号的美观性，更需要去关注它对 PCB 制作是否会产生负面影响。在一些设计不合规的印制板上，不仅是文字、符号被电子元件遮挡，更有甚者助焊区域也被侵入。此外，在其相邻元件上印出别的元件标号，这些设计会严重影响装配和维修。为了规避这些问题，正确的丝印层字符布置应保证"清晰易懂、布局美观、错综有致"。

4）焊盘（Pad）

表面贴片与电路连接的基本构成单元是焊盘，通常用焊盘图案与其之间的导线连接来构成最基础的电路板。若焊盘的结构设计不当，则难以达到预期的焊接效果。在电路板领域，焊盘一词通常有两个英文对应：Land 和 Pad。Land 这个单词指的是焊盘在 PCB 表面的二维平面特征，其主要用于表面贴装电子元件，通常情况下，不包括 PTH；而 Pad 指的是焊盘在三维空间上的特征，用于插件式电子元器件。有一种较为特殊的焊盘称为测试点，一般指独立的 PTH 孔、SMT PAD、金手指、Bonding 手指、IC 手指、BGA 焊接点，以及客户于插件后测试的测试点；其目的是为方便检测电路板的各种电气属性。

5）网格状填充区（External Plane）和填充区（Fill）

如其字面所示，全面保留铜箔的是填充区，而网格填充区则是将 PCB 板上的大范围的铜箔处理成网格状。初学者在设计 PCB 的过程中通常难以分辨两者的区别，实际上只需要将 PCB 的设计图进一步放大则可以发现其中的区别。需要强调的是，第一种方式更多地用于填充小面积的线端部或转折区等。而第二种方式则更适用于填充大面积的地方，并在电路特性上具有抑制高频干扰的性能。在将某些区域用作屏蔽区、分割区或大电流电源线时，使用第二种方式更合适。

6）导线（Track）

导线又称为铜膜走线，是连接各个焊点的一种重要部件。在印制电路板的设计中，导线的布局是至关重要的。

7）各类膜（Mask）

这些薄片不仅仅是 PCB 加工必不可少的，还是焊接元器件时不可或缺的条件。根据所处位置及其作用不同，分为元器件面（或焊接面）膜、辅助焊接膜（如 OSP）和元器件面（或焊接面）阻焊膜（如绿油）三类。辅助焊接膜是覆盖在焊盘表面的一层薄膜，顾名思义，能增强焊接性能。在绿色 PCB 板上，焊盘下方会有一些浅色圆点，这些圆点即为辅助焊接膜。相反，阻焊膜的作用是使非焊盘区域的铜箔不与锡发生反应，因此需要覆盖一层涂料以防止这些区域被覆盖上锡。因此，这两种膜彼此互为补充。

8）阻焊层和助焊层

阻焊层是指印刷电路板上要涂抹绿油的部分。阻焊层的主要作用是防止波峰焊接时桥连现象的发生。实际上阻焊层使用的是负片输出,所以在阻焊层的形状映射到板子上后,并不是上了绿油阻焊,反而是露出了铜皮。助焊层用于贴片的封装,帮助锡膏的沉积,其目的是将准确数量的锡膏转移到空 PCB 上的准确位置。

9)芯板(Core)/半固化片(PP 片)

将增强材料(加入橡胶中可以显著提高其力学性能的材料)浸以树脂,一面或两面覆以铜箔,经热压而成的一种板状材料称为覆铜板。它用作 PCB 的基本材料,常叫基材。当它用于多层板生产时,也叫芯板(Core)。树脂与载体合成的一种片状黏结材料称为半固化片(PP 片)。芯板和半固化片是用于制作压合多层板的常见材料。

10)介质材料

PCB 设计一般选用 FR4 板。对于射频板,通常采用 ROGERS(罗杰斯)板材。FR4 板由玻璃纤维和环氧树脂覆铜板组成,根据用途和需求可分为普通 FR4 板和高 TR FR4 板。

玻璃化转变温度(Tg 点)是 FR4 板的一个关键指标,它代表了 FR4 板的耐热性和尺寸稳定性,超过 Tg 点 FR4 板会变软甚至熔化。通常,板的 Tg 大于 130℃,大于 150℃为中 Tg,大于 170℃为高 Tg。高于 170℃的 PCB 称为高 Tg 印制板。随着 Tg 的升高,印制板的耐热性、防潮性、耐化学性和稳定性等特性都会得到增强和改善。特别是在无铅工艺中,经常使用高 Tg 板。

11)阻抗

当电路中同时存在电阻、电感和电容时,电路中的电阻称为阻抗。阻抗单位为 Ω。在 PCB 设计中常见的阻抗有 100Ω 差分阻抗、90Ω 差分阻抗和单端 50Ω 阻抗。

12)信号完整性

信号完整性是指信号在传输线上的质量。良好的信号完整性是指当在需要的时候,具有必须达到的电压电平数值。信号完整性较差不是由单一因素导致的,而是由板级设计中多种因素共同引起的。信号完整性问题主要包括电路间的反射、振荡、地弹、串扰等。其中反射是传输线上的回波。信号功率(电压和电流)的一部分传输到线上并达到负载处,另一部分被反射出去。如果源端与负载端具有相同的阻抗,反射就不会发生。源端与负载端阻抗不匹配会引起线上反射,负载将一部分电压反射回源端。如果负载阻抗小于源阻抗,反射电压为负;反之,如果负载阻抗大于源阻抗,反射电压为正。布线的几何形状、不正确的线端连接、经过连接器的传输及电源平面的不连续等因素的变化均会导致此类反射。串扰是两条信号线之间的耦合,是信号线之间的互感和互容引起线上的噪声。容性耦合引发耦合电流,而感性耦合引发耦合电压。PCB 板层的参数、信号线间距、驱动端和接收端的电气特性及线端连接方式对串扰都有一定的影响。

13)Mark 点

Mark 点是电路板设计中 PCB 应用于自动贴片机上的位置识别点,又称光学定位点。它的选用直接影响到自动贴片机的贴片效率。一般 Mark 点的选用与自动贴片机的机型有关。

Mark 点一般设计成 ϕ1mm(40mil)的圆形图形。考虑到材料颜色与环境的反差,留出比光学定位基准符号大 0.5mm(19.7mil)的无阻焊区,也不允许有任何字符,如图 3-21 所示。同一板上的光学定位基准符号与其相邻内层背景要相同,即三个基准符号下有无铜箔应一致。周围 10mm 无布线的孤立光学定位符号应设计一个内径为 2mm、环宽 1mm 的保护圈,且周围有上下边直径为 2.8mm 的八边形隔离铜环。

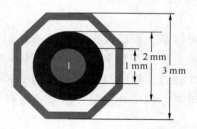

图 3-21　Mark 点的设计要求

3.3　PCB 设计与处理

由于 PCB 是一种高质量、低成本的印刷电路板,因此其设计要求规范化,以利于印刷电路板的机械化、自动化。自从 1936 年 Paul Eisner 博士发明印制电路技术以来,已有不同工艺来制造、生产印制电路板。随着电子、通信技术的飞速发展,信号边缘速率越来越快,片内和片外时钟速率越来越高,电路的集成规模越来越大,I/O 数越来越多,这使得 PCB 设计将是现在和未来设计中的重点,也是难点。

3.3.1　PCB 工艺设计

1.PCB 过孔设计

在过孔设计的过程中需要考虑以下问题:

(1) 全通过孔内径原则上要求在 0.2mm(8mil)及以上,外径在 0.4mm(16mil)以上,元器件或者走线密集的地方必须控制在外径为 0.35mm(14mil)。PCB 常用过孔尺寸的内径和外径的大小一般遵循 $X \times 2 \pm 2$mil(X 表示内径)。例如,8mil 内径大小的过孔可以设计成 8/14mil、8/16mil 或 8/18mil;12mil 的过孔可以设计为 12/22mil、12/24mil、12/26mil。

(2) BGA 在 0.65mm 及以上的设计中建议不要用埋盲孔,否则会导致成本大幅增加。使用埋盲孔的时候一般采用一阶盲孔即可(TOP 层～L2 层或 BOTTOM～负 L2,见图 3-22),过孔内径一般为 0.1mm(4mil),外径为 0.25mm(10mil)。

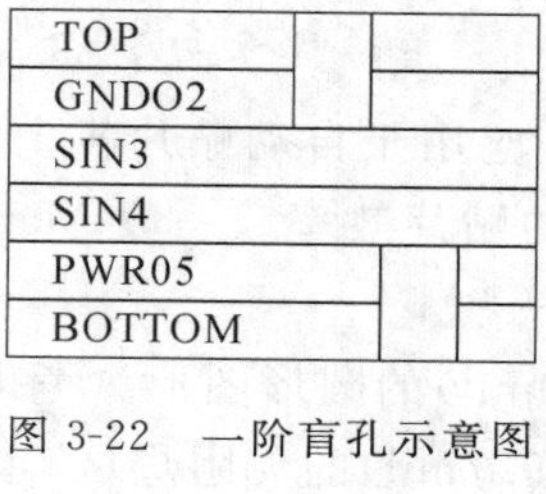

TOP		
GNDO2		
SIN3		
SIN4		
PWR05		
BOTTOM		

图 3-22　一阶盲孔示意图

（3）过孔不能放置在小于电阻容焊盘大小的焊盘上。理论上放置在焊盘上的引线电感小，但是在生产的时候锡膏容易进入过孔，造成锡膏不均匀、器件立起来的现象（"立碑"现象）。一般推荐过孔与焊盘之间的间距为 4～8mil，如图 3-23 所示。

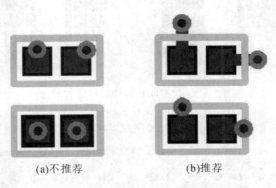

(a)不推荐　　　　　　(b)推荐

图 3-23　过孔到焊盘打孔示意图

（4）过孔与过孔之间的间距不宜过近，钻孔容易引起破孔，一般要求孔间距在 0.5mm及以上，孔间距为 0.35～0.4mm 的应极力避免，孔间距在 0.3mm 及以下的要禁止，如图3-24所示。

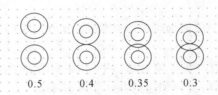

0.5　　　0.4　　　0.35　　　0.3

图 3-24　过孔与过孔间距

（5）扇孔：在 PCB 设计中过孔的扇出很重要，扇孔的方式会影响信号的完整性、平面完整性、布线的难度，甚至影响到生产成本。

① 常规 CHIP 器件的扇孔推荐（左）和不推荐（右）做法如图 3-25 所示，可以看出推荐做法可以在内层两孔之间过线，参考平面也不会被割裂；反之，使用不推荐的设计方法不仅会增加走线难度，还会将参考平面割裂，破坏平面完整性。

② BGA 扇孔方式：对于 BGA 扇孔，同样不宜在焊盘上打孔，推荐在两个焊盘的中间位置打孔。很多工程师为了出线方便，随意挪动 BGA 里面过孔的位置，甚至打在焊盘上面，如图 3-26 所示，造成 BGA 区域过孔不规则，易造成后期焊接虚焊的问题，同时也可能会破坏平面的完整性。

2.PCB 走线设计

在 PCB 板的设计中，布线的好坏是影响产品设计优良的重要步骤，PCB 走线的好坏直接影响整个系统的性能，在高速 PCB 设计中是至关重要的。布线的设计过程限定高、技巧细、工作量大。PCB 布线可分为单面布线、双面布线及多层布线。

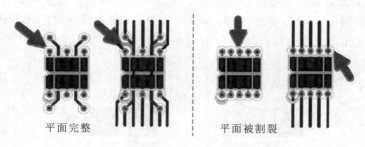

平面完整　　　　　　　　平面被割裂

图 3-25　常规 CHIP 器件扇出方式对比

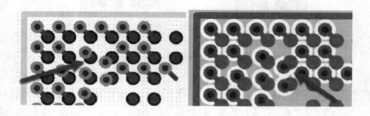

图 3-26　BGA 盘打孔示意图

1）走线策略

下面将针对实际布线中可能遇到的一些情况,分析布线的合理性,并给出一些比较优化的走线策略。

（1）输入端与输出端的边线应避免相邻平行,平行容易产生寄生耦合,进而产生反射干扰。必要时可以加地线隔离;两相邻层的布线要互相垂直。

（2）地线＞电源线＞信号线的线宽,通常信号线宽为:8～12mil;电源线为 50～100mil。对数字电路 PCB 可用较宽的地导线组成回路,即构成一个地网来使用（模拟电路的地导线不能这样使用）。

（3）线径越宽,距电源/地越近,或隔离层的介电常数越高,特征阻抗就越小。

（4）PCB 板上的走线可等效为串联和并联的电容、电阻和电感结构。串联电阻的典型值为 0.25～0.55ohms/英尺。并联电阻阻值通常很高。

（5）任何高速和高功耗的器件应尽量放置在一起以减少电源电压瞬时过冲。

2）走线方式

（1）直角走线:

直角走线一般是 PCB 布线中要求尽量避免的情况,也几乎成为衡量布线好坏的标准之一,直角走线会使传输线的线宽发生变化,造成阻抗的不连续。其实不仅是直角走线,顿角、锐角走线都有可能会造成阻抗变化。

直角走线对信号的影响主要体现在三方面:一是拐角可以等效为传输线上的容性负载,减缓上升时间;二是阻抗不连续会造成信号的反射;三是直角尖端产生的 EMI。直角走线和锐角走线如图 3-27 所示。

图 3-27　直角走线和锐角走线

（2）差分走线：

差分信号主要应用于高速电路设计中，其中信号信息一般采用差分信号，就是驱动端发送两个等值、反相的信号，接收端通过比较这两个电压的差值来判断逻辑状态为"0"或"1"。而承载差分信号的那一对走线就称为差分走线。差分信号走线与普通的单端信号走线相比，具有明显的优势：能有效抑制 EMI，抗干扰能力强，时序定位精确。

对于 PCB 工程师来说，最关注的还是如何确保在实际走线中能完全发挥差分走线的这些优势。差分走线一般要求"等长、等距"。等长是为了保证两个差分信号时刻保持相反极性，减少共模分量；等距则主要是为了保证两者差分阻抗一致，减少反射。"尽量靠近原则"有时候也是差分走线的要求之一。常见的差分对内线长匹配方式如图 3-28 所示。

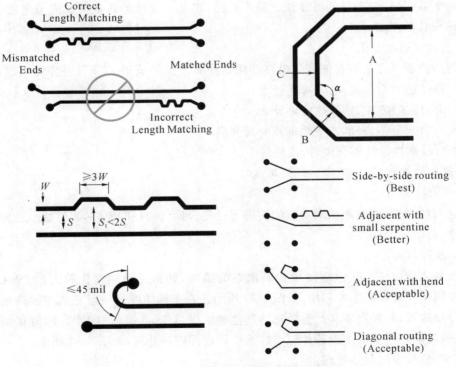

图 3-28　常见差分对内线长匹配方式

（3）蛇形走线：

蛇形走线是布局中经常使用的一类走线方式，如图 3-29 所示。其主要目的是调节延时，满足系统时序设计要求。蛇形线会破坏信号质量，改变传输延时，布线时要尽量避免使用。但在实际设计中，为了保证信号有足够的保持时间，或者减小同组信号之间的时间偏移，往往必须故意进行绕线。信号在蛇形走线上传输时，相互平行的线段之间会发生耦合，呈差模形式，S 越小，Lp 越大，则耦合程度也越大，可能会导致传输延时减小，以及由于串扰而大大降低信号的质量。

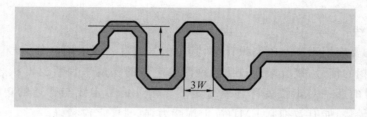

图 3-29　蛇形走线

3. PCB 散热设计

电子设备所消耗的电能，除了有用功以外，大部分都转化成热量散发了。电子设备产生的热量使内部温度迅速上升，如果不及时将该热量散发，设备会持续升温，器件就会因为温度过高而失效，导致该产品的可靠性下降。因此，在电子设计的源端需要充分考虑到散热，做好散热设计的规划。

1）引起发热的原因

引起电路板升温的直接原因是电路功耗器件的存在，一般由以下几种原因引起：

（1）器件选型不合理，电气功耗过大。

（2）未安装散热片，导致热传导异常。

（3）PCB 局部不合理，造成局部或全局升温。

（4）布线散热设计不合理，造成热集中。

2）热设计规划（器件选型、布局、布线）

（1）器件选型：

在选型的时候，能实现相同功能的前提下优先选择低功耗的器件，当然这也是对成本的一些考虑。

（2）器件布局：

在布局之前应该先从原理图中找到散热的模块，如常见散热量比较大的 PMU 模块、DCDC 模块及一些单元主控芯片，如图 3-30 所示。在布局的时候一般把这些散热量大的模块部分分块放置，并和有着非严重散热的其他模块保持 3～5mm 的间距。同时在条件允许的情况下，对散热严重的主控芯片应添加散热片进行散热处理，如图 3-31 所示。

（3）PCB 布线的散热处理：

PCB 良好的敷铜布线也是加强散热的一个重要途径。在芯片的散热焊盘上添加开窗

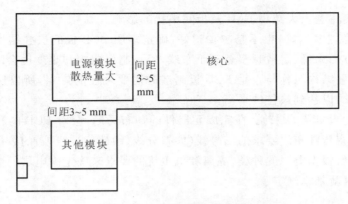

图 3-30　PCB 散热布局的分布

图 3-31　增加散热片来增强散热

过孔,可以让芯片散发出的热通过散热焊盘上的过孔导入大面积的铜面,分散集中的热量,从而达到散热的目的。在散热焊盘打孔的基础上再尽可能地加大其散热面积,可以在正面和背面的阻抗层同时添加开窗漏铜,并同时添加散热开窗过孔。

对 PCB 上述各因素进行分析是解决印制板升温的有效途径,往往在一个产品和系统中这些因素是互相关联和依赖的,大多数因素应根据实际情况来分析,只有针对某一具体实际情况才能比较正确地解决问题,降低升温量。

3.3.2　PCB 叠层及阻抗设计

1. PCB 叠层处理

随着高速电路的不断涌现,PCB 板的复杂度也越来越高,为了避免电气因素的干扰,信号层和电源层必须分离,所以就涉及多层 PCB 的设计。在设计多层 PCB 电路板之前,设计者需要首先根据电路的规模、电路板的尺寸和电磁兼容(EMC)的要求来确定所采用的电路板结构,也就是决定采用 4 层、6 层,还是更多层数的电路板。

确定层数之后,再确定内电层的放置位置及如何在这些层上分布不同的信号。这就是多层 PCB 层叠结构的选择问题。层叠结构是影响 PCB 板 EMC 性能的一个重要因素,一个好的叠层设计方案将会大大减小 EMI 及板间串扰的影响。

　　板的层数不是越多越好,也不是越少越好,确定多层 PCB 板的层叠结构需要考虑较多的因素。从布线方面来说,层数越多越利于布线,但是制板成本和难度也会随之增加。对于生产厂家来说,层叠结构对称与否是 PCB 板制造时需要关注的焦点,所以层数的选择需要考虑各方面的需求,以达到最佳的平衡。

　　对于有经验的设计人员来说,在完成元器件的预布局后,会对 PCB 的布线瓶颈处进行重点分析;再结合有特殊布线要求的信号线(如差分线、敏感信号线等)的数量和种类来确定信号层的层数;然后根据电源的种类、隔离和抗干扰的要求来确定内电层的数目。这样整个电路板的板层数目就基本确定了。

　　1) 常见叠层

　　确定了电路板的层数后,接下来的工作便是合理排列各层电路的放置顺序。图 3-32 和图 3-33 分别列出了常见的四层板和六层板的叠层结构。

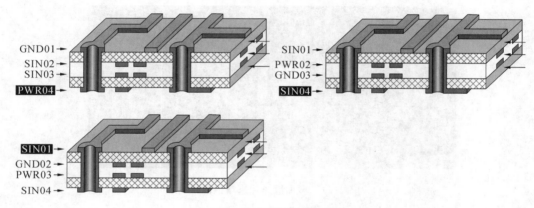

图 3-32　常见四层板叠层结构

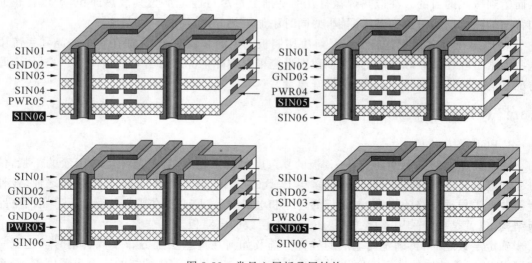

图 3-33　常见六层板叠层结构

2）叠层分析

好的叠层一般遵循以下几点基本原则：

（1）元件面、焊接面为完整的地平面（屏蔽）。

（2）尽可能地无相邻平行布线层。

（3）所有信号层尽可能与地平面相邻。

（4）关键信号和低层相邻，不跨分割区。

2．PCB 阻抗计算

1）阻抗计算的必要性

当电压电流在传输线传播的时候，如果特性阻抗不一致，就会造成信号反射现象等。在信号完整性领域，如反射、串扰、电源平面切割等问题，都可以归类为阻抗不连续问题，因此阻抗匹配的重要性便展现出来。

2）常见阻抗模型

一般利用 Polar. SI9000 阻抗计算工具进行阻抗计算，在计算之前需要认识常见的阻抗计算模型，常见的阻抗模型有特性阻抗、差分阻抗、共面性阻抗。如图 3-34 所示，阻抗模型又细分为如下八类：① 表层单端；② 表层差分；③ 表层单端共面地；④ 表层差分共面地；⑤ 内层单端；⑥ 内层差分；⑦ 内层单端共面地；⑧ 内层差分共面地。

3）阻抗计算

阻抗计算的必要条件：板厚、层数（信号层数、电源层数）、板材、表面工艺、阻抗值、阻抗公差、铜厚。

影响阻抗的因素包括介质厚度、介电常数、铜厚、线宽、线距、阻焊厚度。

下面以如图 3-35 所示的八层板为例来介绍相关阻抗的计算方法。

（1）微带线阻抗计算：

① 表层（Top/Bot 层）参考第二层，单端阻抗选用 CoatedMicrostrip 1B 模型，单端 50Ω 阻抗计算方法如图 3-36 所示，最后得到表层 50Ω 单端线宽为 6mil。

② 表层差分阻抗选用 Edge-CoupledCoated Microstrip 1B 模型，差分 100Ω 阻抗计算如图 3-37 所示，最后得到的表层 100Ω 差分线宽线距为 4.7/8mil。

③ 表层（Top/Bot 层）射频信号 50Ω 阻抗的计算。因为射频信号要有足够宽的线宽，在阻抗不变的情况下，加大线宽就必须增加阻抗线到参考层的距离，所以 50Ω 射频信号要做隔层参考也就是参考第三层，阻抗模型选用 CoatedMicrostrip 2B 阻抗计算方法如图 3-38 所示，最后得到表层 50Ω 射频信号的线宽为 15.7mil。

④ 微带线阻抗计算参数说明：H1 是表层到参考层的介质厚度，不包括参考层的铜厚；C1，C2，C3 是绿油的厚度，一般绿油厚度在 0.5～1mil 左右，所以保持默认就好，其厚度对阻抗的影响不是很大；T1 的厚度一般为表层基铜厚度加电镀的厚度，1.8mil 为 0.5OZ（基铜厚度）+Plating 的结果；一般 W1 是板上走线的宽度，由于加工后的线为梯形，所以 W2＜W1，一般当铜厚为 1mil 以上时，W1－W2＝1mil，当铜厚为 0.5mil 时，W1－W2＝0.5mil。

（2）带状线阻抗计算：

① 带状线（Art03 和 Art06 层）内层单端阻抗选用 Offeset Stripline 1B1A 模型，50Ω 阻

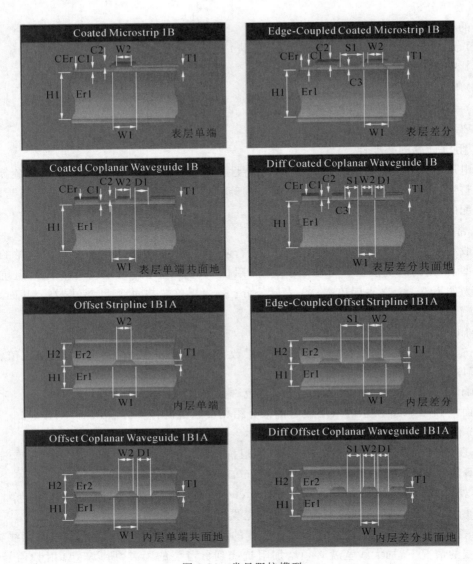

图 3-34　常见阻抗模型

抗计算方法如图 3-39 所示,计算出来的内层 50Ω 单端线宽为 5mil。

　　② 带状线(Art03 和 Art06 层)内层差分阻抗选用 Edge-Coupled Offeset Stripline 模型 1B1A,100Ω 差分阻抗计算方法如图 3-40 所示,计算出来的内层 100Ω 差分线宽线距为 4.3/9mil。

　　③ 带状线阻抗计算参数说明:H1 是导线到参考层之间 core 的厚度,H2 是导线到参考层之间的 pp 厚度(考虑 pp 流胶情况)。如图 3-39 和图 3-40 阻抗计算图所示,以 ART03 为例,H1 就是 GND02 到 ART03 之间的介质厚度为 5.12mil,而 H2 则是 GND04 到 ART03 之间的介质厚度再加上铜厚,所以 H2 的值应该为 14mil+1.2mil=15.2mil;Er1 和 Er2 之

	Layer Stack up	Thickness(mil)
	Silk Top	
	Solder Top	Default
TOP		1.8(0.Soz · plating)
PREPREG		4.0
GNDO2		1.2(1.Doz)
CORE		5.12
ART03		1.2(1.Doz)
PREPREG		14
GND04		1.2(1.Doz)
CORE		5.12
PWR05		1.2(1.Doz)
PREPREG		14
ART06		1.2(1.Doz)
CORE		5.12
GND07		1.2(1.Doz)
PREPREG		4.0
BOTTOM		1.B(0.5oz+plating)
	Solder Bot	Defoul t
	Silk Bot	

图 3-35　八层板参数

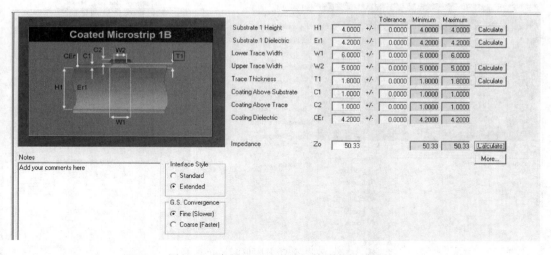

图 3-36　表层(Top/Bot 层)单端阻抗计算

间的介质不同时,可以填各自对应的介电常数;T1 的厚度一般为内层铜厚;当为 HDI 板时,需要注意内层是否有电镀,有电镀的话需要加上电镀的厚度。

　　上述是常见的阻抗计算,然而有部分 PCB 板厚较厚,层数较少,上述方法无法计算出阻抗线的具体参数,这时需考虑多用于双面板场合的共面波导模型。

　　(3) 共面波导阻抗计算:

　　① 单端 50Ω,选用 Coated Coplanar Strips With Ground 1B 模型,其阻抗计算方法如图 3-41 所示,计算结构为阻抗线宽 14mil,阻抗线到地线的距离为 4mil,地线的宽度为 20mil。

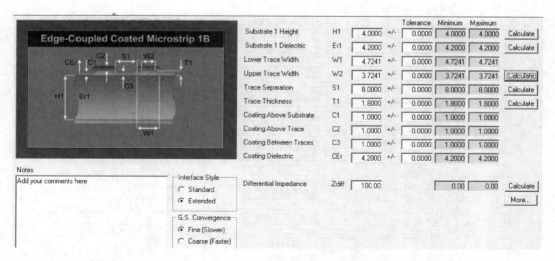

图 3-37　表层（Top/Bot 层）差分阻抗计算

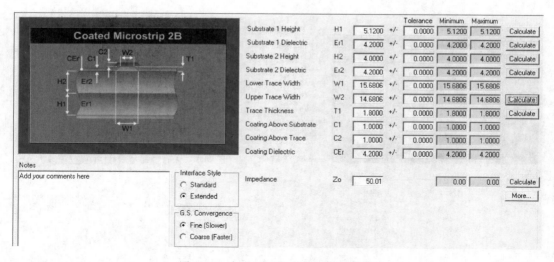

图 3-38　表层 50Ω 射频信号阻抗计算

　　② 差分 100Ω，选用 Diff Coated Coplanar Strips With Ground 1B，其阻抗计算方法如图 3-42 所示，计算结果为 100Ω 差分线宽线距为 6/5mil，差分线到地线的距离为 7mil，地线线宽为 20mil。

　　③ 共面波导阻抗计算参数说明：H1 是阻抗线到最近参考层的介质厚度；G1 和 G2 是伴随地的宽度，一般是越大越好；D1 是到伴随地之间的间距。

　　（4）阻抗计算的几个注意事项：

　　① 线宽宁宽勿细。

　　在软件中存在导线设置规则，一般对导线的粗细有规定。导线的线宽设有最细的下限，

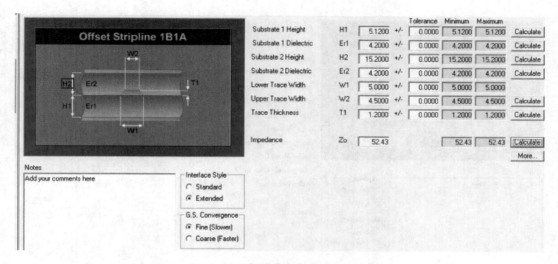

图 3-39　内层 50Ω 单端阻抗计算

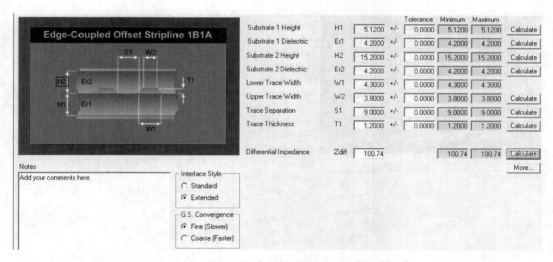

图 3-40　内层 100Ω 差分阻抗计算

但是一般不设置最宽的上限。有时板厂为了调节阻抗把线宽调细,超过了设定的下限值,那需要增加成本,或修改设计,或者放松阻抗管控。所以在计算时相对宽就意味着目标阻抗稍微偏低,比如 50Ω,算到 49Ω 就可以了,尽量不要算到 51Ω。

②　整体应呈现相同趋势。

在设计中可能有多个阻抗管控目标,那么电路板整体要呈现相同趋势,例如,100Ω 的偏大,则 90Ω 的也应偏大。

③　应考虑残铜率和流胶量。

当半固化片中一片或两片是蚀刻线路时,压合过程中胶会填补蚀刻的空隙,这样两层之

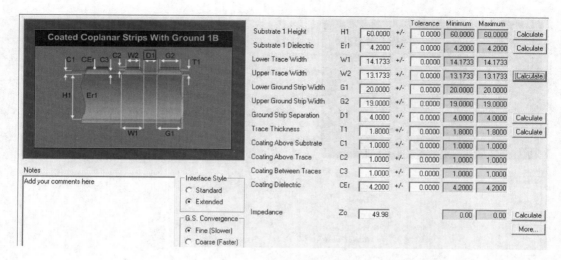

图 3-41 50Ω 共面波导阻抗模型计算

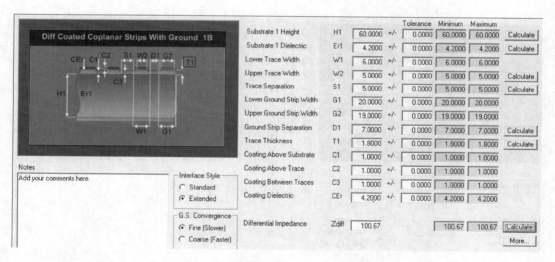

图 3-42 100Ω 差分共面波导阻抗模型计算

间胶的厚度会减小。所以如果需要的两层间半固化片厚度是 5mil，要根据残铜率选择比 5mil 稍厚的半固化片。

④ 指定玻璃布型号和含胶量。

由板材 datasheet 可知，不同的玻璃布、含胶量的半固化片或者芯板，其节点系数是不同的，即使是差不多高度的也可能有 3.5 和 4 的差别，这个差别可以引起单线阻抗 3Ω 左右的变化。另外玻纤效应和玻璃布开窗大小密切相关，如果是 10Gbps 或更高速的设计，而叠层中又没有指定材料，板厂用了单张 1080 的材料，那就有可能出现信号完整性缺失问题。

⑤ 多和板厂沟通。

残铜率和流胶量的计算有时存在误差,新材料的介电系数有时和标称不一致,有的玻璃布板厂没有备料等情况都会造成设计的叠层实现不了或者交付期延后。出现这些情况的时候,最好的办法就是在设计之初让板厂按设计师的要求,根据经验设计叠层,经过多次沟通和确认,这样几个来回就可以得到理想的叠层,方便后续的设计。

3.3.3　PCB 的后期处理

1. PCB 表面技术

1) PCB 表面涂覆技术

PCB 表面涂覆技术是指除阻焊涂覆层以外,可供电气连接用的可焊性涂覆层和保护层。PCB 上的绿色或黑色是阻焊漆的颜色,该层是绝缘的保护层,可以保护铜线,也可以防止器件被焊到不正确的地方。在阻焊层上会另外印刷一层丝网印刷面,通常在这上面会印上文字或符号,以标示出各器件在 PCB 板上的位置。

PCB 覆铜板材料起着导电、绝缘、支撑的作用,并决定了 PCB 的性能、质量、等级、加工性、成本等。PCB 覆铜板材料按增强材料可以分为以下几种:

(1) 线基板材:纸基酚醛树脂、纸基环氧树脂、纸基聚酯树脂。

(2) 玻璃布基材板:玻璃布环氧树脂 FR4、玻璃布 BT 树脂、玻璃布聚酰树脂。

(3) 复合材料:CEM-3。

(4) 特种板材:金属类、陶瓷类、涂树脂铜箔(RCC)。

2) PCB 的表面处理

PCB 表面处理的最基本的目的是保证良好的可焊性或电性能。由于自然界中的铜在空气中倾向于以氧化物的形式存在,无法长期保持为原铜,因此需要对铜进行防氧化处理。虽然在后续的组装中可以采用强助焊剂来除去大多数铜的氧化物,但强助焊剂本身不易去除,因此业界一般不采用强助焊剂。现在有很多 PCB 表面处理工艺,常见的是喷锡(热风整平)、浸锡、沉金、化学镀镍/镀金、OSP 这几种工艺。

(1) 喷锡(热风整平):喷锡是电路板最常见的表面处理工艺,它具有良好的可焊接性,可用于大部分电子产品。相对于其他表面处理来说,喷锡板的成本低、可焊接性好;其不足之处是表面没有沉金平整,特别是大面积开窗的时候,更容易出现锡不平整的现象。

(2) 沉锡:沉锡的平整度相比于喷锡好很多,但不足之处是极易氧化发黑。

(3) 沉金:只要是"沉",其平整度都比"喷"的工艺要好。沉金是无铅的,沉金一般用于金手指、按键板,因为金的电阻小,所以接触性的部件必须要用到金,如手机的按键板灯。沉金是软金,经常要插拔的部件要用镀金,沉金主要是沉镍金。如果对平整度有要求,如对频率有要求的阻抗电路板(如微带线),应尽量用沉金工艺。一般带有 BGA 的 MID 板卡都用沉金工艺。

(4) 镀金:镀金有一个致命的缺陷是其焊接性差,但其硬度比沉金好。在 MID 和 VR 的设计中一般不用这种工艺。

(5) OSP:它主要靠药水与焊接铜皮之间的反应来产生可焊接性,唯一的好处是生产快、成本低;但是因其可焊接性差、容易氧化,电路板行业内一般用得比较少。

2. PCB 组装工艺

1）PCB 的组装形式

在设计 PCB 时首先应该确定的就是元件组装形式，即 SMD 与 THC 在 PCB 正反两面的布局。不同的组装形式对应不同的工艺流程。根据业界加工生产线的实际情况，应优选表 3-4 中的组装形式。

表 3-4　PCB 组装形式

序号	组装形式	组装示意图	PCB 设计特征
1	单面 SMD 贴装	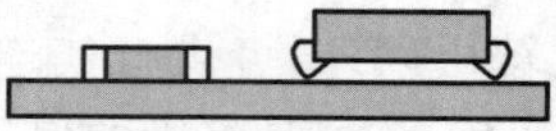	仅一面装有 SMD 元件
2	双面 SMD 贴装	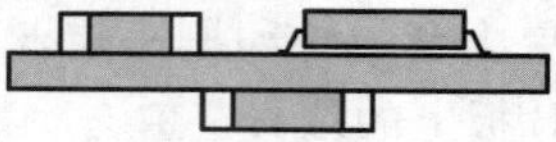	双面都装有 SMD 元件
3	单面元件混装	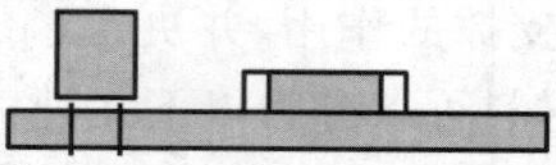	仅 A 面装有元件，既有 SMD 又有 THC
4	A 面插件 B 面仅贴简单的 SMD	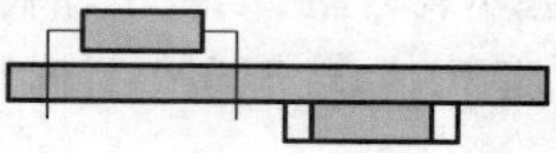	A 面装 THC，B 面仅装简单的 SMD 元件
5	A 面元件混装 B 面仅贴简单的 SMD	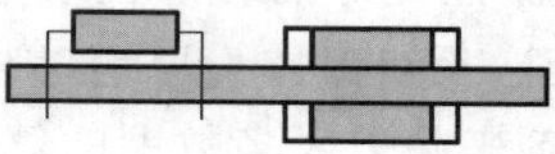	A 面混装，B 面仅装简单的 SMD 元件
6	A 面元件混装 B 面 SMD 贴装 掩模波峰焊		A 面混装，B 面仅装简单的 SMD 元件，掩模波峰焊设计
7	A 面元件混装 B 面 SMD 贴装 元铅选择性波峰焊		A 面混装，B 面仅装简单的 SMD 元件，元铅选择性波峰焊

2）PCB 组装说明

（1）单面全 SMD 的单板：

工艺流程：投料/贴条码→A 面印锡膏→元件贴片→手置元件→再流焊→贴片检查→QC 检查→在线测试 ICT→功能测试 FT→联机调试→QC 检查→入库。

特点：流程短，效率高，在较简单的单板中采用。但其对产品的设计水平要求高，往往不能满足大部分复杂单板的加工要求。

（2）双面 SMD 的单板：

这类板采用两次回流焊工艺，在焊接第二面时，已焊好的第一面上的元件焊点同时再次熔化，仅靠焊料的表面张力附在 PCB 板一面，其中较大、较重的元件容易掉落。因此，元件布局时尽量将较重的元件集中布放在 A 面，较轻的布放在 B 面。

工艺流程：投料/贴条码→B 面印锡膏→元件贴片→手置元件→回流焊→贴片检查→A

面印锡膏→元件贴片→手置元件→回流焊→贴片检查→QC 检查→在线测试 ICT→功能测试 FT→联机调试→QC 检查→入库。

特点:流程短,效率高,较多元件适用,但对产品设计要求高。

(3) 单面元件混装:

工艺流程:投料/贴条码→A 面印锡膏→元件贴片→手置元件→回流焊→贴片检查→插件→波峰焊→检焊→单板装配→QC 检查→在线测试 ICT→功能测试 FT→联机调试→QC 检查→入库。

特点:单板典型流程。

(4) A 面插件、B 面仅简单 SMD:

工艺流程:投料/贴条码→点胶→元件贴片→胶固化→贴片检查→QC 检查→插件→波峰焊→检焊→单板装配→在线测试 ICT→功能测试 FT→联机调试→QC 检查→入库。

特点:结构简单,采用较多。

(5) A 面混装、B 面仅简单 SMD:

工艺流程:投料/贴条码→A 面印锡膏→A 面元件贴片→贴片检查→回流焊→QC 检查→B 面点胶→B 面元件贴片→固化红胶→检查→A 面插件→B 面波峰焊→检焊→单板装配→QC 检查→在线测试 ICT→功能测试 FT→联机调试→QC 检查→入库。

特点:最普遍的和典型的主流单板流程。

(6) A 面元件混装、B 面 SMD,掩模波峰焊:

这类板 A/B 面贴片都较复杂,A 面插件焊点超过 30 个,或者 A 面插件数量超过 10 个,且单板宽度不超高 300mm,采用掩模间距隔离保护 B 面的贴片元件而露出需要波峰焊接的插件引脚。由于采用两次回流焊工艺,为避免较大、较重的元件第二次回流时掉落,元件布局尽量将较重的元件集中布放在 A 面,较轻的放在 B 面。

工艺流程:投料/贴条码→B 面印锡膏→元件贴片→手置元件→回流焊→贴片检查→A 面印锡膏→元件贴片→手置元件→回流焊→贴片检查→A 面插件→B 面掩模波峰焊→检焊→QC 检查→在线测试 ICT→功能测试 FT→联机调试→QC 检查→入库。

特点:满足高密度板要求,因掩模夹具要开模,适用于批量大的单板,生产效率高,目前应用较多。

(7) A 面元件混装、B 面 SMD,选择性波峰焊(无铅):

工艺流程:投料/贴条码→B 面印锡膏→元件贴片→手置元件→回流焊→贴片检查→A 面印锡膏→元件贴片→手置元件→回流焊→贴片检查→A 面插件→B 面局部波峰焊→检焊→QC 检查→在线测试 ICT→功能测试 FT→联机调试→QC 检查→入库。

特点:适用于小批量的单板。

3.PCB 屏蔽罩设计

屏蔽罩一般为一个合金金属罩,是减少显示器辐射至关重要的部件,应用在 MID 或 VR 产品中,可以有效地减少模块与模块之间的相互干扰,如图 3-43 所示,常用于主控功能模块和电源模块及 Wi-fi 模块之间的隔离。

1) 电源模块(PMU+DCDC+LDO)

如图 3-44 所示,通常电源模块作为一个发热源及干扰源存在于 PCB 上,对其加上一个

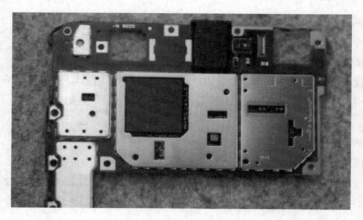

图 3-43　屏蔽罩的使用

屏蔽罩可以有效地降低对外的辐射干扰。

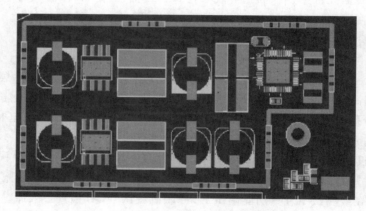

图 3-44　电源模块的屏蔽罩

2）核心模块（CPU＋DDR＋Flash［EMMC］）

核心模块作为 PCB 的核心部分,稳定且不受干扰地运行是一个系统稳定的重要条件,作为一个易受外界干扰的模块,通常需给其设计一个屏蔽罩。

3.4　PCB 总体设计流程

电子系统在原理部分设计完成之后,便可以利用软件进行 PCB 设计。在设计过程中,由于 PCB 的电路设计对 PCB 上线路的抗杂波信号干扰能力有很大的影响,因此,需要遵循并执行 PCB 设计的一般基本原理,并符合所设置的抗干扰设计的要求,以保证设计具有最优的性能。

3.4.1 PCB 设计软件

"工欲善其事,必先利其器"。一款合适且好用的 PCB 设计工具,可以极大地提高 PCB 工程师的设计效率。伴随着电子技术的飞速发展,新的元件不断涌现,电子电路也变得更加复杂,因此,PCB 的设计工作不能仅依赖于人工,越来越多的设计人员利用快捷高效的 EDA (Electronic Design Automation)技术,来实现电路原理图、印制电路板图的设计,并将其输出打印出来。EDA 的全称是电路设计自动化,是指将电路设计中的各种工作交给计算机进行辅助。例如,绘制电路原理图、制作 PCB 文件、进行电路模拟等。EDA 涉及范围很广,其中可用于 PCB 设计的软件包括 Altium Designer、Protel DXP、PADS、Cadence Allegro、立创等。

1. Altium Designer

Altium Designer 是原 Protel 软件开发商 Altium 公司推出的一体化的电子产品开发系统,主要运行在 Windows 操作系统中。这套软件通过把原理图设计、电路仿真、PCB 绘制编辑、拓扑逻辑自动布线、信号完整性分析和设计输出等技术完美融合,为设计者提供了全新的设计解决方案,帮助设计者轻松设计,熟练使用这一软件可以大大提高电路设计的质量和效率。

Altium Designer 提供了友好而强大的系统集成化电子产品开发环境,提供原理图输入、电路中混合信号仿真、信号完整性分析、FPGA 硬件设计、配置与调试、软核设计、嵌入式软件开发、PCB 制造装配等电子产品所有业务环节的功能支持,用户可以在统一的环境下同时查看、编辑原理图、PCB、库元件、HDL(Hardware Description Language,硬件描述语言)源代码、嵌入式源代码等多个设计任务,而不必分别使用不同的应用程序。经过授权的用户还能够通过 Altium Designer 访问数据保险库(Vault)中的成熟设计项目,提高产品的设计复用性,并能将经过验证的设计内容,包括文档、元件、模型甚至工程等发布到 Vault 中,从而确保设计团队的同步与设计数据的统一管理。同时,Altium Designer 还具备扩展性,能与第三方开发工具实现无缝对接。Altium Designer 开发环境的总体结构如图 3-45 所示。

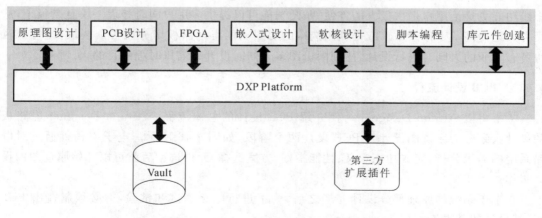

图 3-45 Altium Designer 集成化开发环境

Altium Designer 提供了众多的功能,其中使用较为广泛,其最重要的功能还是电路原理图与 PCB 设计。这是因为 PCB 是所有电子产品的硬件基础,也是电子设计工作的重要实物成果之一。所有的数据、算法、程序等软件资源都需要在电路板上运行。高效而稳定的电路板是电子产品正常工作的前提条件,对系统性能的优劣有着至关重要的影响。相对于其他电路板设计工具,Altium Designer 的特色明显:UI 界面丰富,操作简单灵活,赋予设计者较大的自由度;具有强大的原理图与 PCB 设计功能;支持电路板的 3D 视图显示;对旧版本的兼容性强;支持多种第三方电子设计工具的文件格式;支持基于数据保险库的设计模式;能够输出丰富的报表和文档。

2. PADS

Mentor Graphics 公司的 PADS Layout/Router 环境作为业界主流的 PCB 设计平台,以其强大的交互式布局布线功能和易学易用等特点,在通信、半导体、消费电子、医疗电子等当前最活跃的工业领域得到了广泛的应用。PADS Layout/Router 支持完整的 PCB 设计流程,涵盖了从原理图导入,规则驱动下的交互式布局布线,DRC/DFT/DFM 校验与分析,直到最后的生产文件(Gerber)、装配文件及物料清单(BOM)输出等全方位的功能需求,确保 PCB 工程师高效率地完成设计任务。

3. Cadence allegro

Allegro 提供了良好的交互工作接口和强大完善的功能,与前端产品 Cadence、OrCAD、Capture 的结合,为当前高速、高密度、多层的复杂 PCB 设计布线提供了完美的解决方案。Allegro 拥有完善的 Constraint 设定,用户只须按要求设定好布线规则,在布线时不违反 DRC 就可以达到既定的布线设计要求,这样不仅节省了繁琐的人工检查时间,还提高了工作效率。此外,Allegro 能够定义最小线宽或线长等参数以符合当今高速电路板布线的种种需求。

软件中的 Constraint Manger 提供了简洁明了的接口,方便使用者设定和查看 Constraint 宣告。它与 Capture 的结合让电子工程师在绘制线路图时就能设定好规则数据,并能一起带到 Allegro 工作环境中,自动在摆零件及布线时依照规则进行处理及检查,而这些规则数据的经验值均可在相同性质的电路板设计时重复使用。

Allegro 除了上述的功能外,其强大的自动推挤 push 和贴线 hug 走线以及完善的自动修线功能更是给用户提供极大的方便;贴图功能可以提供多用户同时处理一块复杂板子,从而大大地提高了工作效率。或是利用选购的切图功能将电路板切分成各个区块,让每个区块各有专职的人同时进行设计,达到同份图多人同时设计并缩短时程的目的。

3.4.2　PCB 设计流程

本书将以 Altium Designer 为例介绍 PCB 设计的总体流程。Altium Designer 电路板的设计大致分为原理图设计与 PCB 设计两个阶段,如图 3-46 所示。电子工程师通过对电路系统的需求分析,完成功能定义、性能指标、方案选择、元件选型后就可以开始原理图的设计工作。

在电子系统的原理部分设计完毕之后,为了进行电路测试和试验,就必须制造出 PCB 板,其设计的基本流程如下:

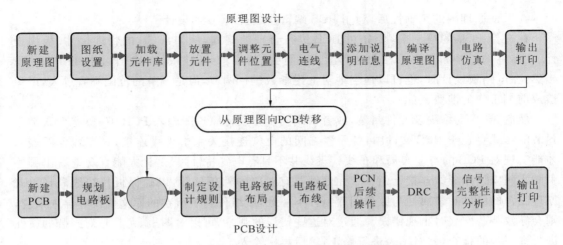

图 3-46　Altium Designer 电路板设计流程

1. PCB 项目的整体设计

根据已经完成的原理设计部分来了解项目的各种指标,并进行整体设计,如外观的整体设计包装。另外,要根据项目的复杂程度决定是否要对电子系统进行拆分,同时决定板是由单板组成还是由多个单板组成,若是多个单板,就要仔细考虑各个单板之间的联系,并将指标细化到各个单板。

2. 原理图元器件的绘制

在绘制原理图之前要确定所要绘制的原理图中的所有元器件都包含在原理图元器件库中。如果没有包含,则需要自己动手设计,建立自己的元器件库。这一步骤在原理图元器件库编辑器中进行。

3. 原理图的设计

在绘制原理图之前,应先根据具体电路的复杂程度,决定是否采用层次电路图。之后规划电路原理图的图纸大小,描绘电路图,对电路图的元器件进行标注和编辑,调整走线。在原理图绘制完毕之后,需要利用软件的 ERC(电气检查规则检查)工具查找是否有错误,如果有错误,则可根据具体原因加以修改。确认无误后生成网络表,输出到 PCB 编辑器中,并将其打印出来,打印出来的原理图一方面可以在焊接和调试电路的时候使用,另一方面也可以作为资料保存。网络表是一种文字文件,它记载了电路的电学性质,它是连接原理图设计与 PCB 设计的桥梁,也是实现电路板自动布线的依据。这一过程在原理图编辑器中进行。

对于相对简单的线路,以及对印刷电路板设计有很高造诣的人,不一定需要画出原理图。设计人员可以直接画出 PCB,而不需要电路图或网络表。但是,此法对设计人员的要求很高,而且极易出现错误,因此,对于初学者来说,此步骤是不可省略的。

4. 元器件封装的绘制

同原理图元器件库一样,如果没有需要的元器件的封装,则须自己动手设计元器件封装,建立新的元器件封装库。这一步骤在元器件封装编辑器中进行。

5.PCB 的设计

在保证原理图的正确性后,利用 PCB 编辑器进行 PCB 的设计。

在进行 PCB 的绘制前,要先对 PCB 进行合理的规划,例如:PCB 的物理尺寸、板层设计、元器件的总体布局等。在此基础上,按照向导的指示,新建或生成一个空白的 PCB 板。当然,在电路板设计时,也可以适当地对上述参数进行调节,但是调节的范围不宜过大,以免造成前期工作的浪费。

然后,导入网络表及元件封装,或者采用同步方式将原理图输入 PCB 中,所有元素都以封装的形式存在于 PCB 文件中,各元素之间的电气连接关系由飞线连接,只有装入网表后才能实现对 PCB 的自动布局和布线。飞线并不具有电气特性,只是让人能直观地看出哪些引脚之间应该用导线连接。每一个元件都要有对应的外部尺寸,以确保板片接线顺畅。若原理图中的组件封装属性与原理图库组件不一致,或组件封装所在的库文件没有导入系统,则会导致装载网表时出现错误。通过对这些错误的观察,可以对图表,尤其是对封装的属性进行进一步的检查,并对图表进行修正,然后再次输入。

之后,在设计规则和原理图的指引下进行布局和布线。元器件布局指的就是确定各元器件在 PCB 上的位置,合理的布局可以节省电路板面积,减少导线长度,并减少电磁干扰,方便系统散热和安装。所以,布局是十分重要的一个步骤,布局可以自动布局,然后对不合理的地方进行手动调整,也可以全部手工完成。

所谓布线,就是把有电气连接的元器件的各个管脚用导线连在一起。软件有自动布线功能,对于一般电气完全可以使用自动布线,快速地完成布线任务。尤其对于复杂而密集的大型电路,自动布线功能将电路工程师从繁重的布线任务中解放出来,通过合理设置规则,可以有效地减少错误。但是有时自动布线功能由于算法的局限性,不能彻底完成布线任务,或者布置出来的线路虽然在三气上没有错误,却满足不了实际要求,这便需要在自动布线完成后,进行手动调整。而在高压电路、大功率电路、电磁兼容要求较高的电路中,自动布线功能常常无法满足需求,这时就必须采用全手动布线。因此,手动布线是 PCB 工程师应具备的一项基本技能。然而手动布线虽然有一定的规律可循,但是在很大程度上还是依赖于布线者对线路的认识和经验,因此要具备较高的手动布线水平,需要长时间的练习与经验的积累。

最后,利用 DRC 工具对整个设计进行检查,并加以修改。确认无误后,生成各种文件,并且对这些文件进行打印、输出、整理和归档。

3.5 PCB 制作

电子元器件是电子元件和小型机器、仪器的组成部分,其本身常由若干零件构成,可以在同类产品中通用。常见的电子元器件包括电阻器、电位器、电容器、电感器、变压器、晶体二极管、三极管等。在接收机制造过程中,从设计图到成品还有以下几个比较重要的流程:电路板制作、成品测试以及分板。

1.电路板制作

在图纸符合制板厂的要求后,板厂开始生产模具供客户来参考。模具的生产过程主要有如下几个步骤:底片输出、内层线路成型与蚀刻、定位打孔、层叠压合、机械钻孔等。

　　底片输出是板厂在严格的温度、湿度控制环境下,用激光底片绘图机来绘制电路板的底片(Film),这些底片在后续的电路板制造过程中会被用来每一线路层的影像曝光,在阻焊绿油制程中也要用到底片。为了确保每一层线路 X-Y 相对位置的正确性,会在每一张底片用激光打孔以作为后续不同线路层的定位使用。这种底片其实就是透明的聚对苯二甲酸类塑料(Polyethylene terephthalate,PET)材质印上黑色的图像,类似于早期的投影机上使用的胶片,如图 3-47 所示。

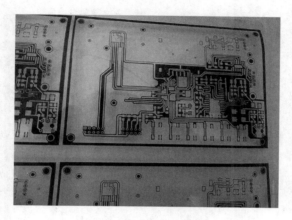

图 3-47　底片输出图

　　电路板内层线路成型指的是多层电路板(4 层以上)的内层结构通常以一整张的铜箔基板当材料,然后每一个步骤都会经由酸洗来清洁铜箔表面,以确保没有其他的灰尘或者杂质在上面,只要有任何一丁点的异物,就会对后续的线路造成影响,接着会用机械研磨来粗化铜箔表面,以增强干膜与铜箔的附着力,并在铜箔表面涂上一层干膜。在铜箔基板的两面各贴上一张内层的线路底片并架设于曝光机上,利用定位孔及吸真空技术将底片与铜箔基板精密贴合,在黄光区内使用紫外光照射,使底片上未被遮光的干膜产生化学变化而固化于铜箔基板上,最后再用显影液将未被曝光的干膜去掉,图 3-48 为电路板内层线路成型图。

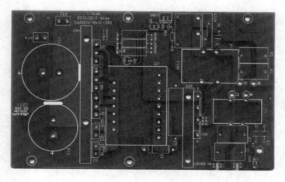

图 3-48　电路板内层线路成型图

2.成品测试

电路板生产出来后会经过样板测试,样板测试通常使用飞针测试,在数量多的情况下也可以使用针床测试以节省时间,其测试主要为开/短路测试。

3.分板

电路板的外形成型通常要使用铣床分板机,透过数控机床电脑控制来制作出电路板的外形并分板,这里的分板是从基板尺寸分成拼板。

第4章 导航装备嵌入式开发

嵌入式操作开发系统负责完成导航装备外部接口的数据调度、算法运行以及时间管理等任务,是导航装备的核心系统。本章将首先介绍嵌入式系统的定义及主流操作系统,随后对嵌入式 Linux 操作系统开发的主要流程进行介绍,接着探讨嵌入式 Linux 驱动开发涉及的主要内容,最后基于嵌入式 Linux 设备树,以导航驱动开发为例,给出一个驱动开发的案例。

4.1 嵌入式系统

4.1.1 嵌入式系统定义

嵌入式系统是一种具有特定功能的计算机系统。它通常嵌入在其他设备中,比如导航装备、汽车、工业控制系统等。与通用计算机不同,嵌入式系统的硬件和软件通常是专门定制的,以满足其特定的应用需求和性能要求。

嵌入式系统通常需要在资源有限的环境中运行,如内存、处理器速度、存储容量等方面都受到限制。因此,设计和开发嵌入式系统需要考虑资源利用率、可靠性、实时性等因素。同时,由于嵌入式系统的应用场景广泛,需要适应不同的硬件平台和操作系统,因此嵌入式系统开发人员需要具备跨平台、跨系统的开发技能。

在导航装备嵌入式开发中,嵌入式系统承担处理导航数据、提供用户界面、管理存储设备等任务。嵌入式系统的设计和开发是导航装备开发过程中至关重要的一步,直接影响导航装备的性能、功能、稳定性和可靠性。因此,了解嵌入式系统的定义和特点,有助于导航装备开发人员更好地理解和应用嵌入式系统技术,提高导航装备的性能和质量。

4.1.2 实时嵌入式系统特点

实时嵌入式系统是指在特定时间内,对输入信号作出正确响应的嵌入式系统。与一般嵌入式系统不同,实时嵌入式系统需要满足实时性的要求,即系统必须在特定的时间内对输入信号作出响应,否则会影响系统的性能、稳定性和可靠性。

实时嵌入式系统具有以下特点:

(1)及时响应性:实时嵌入式系统需要在规定的时间内及时响应外部事件和内部状态的变化。

(2)高可靠性:实时嵌入式系统对响应时间和准确性要求非常高,因此需要具备高可靠性和稳定性,保证系统可靠且稳定地运行。

（3）低延迟：实时嵌入式系统需要具备低延迟的特点，保证系统对输入事件的响应时间非常短。

（4）实时调度：实时嵌入式系统需要具备实时调度的特点，能够根据任务的优先级和紧急程度进行任务调度，以保证系统在不同负载下的实时性能。

（5）硬件/软件协同：实时嵌入式系统需要硬件/软件协同工作，以达到对输入信号的快速响应和提高系统的可靠性。

4.1.3　实时操作系统

实时操作系统（Real-time operating system，RTOS）或称即时操作系统，以排序运行和管理系统资源为特色，是开发应用程序保持一致的基础。相比一般操作系统，其最大的区别在于它的"实时性"：如果一个任务需要执行，实时操作系统将立即（在较短时间内）执行该任务，避免较长的延时，从而确保各个任务及时执行。

尽管大多数实时操作系统都是嵌入式操作系统，但并不是所有嵌入式操作系统都是实时的。对于实时操作系统，有一些常见的误区，如速度快、吞吐量大、代码精简、代码规模小等。实际上，这些特性并不足以定义实时操作系统，其他操作系统也可能具备这些特性。实时计算（real-time computing）是指研究受"实时约束"的计算机硬件和软件系统的计算机科学领域，其中实时约束是指从事件发生到系统响应的最长时间限制。实时程序必须确保在严格的时间限制内响应。

实时操作系统需要包含一个实时任务调度器，该调度器与其他操作系统最大的不同在于，它强调严格按照优先级来分配 CPU 时间，并且时间片轮转并非实时调度器的必选项。一些典型的实时操作系统包括 Linux、VxWorks、μC/OS、RT-Thread、FreeRTOS、QNX 等。

1. Linux 系统

Linux 操作系统的诞生、发展和成长过程始终依赖五个重要支柱：Unix 操作系统、MINIX 操作系统、GNU 计划、POSIX 标准和 Internet 网络。

在 20 世纪 80 年代，计算机硬件的性能不断提高，PC 市场不断扩大，当时可供计算机选用的操作系统主要有 Unix、DOS 和 MacOS 等。然而，Unix 价格昂贵，无法运行于 PC；DOS 简陋，源代码被严格保密；MacOS 只适用于苹果计算机。因此，计算机科学领域迫切需要一个更加完善、强大、价廉和完全开放的操作系统。

为了向学生讲述操作系统内部工作原理，美国人 Andrew S. Tanenbaum 在荷兰担任教授时编写了一个操作系统，名为 MINIX。虽然 MINIX 是一个用于教学的简单操作系统，但最大的好处是公开源代码。全世界学计算机的学生都通过钻研 MINIX 源代码来了解电脑里运行的 MINIX 操作系统。其中，芬兰赫尔辛基大学二年级的学生 Linus Torvalds 就是其中一个。在吸收了 MINIX 精华的基础上，Linus 于 1991 年写出了属于自己的 Linux 操作系统，版本为 Linux0.01，是 Linux 时代开始的标志。他利用 Unix 的核心，去除繁杂的核心程序，改写成适用于一般计算机的 x86 系统，并放在网络上供大家下载。1994 年推出完整的核心 Version1.0，至此，Linux 逐渐成为功能完善、稳定的操作系统，并被广泛使用。

Linux 是一套免费使用和自由传播的类 Unix 操作系统，是一个基于 POSIX 和 Unix 的多用户、多任务、支持多线程和多 CPU 的操作系统。随着互联网技术的发展，Linux 得到了来自全世界软件爱好者、组织、公司的支持。它除了在服务器操作系统方面保持着强劲的发展势头，在个人电脑和嵌入式系统上也有着长足的进步。使用者不仅可以直观地获取该操作系统的实现机制，而且可以根据自身需要修改完善这个操作系统，使其最大化地适应用户的需求。

Linux 是一款开源软件，其系统性能稳定，核心防火墙组件性能高效且配置简单，因此保证了系统的安全。在许多企业网络中，为了追求速度和安全，Linux 操作系统不仅仅被网络运维人员用作服务器，同时也作为网络防火墙的首选。这是 Linux 的一个重要优点。

与其他操作系统相比，Linux 具有开放源码、无版权以及技术社区用户多等特点。开放源码使得用户可以自由裁剪，提高了其灵活性和保证了其功能强大的特性，同时成本也更低廉。特别是系统中内嵌网络协议栈，经过适当的配置即可实现路由器的功能。这些特点使得 Linux 成为开发路由交换设备的理想平台。

2. VxWorks 系统

VxWorks 是一种嵌入式实时操作系统，由美国 WindRiver 公司于 1983 年设计开发，是嵌入式开发环境的重要组成部分。该操作系统拥有良好的持续发展能力、高性能的内核和友好的用户开发环境，因此在嵌入式实时操作系统领域占据了重要地位。VxWorks 以其卓越的实时性和良好的可靠性，被广泛应用于通信、军事、航空、航天等高精尖技术领域，尤其是那些对实时性要求极高的应用，如卫星通信、军事演习、弹道制导和飞机导航等。在美国的 F-16、FA-18 战斗机、B-2 隐形轰炸机和"爱国者"导弹等高端装备上都广泛应用了 VxWorks，甚至连火星探测器、"凤凰号"以及"好奇号"等探测器的登陆操作中也使用到了 VxWorks。

3. μC/OS 系统

μC/OS 是一款由美国于 1992 年发布的实时操作系统。2001 年，北京航空航天大学的邵贝贝教授将有关 μC/OS 的书籍翻译成中文。该书出版时正值"嵌入式系统开发"热潮，因此获得了广泛好评。许多初学者将其视为学习嵌入式系统的入门书籍，这本书将理论学习内容与项目实践相结合，充分展现了 μC/OS 系统的特点。

μC/OS 和 μC/OS-Ⅱ 专门为嵌入式计算机应用而设计，为了便于将其移植到任何其他 CPU 上，μC/OS 的绝大部分代码用 C 语言编写。但是 CPU 硬件相关的部分则用汇编语言编写，并将总量约为 200 行的汇编代码压缩到最小限度。μC/OS-Ⅱ 具有执行效率高、占用空间小、实时性能优良和可扩展性强等特点，最小内核可编译至 2KB。只要用户拥有标准的 ANSI C 交叉编译器、汇编器、连接器等软件工具，就可以将 μC/OS-Ⅱ 嵌入开发的产品中。此外，μC/OS-Ⅱ 已经移植到几乎所有知名的 CPU 上。

严格来说，μC/OS-Ⅱ 只是一个实时操作系统内核，仅包含任务调度、任务管理、时间管理、内存管理、任务间通信和同步等基本功能。它不提供输入输出管理、文件系统、网络等额外的服务。但由于 μC/OS-Ⅱ 源码开放并具有良好的可扩展性，这些非必需的功能完全可以由用户自行实现。

μC/OS-Ⅱ 可以大致分为核心、任务处理、时间处理、任务同步与通信、CPU 的移植 5 个部分。

(1) 核心部分(OSCore.c)包括操作系统初始化、操作系统运行、中断进出的前导、时钟节拍、任务调度、事件处理等多个部分。它维持了系统的基本工作。

（2）任务处理部分（OSTask.c）与任务的操作密切相关，包括任务的创建、删除、挂起、恢复等。由于μC/OS-Ⅱ是以任务为基本单位进行调度的，因此这部分内容也非常重要。

（3）时间处理部分（OSTime.c）是μC/OS-Ⅱ中最小的时钟单位 timetick 的处理部分。它完成任务延迟等操作。

（4）任务同步和通信部分包括信号量、邮箱、邮箱队列、事件标志等，主要用于任务间相互联系和对临界资源的访问。

（5）与 CPU 的接口部分。

这里描述了μC/OS-Ⅱ操作系统与 CPU 接口的部分。μC/OS-II 是一款通用的操作系统，因此需要根据不同 CPU 的具体内容和要求进行相应的移植，以满足关键问题的需要。这部分内容通常使用汇编语言编写，因为它涉及 SP 等系统指针。具体而言，它包括中断级任务切换的底层实现、任务级任务切换的底层实现、时钟节拍的生成和处理，以及中断处理等内容。

在 2010 年之前，μC/OS 一直是国内大多数企业首选的实时操作系统。但在 2010 年后，开源免费的 RTOS 开始流行起来，而μC/OS 本身的商业收费策略一直未能及时调整，这导致许多厂商转向选择开源免费的操作系统，如 FreeRTOS、RT-Thread。

4. RT-Thread 系统

RT-Thread 是一款主要由中国开源社区主导开发的开源实时操作系统，采用 GPLv2 许可证发布。这款实时线程操作系统不仅包含实时操作系统内核，还是一个完整的应用系统，包括 TCP/IP 协议栈、文件系统、libc 接口、图形用户界面等与实时嵌入式系统相关的组件。RT-Thread 诞生于 2006 年，是国内知名的嵌入式实时操作系统之一，以开源、免费的方式进行发布，积聚吸收社区的力量不断发展壮大。与 FreeRTOS 和μC/OS 不同的是，自创建之初 RT-Thread 的定位就不仅是一个实时操作系统内核，还是包含网络、文件系统、GUI 界面等组件的中间件平台。经过十多年的发展，RT-Thread 已经成为一款知名度较高、口碑极佳、高度稳定可靠的实时操作系统。RT-Thread 支持市面上所有的主流编译工具，如 IAR、GCC、Keil 等。在硬件支持方面，它已经移植到了超过 50 款 MCU 芯片和所有主流 CPU 架构上，包括 ARM、MRS、C-Sky、Xtensa、Andes 与 RISC-V 等。在安防、医疗、新能源、车载、北斗导航以及消费电子等众多行业中，RT-Thread 被广泛应用。近两年来，随着 RT-Thread 推广力度的加大和周边生态合作伙伴支持热情的高涨，RT-Thread 的企业项目需求显著增加，开发者的数量也呈现出加速增长的态势。此外，RT-Thread 借助社区力量定期组织一系列技术沙龙活动，覆盖多数一二线城市，线上培训讲座和设计竞赛陆续展开，推动着 RT-Thread 社区的健康发展。

5. FreeRTOS 系统

FreeRTOS 于 2003 年诞生，以开源、免费的策略发布，适用于商业和非商业领域。2004 年，英国的 ARM 公司推出了第一款基于 ARMv7-M 架构的主打高性价比的 MCU 市场的 Cortex-M3IP。美国得州仪器公司随后推出了第一款基于 Cortex-M3 内核的 MCU。接着，意法半导体、恩智浦、飞思卡尔、爱特梅尔等欧美厂商相继推出了基于 Cortex-M 内核的 MCU。由于考虑到性价比，这些厂商都选择了默认使用 FreeRTOS 作为芯片的嵌入式操作系统。在这波热潮中,FreeRTOS 迅速崛起,风靡国内外。

6. QNX 系统

QNX 是一种商用的、遵循 POSIX 规范的类 Unix 实时操作系统,主要面向嵌入式系统市场。它可能是最成功的微内核操作系统之一。QNX 成立于 1980 年,是加拿大一家知名的嵌入式系统开发商。2010 年 4 月 14 日,黑莓手机(BlackBerry)制造商 RIM(Research In Motion Ltd.)收购了哈曼国际工业集团(Harman International Industries Inc. ,HAR)旗下的 QNX 软件公司,以获取其车载无线连接技术。QNX 这个原本的渥太华公司,在被美国哈曼国际买走 6 年后,又回到了加拿大。QNX 主要开发汽车和通信设备所使用的操作系统,而哈曼国际的主要业务则是汽车音像和娱乐设备。此次交易将为 RIM、QNX 和哈曼工业在智能手机和车载音频娱乐系统之间寻找合作空间。

在汽车领域,QNX 早已成为最大的操作系统供应商。据不完全资料显示,QNX 在车用市场占有率达到 75%,目前全球有超过 230 种车型使用 QNX 系统,包括哈曼贝克、德尔福、大陆、通用电装、爱信等知名汽车电子平台都是在 QNX 系统上构建的。几乎全球所有的主要汽车品牌,包括讴歌、阿尔法－罗密欧、奥迪、宝马、别克等,目前都采用了基于 QNX 技术的系统。

4.2　嵌入式 Linux 操作系统开发

4.2.1　ARM 体系架构

ARM 体系架构包括多种不同的架构版本,其中最常见的包括 ARMv6、ARMv7 和 ARMv8。不同的版本具有不同的特点和功能,主要包括以下几个方面:

(1) 处理器核心:ARM 体系架构支持多种不同的处理器核心,包括 ARM Cortex-A、Cortex-R 和 Cortex-M 等系列。其中,Cortex-A 系列主要用于高性能应用,Cortex-R 系列主要用于实时应用,Cortex-M 系列主要用于低功耗应用。

(2) 指令集:ARM 体系架构采用了精简指令集(RISC)的设计理念,指令集包括基本的算术和逻辑指令,以及各种数据处理、存储和加载指令等。不同版本的 ARM 体系架构支持不同的指令集,并且具有不同的指令集扩展功能。

(3) 内存管理单元(MMU):ARM 体系架构支持硬件内存管理单元,用于实现虚拟内存和地址转换等功能,从而实现多任务操作系统的支持。

(4) 系统总线和外围设备接口:ARM 体系架构支持各种不同的系统总线和外围设备接口,包括 AMBA 总线、APB 总线、AHB 总线等,以及各种外围设备接口,如 UART、SPI、I2C等。

(5) 异常和中断处理:ARM 体系架构支持多种异常和中断处理方式,包括 FIQ(快速中断)和 IRQ(普通中断)等,用于处理硬件异常和软件中断情形。

总的来说,ARM 体系架构是一种灵活、可扩展和可定制的体系结构,支持多种不同的应用场景和需求。了解 ARM 体系架构的特点和功能,有助于开发人员选择合适的处理器和开发工具,并且更好地理解和优化嵌入式系统的性能和功耗。

1. ARM 微处理器简介

ARM 是一种精简指令集（RISC）架构的微处理器，由 ARM Holdings 公司开发和授权。ARM 处理器广泛应用于移动设备、智能家居、汽车、嵌入式系统等领域。ARM 的微处理器核心包括多个架构和系列，例如 Cortex-A、Cortex-R、Cortex-M、ARM11、ARM9、ARM7 等，被全球各大芯片厂商广泛采用，基于 ARM 的开发技术已成为嵌入式系统主流技术之一。

2. ARM 微处理器的特点和应用

ARM 微处理器的特点包括：

（1）低功耗：ARM 微处理器采用的是精简指令集（RISC）架构，具有高效的指令执行速度和低功耗的特点，适用于许多低功耗应用场景。

（2）高性能：ARM 微处理器的设计具有可扩展性和可定制性，可以根据应用场景的需要进行优化，具有较高的性能表现。

（3）易于开发：ARM 微处理器的开发工具和生态系统非常完善，有丰富的软件和硬件资源可供选择，支持多种编程语言和操作系统，开发门槛较低。

（4）可靠性和安全性：ARM 微处理器具有良好的可靠性和安全性，支持多种硬件和软件机制，可以保障系统运行的稳定性和安全性。

（5）低成本：ARM 微处理器的设计和制造成本较低，可以大规模生产，适用于各种规模的嵌入式系统应用。

ARM 微处理器的应用：

（1）智能手机和平板电脑：ARM 微处理器广泛应用于智能手机和平板电脑等电子消费产品中，支持多媒体处理和高速数据传输等功能。

（2）物联网设备：ARM 微处理器适用于物联网设备的低功耗和小尺寸需求，支持多种无线通信协议和传感器接口，如 Wifi、蓝牙、LoRaWAN 等。

（3）工业控制：ARM 微处理器在工业控制领域具有广泛应用，支持实时数据处理和控制功能，如 PLC、DSC、机器人控制等。

（4）汽车电子：ARM 微处理器适用于汽车电子领域，支持车载娱乐、智能驾驶和车联网等应用，如仪表盘控制、ADAS、车联网等。

（5）医疗电子：ARM 微处理器在医疗电子领域具有广泛应用，支持多种医疗设备的控制和数据处理，如心电图、血压计、体温计等。

3. ARM 微处理器硬件架构

ARM 微处理器的硬件架构包括三个部分：处理器核、内存系统和外设接口。

1）处理器核

ARM 微处理器核由指令处理器、数据处理器和控制单元组成。指令处理器和数据处理器分别处理指令和数据，控制单元负责控制指令的执行流程。处理器核还包括寄存器文件和中断控制器等组件，用于存储和管理数据、指令和中断等信息。

2）内存系统

ARM 处理器的内存系统包括缓存、存储器管理单元（MMU）和总线接口。缓存用于提高处理器核访问内存的效率，MMU 负责管理虚拟地址和物理地址的转换，总线接口负责连接处理器核、内存和外设接口等。

3）外设接口

ARM 微处理器的外设接口包括通用输入输出接口（GPIO）、串口、SPI、I2C、USB 等多种接口。这些接口可以连接外部设备，如传感器、显示器、网络接口等，实现数据输入输出和设备控制等功能。

ARM 微处理器硬件架构的优点在于其可扩展性和可定制性，可以根据不同的应用场景进行优化。此外，ARM 微处理器在嵌入式系统中具有较高的应用价值，广泛应用于智能手机、平板电脑、物联网设备、工业控制、汽车电子、医疗电子等领域。因此，了解 ARM 硬件架构对于嵌入式系统开发人员来说是非常重要的。

4. ARM 微处理器运行模型

ARM 微处理器的运行模型可以分为两种：ARM 模式和 Thumb 模式。

ARM 模式下，处理器执行 32 位的指令集，支持高级特性如 Jazelle 技术和 Java 解释器。ARM 指令集提供了丰富的指令，可以完成多种复杂的计算任务，因此在处理器需要高性能的场合下，ARM 模式通常是首选。

Thumb 模式下，处理器执行 16 位的指令集，相比于 ARM 模式，Thumb 指令集更加紧凑，可以减少存储器占用和代码执行时间，因此在处理器需要低功耗和占用存储器较少的场合下，Thumb 模式通常是更好的选择。

ARM 处理器还支持交替执行 ARM 和 Thumb 指令的混合模式，称为 Thumb-2 技术。在 Thumb-2 技术下，处理器可以根据指令的要求自动选择 ARM 或 Thumb 模式进行执行，从而提高程序执行效率。

此外，ARM 处理器还支持内核特权级和用户特权级两种运行模式。内核特权级可以访问处理器的所有资源，用于操作系统和驱动程序等系统级任务；用户特权级仅可以访问一部分资源，用于应用程序等用户级任务。处理器可以通过特定的指令将运行模式切换到内核特权级或用户特权级，从而实现资源的保护和安全。

5. ARM 寄存器

ARM 处理器有 37 个寄存器，其中 31 个是通用寄存器，6 个是状态寄存器，每个寄存器都是 32 位。在每个模式下，ARM 使用一组寄存器，包括 15 个通用寄存器（R0～R14）、1 或 2 个状态寄存器和程序计数器（PC）。CPSR 是一个当前程序状态寄存器，SPSR 是它的备份。通用寄存器中，R0～R7 是所有处理器模式共用的，R8～R14 是备份寄存器。在切换模式时，必须保存 R0～R7 的值。R13 通常用作堆栈指针，用 R13_<MODE> 表示各个物理寄存器。R14 用作链接寄存器（LR），在用户模式下存储子程序返回地址，在异常处理模式下保存异常返回地址。R15 是程序计数器，也称为 PC。在 ARM 处理器中，程序状态寄存器用于保存程序执行时的状态值，包括条件标志位、中断禁止位和当前处理器模式标志等。CPSR 是所有模式共用的，SPSR 是专用于异常模式的备份程序状态寄存器。在退出异常处理时，SPSR 中的值会恢复到 CPSR 中。

在 Cortex-A7 中，有 9 种运行模式，每种模式都有一组对应的寄存器组，如图 4-1 所示。每种模式可见的寄存器包括 15 个通用寄存器（R0～R14）、1 或 2 个程序状态寄存器和一个程序计数器 PC。在这些寄存器中，有些是所有模式共用的同一物理寄存器，有些则是各模式所独立拥有的。各模式所拥有的寄存器如图 4-1 所示。

User	Sys	FIQ	IRQ	ABT	SVC	UND	MON	HYP
R0	R0	R0	R0	R0	R0	R0	R0	R0
R1	R1	R1	R1	R1	R1	R1	R1	R1
R2	R2	R2	R2	R2	R2	R2	R2	R2
R3	R3	R3	R3	R3	R3	R3	R3	R3
R4	R4	R4	R4	R4	R4	R4	R4	R4
R5	R5	R5	R5	R5	R5	R5	R5	R5
R6	R6	R6	R6	R6	R6	R6	R6	R6
R7	R7	R7'	R7	R7	R7	R7	R7	R7
R8	R8	R8_fiq	R8	R8	R8	R8	R8	R8
R9	R9	R9_fiq	R9	R9	R9	R9	R9	R9
R10	R10	R10_fiq	R10	R10	R10	R10	R10	R10
R11	R11	R11_fiq	R11	R11	R11	R11	R11	R11
R12	R12	R12_fiq	R12	R12	R12	R12	R12	R12
R13(sp)	R13(sp)	SP_fiq	SP_irq	SP_abt	SP_svc	SP_und	SP_mon	SP_hyp
R14(lr)	R14(lr)	LR_fiq	LR_irq	LR_abt	LR_svc	LR_und	LR_mon	R14(lr)
R15(pc)	R15(pc)	R15(pc)	R15(pc)	R15(pc)	R15(pc)	R15(pc)	R15(pc)	R15(pc)
CPSR	CPSR	CPSR	CPSR	CPSR	CPSR	CPSR	CPSR	CPSR
		SPSR_fiq	SPSR_irq	SPSR_abt	SPSR_svc	SPSR_und	SPSR_mon	SPSR_hyp
								ELR_hyp

图 4-1 9 种模式对应的寄存器

图 4-2 显示了 Cortex-A 内核的寄存器组成。其中,浅色字体表示 User 模式所共有的寄存器,深色背景表示各个模式所独有的寄存器。低寄存器组(R0~R7)在所有模式中共享同一组物理寄存器,而一些高寄存器组在不同的模式中有自己独有的寄存器,例如 FIQ 模式下的 R8R14。如果程序在 FIQ 模式下访问 R13 寄存器,则实际访问的是寄存器 R13_fiq。Cortex-A 内核的寄存器组成包括 34 个通用寄存器、8 个状态寄存器(CPSR 和 SPSR)以及在 Hyp 模式下独有的一个 ELR_Hyp 寄存器。这些寄存器都是 32 位的,其中 R15 寄存器作为程序计数器(PC)。

4.2.2 交叉编译

编写出来的程序想要运行,必须经过编译环节。读者可能会对在传统 Windows 环境下用 Visual Studio 进行程序开发时的编译过程很熟悉,但是嵌入式系统中的编译过程却和它完全不同。前者有时称为本地编译,即在当前平台编译,编译得到的程序也是在本地执行;而后者称为交叉编译,即在一种平台上编译,并能够运行在另一种体系结构完全不同的平台上,比如需要在 x86 系列的处理器平台上编译出能运行在 ARM 架构的处理器平台上的程序。这里所需要的编译工具,一般称为交叉编译工具,由于它由多个程序连接构成,所以又称为交叉编译工具链。它在不同平台的移植和嵌入式开发时非常有用。如果要得到在目标机上运行的程序,就必须使用交叉编译工具来完成。

1.工具链组成

交叉开发工具链是一种用于编译、链接、处理和调试跨平台体系结构程序代码的工具。

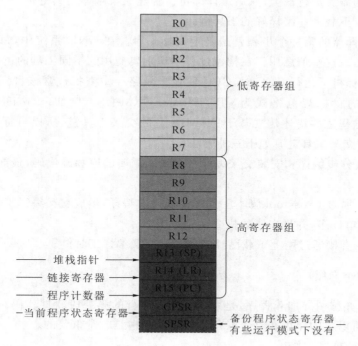

图 4-2　Cortex-A 寄存器

每次运行工具链软件时,可通过不同的参数实现不同的功能。工具链由多个程序构成,分别对应着不同的功能,例如,编译器、连接器、解释器和调试器等。在 x86 的 Linux 主机上,交叉开发工具链不仅可以编译生成在 ARM、MIPS、PowerPC 等硬件架构上运行的程序,还可以为 x86 平台上不同版本的 Linux 提供编译开发程序的功能。因此,可通过在同一台 Linux 主机上使用交叉编译工具的方式来维护不同版本的 x86 目标机。在嵌入式开发中,通常使用交叉编译工具来编译 ARM 硬件架构上的程序。

　　常用的工具链软件包括 Binutils、GCC、Glibc 和 Gdb。其中,Binutils 是二进制程序处理工具,包括连接器、汇编器等目标程序处理工具;GCC 是编译器,支持 C/C++语言编译,以及其他编程语言;Glibc 是应用程序编程的函数库软件包,可生成静态库和共享库;Gdb 是调试工具,可读取可执行程序中的符号表,对程序进行源码调试。这些软件包可以生成编译链接工具(如 gcc、glt、ar、as、ld)、glibc 库和 gdb 调试器。生成交叉开发的工具链时,可在文件名字上加一个前缀以区别本地的工具链,例如 arm-linux-gcc 表示编译器用于编译在 Linux 系统下 ARM 目标平台上运行的程序。

　　2.构建工具链

　　在裁剪用于嵌入式系统的 Linux 内核时,由于嵌入式系统的存储大小有限,所以需要的链接工具也可根据嵌入式系统的特性进行制作,建立自己的交叉编译工具链。例如,有时为了减小 Glibc 库的大小,可以考虑用 uclibc、dietlibc 或者 newlib 库来代替 Glibc 库,这时就需要自己动手进行交叉编译工具链的构建。由于 Linux 交叉编译工具链使用和 GNU 一样的工具链,而 GNU 的工具和软件都是开放源码的,所以读者只需从 GNU 网站或者镜像网站下载源码,根据需要进行裁剪,然后编译即可。构建交叉编译工具链是一个相当复杂的过程,也可以在网上下载一些编译好的工具链。

构建交叉编译器的第一个步骤就是确定目标平台。在 GNU 系统中,每个目标平台都有一个明确的格式,这些信息用于在构建过程中识别要使用的不同工具的正确版本。因此,当在一个特定目标机下运行 GCC 时,GCC 便在目录路径中查找包含该目标规范的应用程序路径。GNU 的目标规范格式为 CPU-PLATFORM-OS。例如,x86/i386 目标机名为 i686-pc-linux。这里主要讲述建立基于 ARM 平台的交叉工具链,所以目标平台名为 arm-linux。通常构建交叉工具链有如下三种方法:

(1)方法一:分步编译和安装交叉编译工具链所需要的库和源代码,最终生成交叉编译工具链。

(2)方法二:通过 Crosstool 脚本工具来实现一次编译,生成交叉编译工具链,该方法相对于方法一要简单许多,并且出错的机会也非常少。

(3)方法三:直接通过网上下载已经制作好的交叉编译工具链。

4.2.3　Bootloader 介绍

Bootloader,亦称引导加载程序,是系统加电后运行的第一段软件代码。它是整个系统执行的第一步,所以它的作用在整个嵌入式软件系统中是非常重要的。

1.Bootloader 功能及作用

Bootloader 是在整个系统开始启动后,在操作系统内核启动前执行的一段程序,其主要功能是初始化硬件和建立内存映射等,为操作系统内核的启动准备必要的硬件环境。它是每个嵌入式系统都必需的一部分。

不仅在嵌入式系统中有 Bootloader,在通常的 PC 机系统中,其引导加载的程序是由 BIOS 和位于硬盘 MBR 中的 OS Bootloader 完成的,这里的 OS Bootloader 常见的有 LILO 和 GRUB 等。BIOS 在完成硬件检测和资源分配后,将硬盘 MBR 中的 Bootloader 读到系统的 RAM 中,然后将控制权交给 OS Bootloader。Bootloader 的主要运行任务就是将内核映像从硬盘上读到 RAM 中,然后跳转到内核的入口点去运行,也即开始启动操作系统。

出于对经济性、价格方面的考虑,虽然一些嵌入式 CPU 中会嵌入一段短小的启动程序,但是通常并没有像 BIOS 那样的固件程序,所以相对于 PC 机上的 OS Bootloader 所做的工作,嵌入式系统的 Bootloader 不仅要完成将内核映像从硬盘上读到 RAM 中,然后引导启动操作系统内核,还需要完成 BIOS 所做的硬件检测和资源分配工作。可见,嵌入式系统中的 Bootloader 比 PC 机中的 Bootloader 更强大,功能更多。

由于嵌入式系统平台是一种软件与硬件结合的平台。它和普通的单片机系统最大的区别就是嵌入式系统平台上具有专用的嵌入式操作系统,如前面介绍的 Linux 操作系统、VxWorks 操作系统等。由于具有专用的操作系统支持,所以在嵌入式系统平台上开发应用软件和在普通 PC 机上一样方便、快捷。但是所有这些软件,包括应用软件和操作系统软件,它们都离不开 Bootloader,从图 4-3 可以看出 Bootloader 在嵌入式软件架构中的作用。通常一个嵌入式系统软件架构可以分为四个层次:用户应用程序、文件系统、嵌入式操作系统内核和引导加载程序(即 Bootloader)。

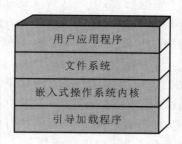

图 4-3　嵌入式系统软件架构

从底往上各层次完成的主要功能如下：

（1）引导加载程序：固化在硬件 Flash 上的一段引导代码，用于完成硬件的一些基本配置，引导嵌入式操作系统内核启动。

（2）嵌入式操作系统内核：包括特定于某嵌入式硬件平台的定制操作系统内核以及内核的启动参数等。

（3）文件系统：包括根文件系统和建立于 Flash 内存设备上的文件系统。通常用 ram disk 或 yaffs 作为文件系统，包括固化在固件（Firmware）中的 boot 代码（可选）和 Bootloader 两大部分。

（4）用户应用程序：特定于用户的应用程序，有时在用户应用程序和内核层之间可能还会包括一个嵌入式图形用户界面。常用的嵌入式 GUI 有 MicroWindows、MiniGUI、QT/Embeded 等。

2.Bootloader 启动流程

当电源被打开时，系统会执行 ROM（主要是 Flash）中的 Bootloader 启动代码来初始化电路并为高级语言编写的软件做好运行前准备。在商业实时操作系统中，这部分代码通常被称为板级支持包（BSP），其主要功能是电路初始化和为高级语言编写的软件做准备。Bootloader 启动的具体流程如下：

（1）设置中断和异常向量。

（2）完成系统启动所必需的最小配置。某些处理器芯片包含一个或几个全局寄存器，这些寄存器必须在系统启动的最初进行配置。

（3）设置"看门狗"，用户设计的部分外围电路如果必须在系统启动时初始化，就可以放在这一步。

（4）配置系统所使用的存储器，包括 Flash、SRAM 和 DRAM 等，并为它们分配地址空间。如果系统使用了 DRAM 或其他外设，则需要设置相关的寄存器，以确定其刷新频率、数据总线宽度等信息，并初始化存储器系统。一些芯片可通过寄存器编程初始化存储器系统，而对于较复杂的系统集成，则通常由 MMU 来管理内存空间。

（5）为处理器的每个工作模式设置栈指针。ARM 处理器有多种工作模式，每种工作模式都需要设置单独的栈空间。

（6）变量初始化。在启动过程中，需要将已经赋好初值的全局变量从只读区域（即 Flash）复制到读写区域中，因为这些变量的值在软件运行时可能需要重新赋值。而对于已经赋好初值的静态全局变量,则不需要处理,因为这些变量在软件运行过程中不会改变,可以直接固化在只读的 Flash 或 EEPROM 中。

（7）数据区准备。在启动过程中,需要将所有未赋初值的全局变量所在的区域全部清零。

（8）最后一步是调用高级语言入口函数,如 main 函数等。

在系统启动代码完成基本软硬件环境初始化后,如果有操作系统,则需要启动操作系统、启动内存管理、设置任务调度、加载驱动程序等,最终执行应用程序或等待用户命令。如果没有操作系统,则直接执行应用程序或等待用户命令。

3. Bootloader 移植

Bootloader 具有很强的依赖性,包括处理器架构和具体的板卡硬件,因此不同的 CPU 体系结构一般都有不同的 Bootloader。除了依赖于 CPU 的体系结构外,Bootloader 实际上也依赖于具体的嵌入式板级设备的配置。也就是说,对于两块不同的嵌入式板而言,即使它们是基于同一种 CPU 构建的,要想让运行在一块板子上的 Bootloader 程序也能运行在另一块板子上,通常需要修改 Bootloader 的源程序。在 Linux 平台下,有许多现有的 Bootloader 可用,如表 4-1 所示。

表 4-1　Linux 下 Bootloader 及其所支持的架构

Bootloader	监控程序	说明	架　构					
			x86	ARM	PowerPC	MIPS	M68k	SuperH
LILO	否	Linux 主要的磁盘引导加载程序	*					
GRUB	否	LILO 的 GNU 版后继者	*					
ROLO	否	不需要 BIOS,可直接从 ROM 加载 Linux	*					
Loadlin	否	从 DOS 加载 Linux	*					
Etherboot	否	从 ETHERNET 卡启动系统的 Romable loader	*					
LinuxBIOS	否	以 Linux 为基础的 BIOS 替代品	*					
Compaq 的 bootldr	是	主要用于 Compaq iPAQ 的多功能加载程序		*				
blob	否	来自 LART 硬件计划的加载程序		*				
PMON	是	Agenda VR3 中所使用的加载程序				*		

续表

Bootloader	监控程序	说明	架　构					
			x86	ARM	PowerPC	MIPS	M68k	SuperH
sh-boot	否	LinuxSH 计划的主要加载程序						*
U-Boot	是	以 PPCBoot 和 ARMBoot 为基础的通用加载程序	*	*	*	*		
RedBoot	是	以 eCos 为基础的加载程序	*	*	*	*	*	*
Vivi	是	适用于 SAMSUNG 公司 ARM9 微处理器		*				

由于嵌入式电路板成千上万,而每块相同的电路板也可能有不同的引导配置,因此难以对每个 Bootloader 都进行深入的讨论。这里以基于 ARM9 处理器 S3C2410A 的嵌入式硬件平台 SBC2410 为例。平台的主要硬件资源有:1 片 64M SDRAM、1 片 64M Nand Flash、1 片 1M Nor Flash、1 个串口 COMO、1 个 USB Host A 型接口、1 个 USB Slave B 型接口和1 个标准 JTAG 接口等。平台支持 Linux2.4.18 内核版本。

对于基于 ARM9 架构的 S3C2410A 需要建立适于自己运行的 Bootloader 引导程序。Uboot 是 ARM 架构里最为常见的 Bootloader,它主要完成了系统环境的初始化,将后期执行代码复制到 SDRAM 空间,为 Linux 内核的运行准备好条件。

这里选用 Uboot1.1.4 版本来做移植。根据 Uboot 功能实现方式不同,其运行可以分为两个阶段。

1) Uboot 运行第一阶段

ARM 系列处理器在上电或复位时,从物理地址 0x00000000 处开始执行,此处也是第一片 Flash 所使用的存储空间的起始位置,而 Uboot 就存放在 Flash 的最前端。Uboot 第一阶段由汇编语言实现,以达到短小精悍的目的,主要完成系统硬件环境的初始化,其工作流程如图 4-4 所示。

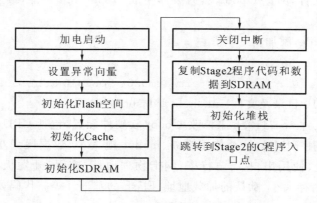

图 4-4　Uboot 运行第一阶段

99

2）Uboot 运行第二阶段

当所有环境初始化完毕之后，程序执行 Uboot 第二阶段。此部分的代码用 C 语言来实现，以便于实现更复杂的功能和取得更好的代码可读性和可移植性。_start_armboot 函数是第二阶段执行映像的入口点。第二阶段通常包括以下功能：初始化本阶段要使用到的硬件设备，如串口、网口、Flash 等，将 Kernel 映像和根文件系统映像从 Flash 上复制到 RAM 空间中，启动 Linux 内核，提供 Kermit 和 TFTP 内核下载工具，支持 Bootloader 在线更新。修改后的 Uboot 第二阶段工作流程如图 4-5 所示。

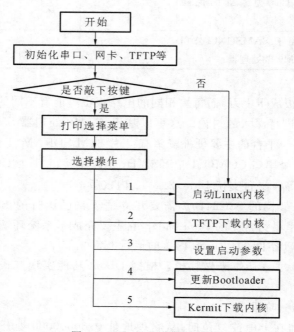

图 4-5　Uboot 运行第二阶段

对于不同的板极硬件配置，都要进行 Uboot 的移植工作。移植 Uboot 的工作包括添加开发板硬件相关的文件，配置 Uboot，然后编译生成 Uboot.bin 文件，最后进行烧写。具体过程如下：

（1）修改 Makefile，添加：

sbc2410_config:unconfig

@ ./mkconfigs（@ :_config= ）arm arm920t sbc2410 NULLs3c24x0

（2）创建 sbc2410 目录及文件：mkdir board/sbc2410。

（3）通过修改文件 sbc2410.h 来修改 Uboot 软硬件配置，包括 CPU 类型、MCU 类型、开发板型号、是否使用 MMU、是否使用中断、malloc 池大小、数据段大小、使用 CS8900 网卡、CS8900A 基地址、使用串口 1、波特率、网卡物理地址、掩码、开发板 IP、TFTP 服务器 IP、内存物理地址、内存大小、默认的加载地址、Flash 的基地址等。代码如下所示：

define CONFIG_ARM920T/* CPU 类型* /

```
# define CONFIG_S3C2410/* MCU 类型 * /
# define CONFIG_SBC2410/* 开发板型号 * /
# define USE_920T_MMU/* 使用 MMU* /
# undef CONFIG_USE_IRQ/* 不使用中断 * /
# define CFG_MALLOC_LEN(CFG_ENV_SIZE+ 128* 1024)/* malloc 池大小 * /
# define CFG_GBL_DATA_SIZE 128/* 数据段大小 128 字节 * /
# define CONFIG_DRIVER_Cs8900/* 使用 CS8900 网卡 * /
# define cs8900_BASE 0x19000300/* Cs8900A 基地址 * /
# define CONFIG_SERIAL1/* 使用串口 1* /
# define CONFIG_BAUDRATE 115200/* 波特率 * /
# define CONFIG_ETHADDR 08:00:3e:26:0a:5b/* 网卡物理地址 * /
# define CONFIG_NETMASK 255.255.255.0/* 掩码 * /
# define CONFIG_IPADDR 192.168.18.41/* 开发板 IP* /
# define CONFIG_SERVERIP 192.168.18.125/* TFTP 服务器 IP* /
# define PHYS_SDRAM_1 0x30000000/* 内存物理地址 * /
# define PHYS_SDRAM_1_SIZE 0x04000000/* 内存大小 64MB* /
# define CFG_LOAD_ADDR 0x30008000/* 默认的加载地址 * /
# define PHYS_FLASH_1 0x00000000/* FLASH 1 的基地址 * /
# define CFG_FLASH_BASE PHYS_FLASH_1/* FLASH 的基地址 * /
```

（4）编译：生成 Uboot. bin 映像文件。

make sbc2410_config

make CROSS_COMPILE= arm- linux-

（5）烧写：用软件 SJF2410，通过 JTAG 接口烧写 Uboot. bin 到 SBC2410 平台的 Nor Flash。

4.2.4　Linux 内核

在任何一个具有操作系统软件的计算机系统中，操作系统是一个用来和硬件打交道并为用户程序提供有限服务集的低级支撑软件，它完成整个系统的控制工作。在嵌入式系统中，Linux 的"操作系统"被称为"内核"，也可以称为"核心"。

1. Linux 内核源代码目录结构

Linux 操作系统中的一些具体管理方法和结构组织，比如进程管理、内存管理、文件系统、驱动程序和网络等方面的内容，在进入 Linux 的内核部分后，可以看到它的各个部分与内核源码的各个目录都是对应的，比如有关驱动的内容，内核中就都组织到"drive"这个目录中去，有关网络的代码都集中组织到"net"中。当然，这里有的目录包含多个部分内容。

Linux 内核源代码包括三个主要部分：

（1）内核核心代码，包括 Linux 系统的各个子系统和子模块。

（2）其他非核心代码，例如库文件、固件集合、KVM（虚拟机技术）等。

（3）编译脚本、配置文件、帮助文档、版权说明等辅助性文件。如图 4-6 所示，是使用 ls

命令看到的内核源代码的顶层目录结构。

```
felix@Android:linux-4.4$ ls
arch         crypto          include     kernel          net             security
block        Documentation   init        lib             README          sound
certs        drivers         ipc         MAINTAINERS     REPORTING-BUGS  tools
COPYING      firmware        Kbuild      Makefile        samples         usr
CREDITS      fs              Kconfig     mm              scripts         virt
```

图 4-6　Linux 内核源码目录

具体各个目录的内容组成如下：

arch 目录：包含了所有和体系结构相关的核心代码，每个子目录代表 Linux 支持的一种体系结构，如 i386 是 Intel CPU 及与之兼容体系结构的子目录。

include 目录：包括编译核心所需要的大部分头文件，如与平台无关的头文件在 include/linux 子目录下。

init 目录：包含核心的初始化代码（不是系统的引导代码），有 main.c 和 Version.c 两个文件。

mm 目录：包含了所有的内存管理代码，与具体硬件体系结构相关的内存管理代码位于 arch/*/mm 目录下。

drivers 目录：存放系统中所有的设备驱动程序，它又进一步划分成几类设备驱动，每一种有对应的子目录，如声卡的驱动对应于 drivers/sound。

ipc 目录：包含了核心进程间的通信代码。

modules 目录：存放了已建好的、可动态加载的模块。

fs 目录：存放 Linux 支持的文件系统代码，不同的文件系统有不同的子目录对应，如 ext3 文件系统对应的就是 ext3 子目录。

kernel 目录：内核管理的核心代码放在这里，同时与处理器结构相关的代码都放在 arch/*/kernel 目录下。

net 目录：目录里是核心的网络部分代码，其每个子目录对应于网络的一个方面。

lib 目录：包含了核心的库代码，不过与处理器结构相关的库代码被放在 arch/*/libl 目录下。

scripts 目录：包含用于配置核心的脚本文件。

documentation 目录：目录下是一些文档，是对每个目录作用的具体说明。

每个目录下一般都有一个 depend 文件和一个 Makefile 文件，这两个文件都是编译时使用的辅助文件。仔细阅读这两个文件，对弄清各个文件之间的联系和依托关系很有帮助。另外，有的目录下还有 Readme 文件，它是对该目录下文件的一些说明，同样有利于对内核源码的理解。

2. Linux 内核整体架构

Linux 内核只是 Linux 操作系统的一部分，如图 4-7 所示。Linux 系统可以分为用户空间和内核空间。用户空间包含了用户的应用程序、C 库，内核空间包括系统调用、内核，以及与平台架构相关的代码。Linux 内核向下管理系统的所有硬件设备，向上它通过系统调用向 Library Routine(例如 C 库)或者其他应用程序提供接口。

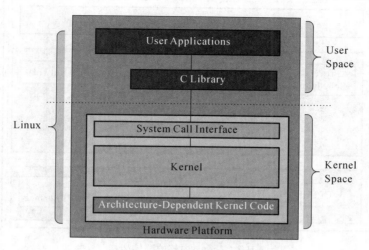

图 4-7　GNU/Linux 操作系统的基本体系结构

Linux 内核的模块主要分为:存储管理、CPU 和进程管理、文件系统、设备管理和驱动、网络通信,以及系统的初始化(引导)、系统调用等几个部分,如图 4-8 所示。

(1) 进程管理、调度子系统(Process Scheduler),主要负责管理 CPU 的硬件资源,使各个进程能够以比较公平的方式使用 CPU 资源。

(2) 内存管理子系统(Memory Manager),主要负责管理内存资源,使各个进程安全地使用机器的内存资源,提供虚拟内存机制让进程使用多于系统可用 Memory 的内存。

(3) 虚拟文件子系统(Virtual File System)。Linux 内核把 NAND Flash、Nor Flash 等存储设备、输入输出设备、显示设备等外设按照功能的不同,抽象为统一的文件操作接口,将设备同对应的文件系统联系起来,这样就可以使用文件操作接口 open、close、read、write 等函数来访问。

(4) 网络子系统(Network),负责管理系统的网络设备,并实现许多网络标准协议。

(5) 进程间通信子系统(Inter-Process Communication),主要负责 Linux 系统进程之间的通信。

4.2.5　根文件系统

Linux 文件系统的根目录"/"位于 Linux 文件系统的目录结构的最顶层。根文件系统通常存放于内存和存储介质中,Linux 系统启动后,Linux 内核会挂载一个设备到根目录上,这个设备中的文件系统被称为根文件系统。

根文件系统中存放了所有的系统命令、系统配置以及其他文件系统的挂载点以及嵌入式系统使用的所有应用程序和库。Linux 系统启动时,第一个必须挂载的是根文件系统,若不能从指定设备上挂载根文件系统,Linux 系统会出错而终止启动过程。

1. 嵌入式 Linux 根文件系统目录

在 Linux 中,文件系统的结构是基于树状的,根在顶部,各个目录和文件从树根向下分

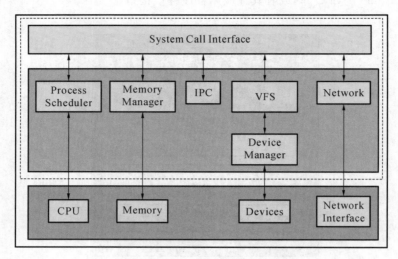

图 4-8　Linux 内核的整体架构

支,如图 4-9 所示。

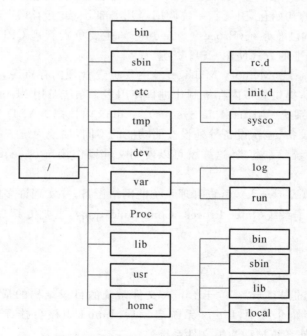

图 4-9　典型 Linux 文件系统树状结构

　　Linux 操作系统由一些目录和许多文件组成,典型的 Linux 文件系统各个目录详细说明见表 4-2。

表 4-2　典型的 Linux 文件系统各个目录详细说明

目录	说　　明
/	Linux 系统根目录
/bin	存放用户的可执行程序，例如 ls、cp，也包含其他的 Shell，如 bash 等
/boot	包含 vmlinuz、initrd. img 等启动文件
/dev	接口设备文件目录，如硬盘 hda
/etc	有关系统设置与管理的文件
/etc/xll	X-Windows System 的设置目录
/home	一般用户的主目录，如 FTP 目录等
/lib	包含执行/bin 和/sbin 目录的二进制文件时所需的共享函数库 library
/mnt	各项装置的文件系统加载点，例如，/mnt/cdrom 是光驱的加载点
/opt	提供空间较大的且固定的应用程序存储文件使用
/proc	命令查询的信息与这里的相同，都是系统内核与程序执行的信息
/root	管理员的主目录
/sbin	lilo 等系统启动时所需的二进制程序
/tmp	存放暂存盘的目录
/usr	存放用户使用的系统命令和应用程序等信息
/usr/bin	存放用户可执行程序，如 grep、mdir 等
/usr/doc	存放各式程序文件的目录
/usr/include	保存提供 C 语言加载的 header 文件
/usr/include/X11	保存提供 X Windows 程序加载的 header 文件
/usr/info	GNU 程序文件目录
/usr/lib	函数库
/usr/lib/X11	函数库
/usr/local	提供自行安装的应用程序位置
/usr/man	存放在线说明文件目录
/usr/sbin	存放经常使用的程序，如 showmount
/usr/src	保存程序的原始文件
/usr/X11R6/bin	存放 X Windows System 的执行程序
/var	Variable，具有变动性质的相关程序目录，如 log

2.嵌入式常用的文件系统介绍

不同类型的文件系统有着各自的特点，因此在选择时需要根据存储设备的硬件特性和系统需求进行权衡。在嵌入式 Linux 应用中，主要使用 RAM(DRAM、SDRAM)和 ROM (通常使用 Flash 存储器)存储设备，常用的文件系统类型包括 Jffs2、Yaffs、Cramfs、Romfs、Ramdisk、Ramfs/Tmpfs 等。

嵌入式设备具有一些特殊性，因此除了基本的文件系统要求外，嵌入式文件系统还需要具备以下特性：

(1) 适应存储介质的特殊性。

(2) 快速恢复能力的特殊要求。

(3) 物理文件系统的多样性和动态可装配性。

(4) 跨操作平台的安全性需求。

(5) 能够满足整个系统实时性的要求。

大体上可以将文件系统分为基于 RAM 和基于 FLASH 这两种类型。根据存储设备的硬件特性和系统需求等，可以选择不同类型的文件系统。基于 RAM 的文件系统包括 initramfs、ramdisk、ramfs/tmpfs 和 NFS 等。initramfs 文件系统使用 cpio 包格式，可以直接编译链接到系统中并使用，无需挂载文件系统。ramdisk 文件系统是一种基于内存的虚拟文件系统，使用内存的一部分作为硬盘分区。ramfs/tmpfs 文件系统将所有文件存储在内存中，适用于存储一些临时性或经常修改的数据，可以减少 Flash 存储器的读写损耗，同时提高数据读写速度。NFS 网络文件系统可用于在不同机器和不同操作系统之间通过网络共享文件。在嵌入式 Linux 系统的开发调试阶段，可以在主机上建立基于 NFS 的根文件系统并挂载到嵌入式设备上，便于修改根文件系统内容。

Flash 文件系统有多种类型，其中常见的有 jffs2、yaffs2、ubifs 和 cramfs 等。jffs2 是一种基于哈希表的日志型文件系统，主要用于 NOR 型闪存。它具有可读写、支持数据压缩、提供崩溃/掉电安全保护和写平衡等优点。然而，当文件系统已满或接近满时，它的运行速度会显著降低。yaffs/yaffs2 是一种专为嵌入式系统使用 NAND 型闪存而设计的日志型文件系统。它自带 NAND 芯片的驱动，并提供了 API 以直接访问文件系统。ubifs 文件系统则适用于固态硬盘存储设备，并且相对于 yaffs/yaffs2 和 jffs2 文件系统而言，ubifs 的设计和性能更适合于 MLCNAND FLASH。cramfs 文件系统是一种只读的压缩文件系统，其压缩比高达 2∶1。使用 cramfs 可以降低嵌入式系统的成本，因为相同的文件可以用更低容量的 Flash 设备存储。

3. 嵌入式文件系统制作工具 Busybox 简介

有多种方法可以定制根文件系统，其中最常用的方法是使用 Busybox 进行构建。Busybox 能够快速方便地建立一套相对完整且功能丰富的文件系统，包括大量常用的应用程序。

Busybox 将许多常用的 UNIX 命令和工具集成到一个单独的可执行程序中。它压缩了 Linux 的许多工具和命令。虽然相较于相应的 GNU 工具，Busybox 提供的功能和参数略少，但在较小的系统或嵌入式系统中，这些已经足够使用。

使用 Busybox 构建根文件系统时，需要在/dev 目录下创建必要的设备节点，并在/etc 目录下增加相应的配置文件。如果 Busybox 使用动态链接，则还需要在/lib 目录下包含相关的库文件。

1）制作 Linux 根文件系统

（1）建立根文件系统目录（rootfs）。在宿主开发机上建立 rootfs 目录及其子目录,具体的命令如下：

$ mkdir /home/felix/rootfs $ cd /homelfelix/rootfs

$ mkdir root home bin sbin etc dev usr lib tmp mnt sys proc $ mkdir usr/lib usr/bin

（2）从 Busybox 官网 https:l/busybox. net/downloads/下载 Busybox 源代码并解压。下载和解压 Busybox 源码的如下命令：

$ mkdir /home/felix/Busybox $ cd /homelfelix/Busybox

$ wget https://busybox.net/downloads/busybox- 1.25.0.tar.bz2

$ tar - jx vf busybox- 1.25.0.tar.bz2

（3）Busybox 的配置和编译。执行如下命令进入 Busybox 配置界面：

$ make distclean

$ make defconfig

$ make menuconfig ARCH= arm

弹出配置界面如图 4-10 所示。

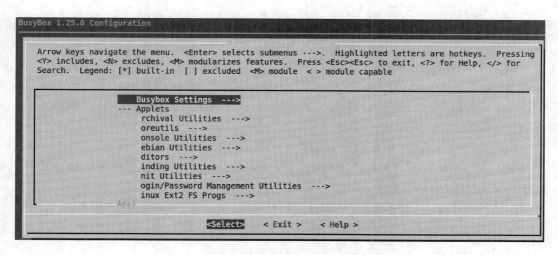

图 4-10 Busybox 配置界面

在配置界面进行相应的配置。相关的配置如下：

（1）选择"Busybox Settings"→"Build Options"→选中[*]Build Busybox as a static binary（no shared libs）；Cross Compiler prefix 配置为 arm-linux-gnueabi-（指定交叉编译器）。

（2）选择"Busybox Settings"→"Installation Options"→"Busybox installation prefix"（在里面输入 Busybox 的安装目录,保存在/home/felix/rootfs 下）；

（3）选择"Busybox Settings"→选中[*] Don't use /usr 。

配置完成后按照提示保存并退出。执行如下命令编译和安装 Busybox：

```
$ make
$ make install
```

（4）将 Busybox 源码 etc 目录下的所有文件拷贝到/homelfelix/rootfs/etc 目录下，具体命令如下：

```
$ cp - raf /home/felix/busybox- 1.25.0/examples/bootfloppyletc/*   /
homelfelix/- rootfs/etc
```

（5）修改配置文件。

（6）添加 dev 目录下的设备文件。dev 目录下必须有 console 和 null 这两个设备文件，使用 mknod 来创建这两个设备文件：

```
$ sudo mknod - m 666 console c 5 l
$ sudo mknod - m 666 null c 1 3
```

完成上面 6 个步骤后，就将制作好的 Linux 根文件系统放在 rootfs 目录中。

2）制作 Ramdisk 文件系统

在上一节建立好的 Linux 根文件系统上制作 Ramdisk 文件系统。整个 Ramdisk 文件系统制作过程可以使用 mk_ramdisk.sh 脚本来完成，mk_ramdisk.sh 脚本代码内容如下：

```
# ! /bin/bash- rm - rf ramdisk* .
sudo dd if= /dev/zero of- amdisk bs= 1k count= 8192,sudo mkfs.ext4 - F
ramdisk.
sudo mkdir - p ./initrd
sudo mount - t ext4 ramdisk ./initrdsudo cp rootfs/*  ./initrd - raf
sudo mknod initrd/dev/console c 5 1usudo mknod initrd/dev/nul1l c 1
3usudo umount ./initrd.
sudo gzip - - best - c ramdisk >  ramdisk.gZ+
sudo mkimage - n "ramdisk" - A arm - O linux - T ramdisk - C gzip -
dramdisk.gz ramdisk.imgu
```

把 mk_ramdisk.sh 脚本放在/homelfelix/目录下，执行如下命令执行该脚本：

```
$ cd /home/felix/
$ chmod 755 mk_ramdisk.sh$ ./mk_ramdisk.sh
```

脚本执行完最后生成的 ramdisk.img 就是需要的 Ramdisk 文件系统。

4.3　嵌入式通信接口设计

4.3.1　通信接口基本概念

随着大规模集成电路技术的快速发展，特别是单片微控制器（MCU）技术的进步，许多芯片在制造时已经能够将部分接口电路和总线集成到 MCU 内部，这也适用于嵌入式操作系统的设计。嵌入式系统的板上通信接口是指将各种集成电路与其他外围设备交互连接的通信通路或总线,如 UART 总线、SPI 总线、I2C 总线、GPIO 等。在介绍各种通信接口之前,首先要了解串行通信的基础知识。

1. 串行通信与并行通信

首先,串行通信和并行通信是相对的数据传输方式。串行通信是指通过一条数据线,将数据一位一位地依次传输,每一位数据占据一个固定的时间长度。并行通信则是指将数据的每一位同时在多根数据线上发送或接收,可以字或字节为单位并行进行。

当传输 1 字节信息时,由于并行通信有 8 根信号线实现同时传输,所以速度快,但用的通信线多、成本高,不宜进行远距离通信。相反,串行通信效率较低,但对信号线路要求低,抗干扰能力强,同时成本也相对较低,因此一般用于计算机与计算机、计算机与外设之间的远距离通信。

2. 同步通信与异步通信

为了确保数据的正确发送和接收,无论是同步通信还是异步通信,在设备之间传输数据时都需要"同步",使接收方可以确定何时开始或结束发送数据以及每个数据单位的开始和结束位置,以便在正确的时间采样数据并接收正确的数据。根据同步方式的不同,同步信号的方法可以分为同步通信和异步通信两种。

同步通信是一种连续串行传送数据的通信方式(见图 4-11(a)),每次通信只传送一帧信息,其中包含许多字符。每个信息帧以同步字符作为开始,通常将同步字符和空字符用相同的代码表示。

异步通信是一种常用的通信方式,字符之间的时间间隔可以是任意的,如图 4-11(b)所示。发送端可以在任意时刻开始发送字符,因此必须在每个字符的开始和结束位置添加标志,即开始位和停止位,以便接收端确定数据发送的开始和结束时间以及数据单位的持续时间,并正确接收每个字符。

例如,在异步串行通信中,发送和接收双方必须确定停止位、数据位的数量、波特率的大小以及是否采用奇偶校验位等信息。接收端可以根据这些信息推测出准确的数据采样时间以接收正确的数据。与此不同的是,同步通信不需要额外的用于同步的数据位(如开始位、停止位、奇偶校验位)。

同步通信要求接收端时钟频率和发送端时钟频率一致,发送端发送连续的比特流,效率较高;而异步通信则没有这个要求,因此效率较低。同步通信较为复杂,双方时钟的允许误差较小;异步通信则相对简单,双方时钟可允许一定的误差。同步通信适用于点对多点通信,而异步通信仅适用于点对点通信,如图 4-11(c)(d)所示。

3. 单工、半双工、全双工

在网络传输中,数据的传输方式可以分为三种:单工通信、半双工通信和全双工通信,如图 4-12 所示。单工通信只支持数据在一个方向上传输,不能实现双向通信。在同一时间,只有一方能够发送或接收信息。半双工通信允许数据在两个方向上传输,但是在某一时刻,只允许数据在一个方向上传输。因此,它实际上是一种可以切换方向的单工通信。全双工通信允许数据同时在两个方向上传输,要求发送设备和接收设备都有独立的接收和发送能力。因此,全双工通信是两个单工通信方式的结合。

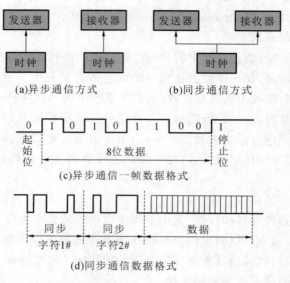

图 4-11　异步通信与同步通信方式及数据格式

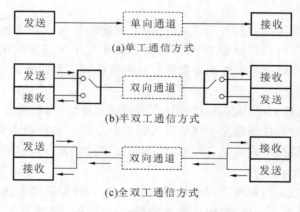

图 4-12　数据的三种传输方式

4.3.2　常用接口介绍

1. UART 串口

串行接口,通常被称为 COM 接口,是指一种数据一个一个的顺序传输的通信方式,因此通信线路相对简单。串口端口是异步的,这意味着在数据传输过程中不需要传输时钟相关的数据。当两个设备使用串口通信时,它们必须先约定一个数据传输速率。此外,这两个设备的时钟频率必须与传输速率保持相近,否则会导致数据传输混乱。

UART 是串口的一种,其工作原理是将数据一位一位地传输,发送和接收各使用一条线。因此,通过 UART 接口与外界相连至少需要三条线:TXD(发送)、RXD(接收)和 GND

（地线）。可以将 UART 理解为一种只需要一条总线即可完成数据传输的串口，连接方式如图 4-13 所示。

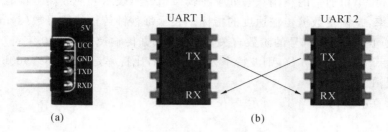

图 4-13　UART 硬件连接

VCC 用于提供设备的电源，如果设备已有电源，可以省略。TX 表示 CPU 发送数据给设备，对应接收设备的 RX；RX 表示 CPU 接收设备的数据，对应接收设备的 TX；GND 表示地线。

UART 作为异步串口通信协议的一种，工作原理是将传输数据的每个字符一位接一位地传输。串口通信协议还有很多其他的，详细可以看串行总线协议。

UART 协议定义，如图 4-14 所示。

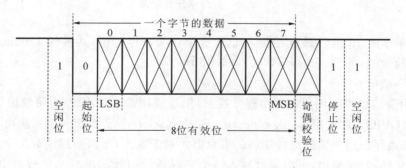

图 4-14　UART 协议定义

其中各位的意义如下：

（1）起始位：在串口通信开始传输字符之前，会先发送一个逻辑"0"的信号，表示传输字符的开始。

（2）数据位：紧接着起始位之后，是由 4、5、6、7、8 等位组成的一个字符。通常采用 ASCII 码表示字符，数据位从最低位开始传输，时钟负责定位。

（3）奇偶校验位：将数据位加上这一位后，使得"1"的位数应该是偶数（偶校验）或奇数（奇校验），以此来检验数据传输的正确性。

（4）停止位：它是一个字符数据的终止标志。可以是 1 位、1.5 位或 2 位的高电平。由于数据是在传输线上定时的，并且每个设备都有自己的时钟，很可能在通信中两台设备之间出现微小的不同步。因此，停止位不仅表示传输结束，还提供了计算机校正时钟同步的机会。适用于停止位的位数越多,不同时间同步的容忍程度越大,但数据传输率越慢。

(5) 空闲位:串口通信的空闲状态处于逻辑"1"状态,表示当前线路上没有数据传输。

(6) 波特率:是衡量数据传输速度的指标。表示每秒钟传输的符号数(symbol),一个符号代表的位数(比特数)与符号的阶数有关。例如,数据传输速率为 120 字符/秒,传输使用 256 阶符号,每个符号代表 8 位,则波特率为 120baud,比特率是 120×8=960bit/s。这两个概念很容易混淆。

波特率计算示例,如图 4-15 所示。

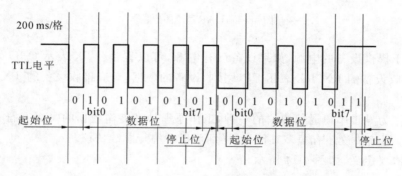

图 4-15 波特率计算示例

第一个字节的 10 位(1 位起始位,8 位数据位和 1 位停止位)共占约 1.05ms,这样计算出其波特率约为:10bit/1.05ms×1000≈9600bit/s。

2) GPIO 端口

GPIO 引脚可以根据用户需要由程序控制,用于通用输入(GPI)、通用输出(GPO)或通用输入输出(GPIO),例如用作 clk generator 和 chip select 等。由于一个引脚可以用于多种功能,因此必然存在用于选择这些功能的寄存器。对于输入,可以通过读取某个寄存器确定引脚电位的高低;对于输出,可以通过写入某个寄存器让引脚输出高电位或低电位;对于其他特殊功能,则有另外的寄存器来控制。在 STM32 芯片中,GPIO 引脚与外部设备连接,可用于实现与外部通信、控制以及数据采集等功能。最基本的应用是点亮 LED 灯,只需通过软件控制 GPIO 输出高低电平即可。此外,GPIO 还可作为输入控制,例如在引脚上接入一个按键,通过电平的高低判断按键是否按下。在 STM32F103xC、STM32F103xD 和 STM32F103xE 等型号的芯片中,有 144 个引脚。

但并不是所有的引脚都是 GPIO,STM32 引脚可以分为以下几大类:

(1) 电源引脚:引脚图中的 V_{DD}、V_{SS}、$V_{REF}+$、$V_{REF}-$、V_{SSA}、V_{DDA} 等都属于电源引脚。

(2) 晶振引脚:引脚图中的 PC14、PC15 和 OSC_IN、OSC_OUT 都属于晶振引脚,不过它们还可以作为普通引脚使用。

(3) 复位引脚:引脚图中的 NRST 属于复位引脚,不做其他功能使用。

(4) 下载引脚:引脚图中的 PA13、PA14、PA15、PB3 和 PB4 属于 JTAG 或 SW 下载引脚。不过它们还可以作为普通引脚或者特殊功能使用,具体的功能可以查看芯片数据手册,里面都会有附加功能说明。当然,STM32 的串口功能引脚也可以作为下载引脚使用。

（5）BOOT 引脚:引脚图中的 BOOT0 和 PB2（BOOT1）属于 BOOT 引脚,PB2 还可以作为普通管脚使用。在 STM32 启动中会有模式选择,其中就是依靠着 BOOT0 和 BOOT1 的电平来决定。

（6）GPIO 引脚:引脚图中的 PA、PB、PC、PD 等均属于 GPIO 引脚。从引脚图中可以看出,GPIO 占用了 STM32 芯片大部分的引脚。并且每一个端口都有 16 个引脚,比如 PA 端口,它有 PA0～PA15。其他的 PB、PC 等端口是一样的。

对于这么多 GPIO 引脚,可以查阅 STM32 芯片数据手册获取具体某个引脚的功能信息,如图 4-16 所示。

Pinouts and pin descriptions　　　　　　　　　　　　　　　STM32F103×C, STM32F103×D, STM32F103×E

Table 5.　　　High-density STM32F103xx pin definitions

Pins						Pin name	Type[1]	I/O Level[2]	Main function[3] (after reset)	Alternate functions	
BGA144	BGA100	WLCSP64	LQFP64	LQFP100	LQFP144					Default	Remap
A3	A3	-	-	1	1	PE2	I/O	FT	PE2	TRACECK/FSMC_A23	
A2	B3	-	-	2	2	PE3	I/O	FT	PE3	TRACED0/FSMC_A19	
B2	C3	-	-	3	3	PE4	I/O	FT	PE4	TRACED1/FSMC_A20	
B3	D3	-	-	4	4	PE5	I/O	FT	PE5	TRACED2/FSMC_A21	
B4	E3	-	-	5	5	PE6	I/O	FT	PE6	TRACED3/FSMC_A22	
C2	B2	C6	1	6	6	V_{BAT}	S		V_{BAT}		
A1	A2	C8	2	7	7	PC13-TAMPER-RTC[4]	I/O		PC13[5]	TAMPER-RTC	
B1	A1	B8	3	8	8	PC14-OSC32_IN[4]	I/O		PC14[5]	OSC32_IN	
C1	B1	B7	4	9	9	PC15-OSC32_OUT[4]	I/O		PC15[5]	OSC32_OUT	
C3	-	-	-	10	PF0	I/O	FT	PF0	FSMC_A0	
C4	-	-	-	11	PF1	I/O	FT	PF1	FSMC_A1	
D4	-	-	-	12	PF2	I/O	FT	PF2	FSMC_A2	
E2	-	-	-	13	PF3	I/O	FT	PF3	FSMC_A3	
E3	-	-	-	14	PF4	I/O	FT	PF4	FSMC_A4	
E4	-	-	-	15	PF5	I/O	FT	PF5	FSMC_A5	
D2	C2	-	-	10	16	V_{SS_5}	S		V_{SS_5}		
D3	D2	-	-	11	17	V_{DD_5}	S		V_{DD_5}		
F3	-	-	-	18	PF6	I/O		PF6	ADC3_IN4/FSMC_NDRD	
F2	-	-	-	19	PF7	I/O		PF7	ADC3_IN5/FSMC_NREG	

图 4-16　STM32 芯片数据手册截图

3）I2C 总线

I2C 总线是由 Philips 公司开发的两线式串行总线,旨在连接微控制器及其 0 外围设备。该总线简单、有效,占用较少 PCB 空间,且设计成本低,因为它使用的是双向数据线 SDA 和时钟线 SCL,且要求连接到总线的输出端必须是开漏输出或集电极开路输出的结构,以避免总线信号混乱。I2C 总线支持多主控模式,主设备能够控制数据的传输和时钟频率,但任意时刻只能有一个主设备控制总线。

总线上的两个信号分别是数据线 SDA 和时钟线 SCL。当总线空闲时,它们都保持高电平。由于开漏输出或集电极开路输出信号的"线与"逻辑,任意设备输出低电平都会使相应总线上的信号线变低。I2C 设备上的 SDA 接口电路是双向的,输出电路用于向总线发送数据,输入电路用于接收总线上的数据。时钟线 SCL 同样是双向的,作为控制总线数据传送的主设备需要通过输出电路发送时钟信号,并检测总线上 SCL 上的电平以决定什么时候发送下一个时钟脉冲电平。而作为接收主设备的从设备,则需按总线上 SCL 的信号发送或接收 SDA 上的信号,它也可以向 SCL 线发出低电平信号以延长总线时钟信号周期。

当 SCL 稳定在高电平时,SDA 由高到低的变化将产生一个开始位,而由低到高的变化则产生一个停止位,如图 4-17 所示。

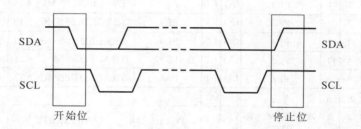

图 4-17　I2C 总线开始位和停止位

开始位和停止位都由 I2C 主设备产生。在选择从设备时,如果从设备采用 7 位地址,则主设备在发起传输过程前,需先发送 1 字节的地址信息,前 7 位为设备地址,最后 1 位为读写标志。之后,每次传输的数据也是 1 个字节,从 MSB 位开始传输。每个字节传完后,在 SCL 的第 9 个上升沿到来之前,接收方应该发出 1 个 ACK 位。SCL 上的时钟脉冲由 I2C 主控方发出,在第 8 个时钟周期之后,主控方应该释放 SDA,I2C 总线的时序如图 4-18 所示。

4）SPI 总线

SPI 代表串行外设接口,是一种高速、全双工的同步通信总线,用于连接一个或多个从设备到一个主设备。SPI 由 Motorola 公司推出,具有比 I2C 更高的时钟频率,可以达到数百 MHz。通常,SPI 需要 4 条线,其中一条是片选信号线(CS/SS),用于选择要进行通信的从设备。SPI 还包括串行时钟线(SCK),主出从入信号线(MOSI/SDO)和主入从出信号线(MISO/SDI)。SPI 的主设备发起通信,提供时钟信号,并通过片选信号选择要通信的从设备。主出从入信号线只能用于主设备向从设备发送数据,而主入从出信号线只

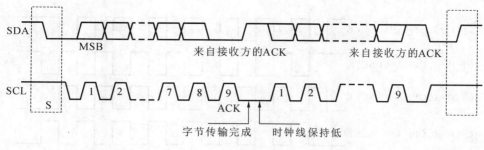

图 4-18　I2C 总线时序

能用于从设备向主设备发送数据。图 4-19 显示了连接多个从设备到一个主设备的 SPI 线结构。

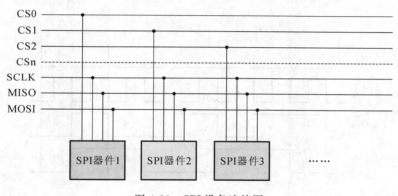

图 4-19　SPI 设备连接图

　　SPI 有四种工作模式,通过串行时钟极性(CPOL)和相位(CPHA)的搭配来得到四种工作模式:

　　(1) CPOL=0,串行时钟空闲状态为低电平。

　　(2) CPOL=1,串行时钟空闲状态为高电平,此时可以通过配置时钟相位(CPHA)来选择具体的传输协议。

　　(3) CPHA=0,串行时钟的第一个跳变沿(上升沿或下降沿)采集数据。

　　(4) CPHA=1,串行时钟的第二个跳变沿(上升沿或下降沿)采集数据。

　　这四种工作模式如图 4-20 所示。

　　跟 I2C 一样,SPI 也是有时序图的,以 CPOL=0,CPHA=0 这个工作模式为例,SPI 进行全双工通信的时序如图 4-21 所示。

　　从图 4-21 中可以看出,SPI 的时序图很简单,不像 I2C 那样还要分为读时序和写时序,因为 SPI 是全双工的,所以读写时序可以一起完成。在图 4-21 中,CS 片选信号先拉低,选中要通信的从设备,然后通过 MOSI 和 MISO 这两根数据线收发数据,MOSI 数据线发出了 0XD2 这个数据给从设备,同时从设备也通过 MISO 线给主设备返回了 0X66 这

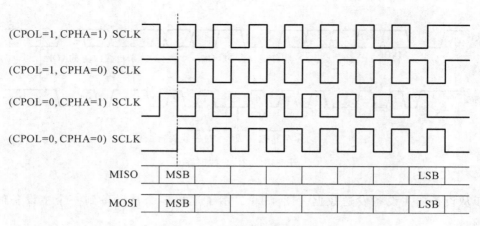

图 4-20 SPI 四种工作模式

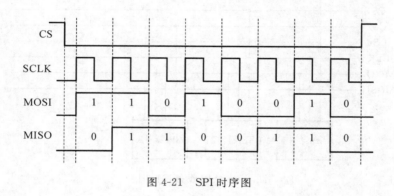

图 4-21 SPI 时序图

个数据。

5. USB

USB 是英文"Universal Serial Bus"(通用串行总线)的缩写,是一种用于规范电脑与外部设备连接和通信的外部总线标准,广泛应用于个人电脑领域。USB 接口支持即插即用和热插拔功能,可随时连接和断开外部设备。USB 标准于 1994 年由英特尔、康柏、IBM、Microsoft 等多家公司联合提出。一条 USB 传输线由地线、电源线、D+和 D-四条线构成,其中 D+和 D-是差分输入线,使用 3.3V 电压,电源线和地线可向设备提供 5V 电压,最大电流为 500mA(可通过编程设置)。

6. CAN 总线

CAN 是"Controller Area Network"的缩写,即控制器局域网络。CAN 是 BOSCH 公司开发的,其相应参数规范最终成为国际标准(ISO 11898),是国际上应用最广泛的现场总线之一。在北美和西欧,CAN 总线协议已经成为汽车计算机控制系统和嵌入式工业控制局域网的标准总线,并且拥有以 CAN 为底层协议专为大型货车和重工机械车辆设计的 J1939 协议,如图4-22所示。

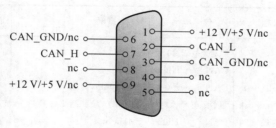

图 4-22　CAN 总线

CAN 总线采用双绞线串行通信方式,具有较强的检错能力,更适合于汽车传输数据使用。相较于其他传输方式,CAN 总线具有实时性强、传输速度快、成本低等优点。CAN 是多主机工作方式,不分主从,通信方式灵活,使得数据可以多路传输并由软件控制,从而提高了汽车总线的传输效率。此外,CAN 总线抗干扰能力强,可避免汽车多线束之间的互相干扰,同时无需点对点连接,完美解决了汽车布线问题。

7. 以太网

以太网(Ethernet)是目前局域网中最通用的一种通信总线标准,组建于 20 世纪 70 年代早期。在以太网中,所有通信节点被连接在一条电线上,采用 CSMA/CD(载波监听/冲突检测)的访问方法和竞争机制;在星型或总线型配置结构中,集线器/交换机/网桥通过电缆使得各通信节点彼此之间相互连接。

遵循 IEEE802.3 系列标准规范,具体如下:

(1) IEEE802.3:定义十兆以太网(10Base Ethernet,通信速率 10Mbit/s)通信标准;

(2) IEEE802.3u:定义快速以太网(Fast Ethernet,通信速率 100Mbit/s)通信标准;

(3) IEEE802.3z:定义吉比特以太网(Gigabit Ethernet,通信速率 1000Mbit/s)通信标准;

(4) IEEE802.3ae:定义十吉比特以太网(10Gigabit Ethernet,通信速率 10Gbit/s)通信标准。

8. 不同通信接口的选择与比较

不同通信接口各有其特点,总结见表 4-3。

表 4-3　不同通信接口比较

接口	总线	名称	信号电平	速度	同步/异步 串口/并口	通信距离	通信 方向	总线 设备数
RS232	TX	异步传输标准 接口协议	逻辑 1(MARK) =−3V～−15V 逻辑 0(SPACE) =+3～+15V	20Kbps	异步串行	25 米以内	全双工	点对点
RS232	RX	异步传输标准 接口协议	逻辑 1(MARK) =−3V～−15V 逻辑 0(SPACE) =+3～+15V	20Kbps	异步串行	25 米以内	全双工	点对点
RS232	GND	异步传输标准 接口协议	逻辑 1(MARK) =−3V～−15V 逻辑 0(SPACE) =+3～+15V	20Kbps	异步串行	25 米以内	全双工	点对点
RS485	A		逻辑 1=+2～ +6V 逻辑 0=−6～ +2V	10Mbps	异步串行	<1.5km	半双工	32 台驱动 器 和 32 台接收器
RS485	B		逻辑 1=+2～ +6V 逻辑 0=−6～ +2V	10Mbps	异步串行	<1.5km	半双工	32 台驱动 器 和 32 台接收器

续表

接口	总线	名称	信号电平	速度	同步/异步 串口/并口	通信距离	通信 方向	总线 设备数
CAN	CAN-H CAN-L	Controller Area Network 控制器局域网	隐性(逻辑1)= CAN_High-CAN_Low=0V 显性(逻辑0)= CAN_High-CAN_Low>2.5V	最远10km,传输速率最高1MHz bps	异步	10km/5Kbps	半双工	最多可达110个
I2C	数据线SDA 时钟线SCL	Inter-Integrated Circuit(集成电路总线)	逻辑0:IO接在GND上是低电平 逻辑1:IO被拉高或者位低	取决于时钟线上(SCL)的时钟频率,标准100Kbit/s,快速400Kbit/s,高速3.4Mbit/s	同步	板间通信	半双工	多主机
SPI	SCLK时钟信号 MOSI主机输出/从机输入 MISO主机输入/从机输出 CS使能信号	串行外设接口(Serial Peripheral Interface)	3.3V和5V逻辑的触发点(VOL、VIL、VIH、VOH)相互匹配	取决于时钟线上(SCL)的时钟频率,通常受硬件限制	同步串行	板间通信	全双工	单主多从
TTL	TX RX GND	晶体管-晶体管逻辑电平	输出L:<0.8V;H:>2.4V 输入L:<1.2V;H:>2.0V	逻辑高电平:1=Vcc 逻辑低电平:0=0V	异步串行	9600下TTL传输2米,一般15米,波特率低可更远	全双工	点对点
USB 2.0	红色VBUS 白色D- 绿色D+ 黑色GND	通用串行总线传输协议Universal Serial Bus	(4.75-5.25V) VBUS(4.5-5.25V)	High-speed:25Mbps~480Mbps	热插拔	5米	半双工	127个

根据不同的通信接口需求,应选择适当的接口。以下是选择总线的通用参考准则:

(1)评估使用不同串行总线在网络上连接各种器件的系统成本。

(2)如果在汽车中使用,应选择CAN总线。由于其鲁棒性强,因此具有较强的容错能力和传输可靠性。

(3)注意器件之间的距离,有些串行总线只支持短距离通信。

(4)确定将连接多少器件以及总线可能具有的容量。有些串行总线对连接的器件数目有限制。

118

（5）根据所需的效率、速度和可靠性确定最重要的性能。例如，对于安全关键系统来说，可靠性是非常重要的，因此 CAN 总线是一个更好的选择（例如汽车）。

以 GNSS/INS 组合导航系统为例，传感器、ARM 和外围接口系统构架如图 4-23 所示。

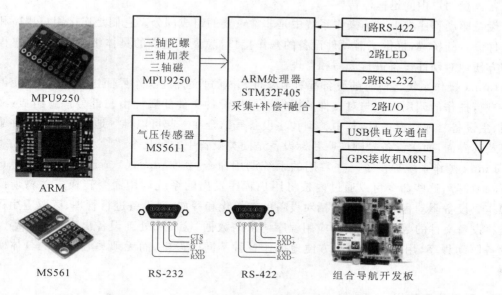

图 4-23　GNSS/INS 组合导航系统的传感器、ARM 和外围接口系统架构

4.4　嵌入式 Linux 驱动开发

4.4.1　驱动程序概述

Linux 及其他自由操作系统的优点之一是它们的内部实现细节对所有人来说都是公开的。过去，操作系统的代码仅掌握在少数程序员手中。但现在，只要具备必要的技术能力，任何人都可以轻松验证、理解和修改操作系统。Linux 在让操作系统民主化的进程中扮演了重要角色。虽然 Linux 内核由大量复杂的代码组成，但对于那些希望成为内核黑客的人来说，设备驱动程序通常是进入 Linux 内核世界的大门。在 Linux 内核中，设备驱动程序扮演着特殊的角色，它们是一个个独立的"黑盒子"，通过定义良好的内部编程接口使特定的硬件响应，这些接口完全隐藏了设备的工作细节，用户通过一组标准化的调用执行操作，而这些调用独立于特定的驱动程序。设备驱动程序的任务是将这些调用映射到作用于实际硬件的设备特有操作上。由于这种编程接口能够使驱动程序独立于内核的其他部分而建立，并在必要运行时"插入"内核，这种模块化的特点使得 Linux 驱动程序的编写非常简单，因此内核驱动程序的数量也迅速增长，目前已有成百上千个驱动程序可用。

对 Linux 驱动程序的编写如此吸引人的原因有很多。首先，仅新硬件问世（或过时）的速度就会使驱动程序编写人员面临很多任务;其次,个人用户可能需要了解一些驱动程序知识才能访问设备,另外,硬件厂商通过提供 Linux 驱动程序为自己的产品带来数目庞大且日益增长的潜在用户群;最后,Linux 系统是开源的,如果驱动程序作者愿意,驱动程序源码就可以在大量用户中间迅速流传。

设备驱动程序在 Linux 操作系统中是非常重要的组成部分。它们是连接用户程序和底层硬件设备的桥梁,提供了对硬件设备的操作接口,隐藏了硬件的具体细节,使得用户程序能够方便地对硬件设备进行读写和管理。

Linux 操作系统将所有的设备都看成文件,并通过文件的操作界面进行操作,这使得对设备进行操作的调用格式与对文件的操作类似。设备文件的属性由三部分信息组成:文件类型、主设备号和次设备号,其中类型和主设备号结合在一起可以唯一地确定设备文件驱动程序及其界面,而次设备号则说明目标设备是同类设备中的第几个。

Linux 操作系统提供了一些常用的系统调用命令,例如 open()、read()、write()、ioctl()、close()等,这些命令可以通过内核将用户程序发出的系统调用命令转换成对物理设备的操作。设备驱动程序的任务包括对设备的初始化和释放、对设备进行管理、读取应用程序传送给设备文件的数据或者回送应用程序请求的数据、检测和处理设备出现的错误等。通过设备驱动程序,用户程序可以方便地操作各种不同的设备,而无须关心设备的具体实现细节。

4.4.2　驱动程序作用

驱动程序是一种软件代码,它的主要作用是在计算机系统与硬件设备之间实现数据传输,从而实现特定的功能。只有借助驱动程序,操作系统和硬件设备才能进行通信和完成特定的任务。驱动程序充当了操作系统与硬件设备之间的媒介,能够实现双向传达,即将硬件设备本身具有的功能传达给操作系统,同时也将操作系统的标准指令传达给硬件设备,从而实现两者之间的无缝连接。

随着电子技术的快速发展,电脑硬件的性能越来越强大。驱动程序是直接工作在各种硬件设备上的软件,能够"驱动"各种硬件设备正常运行,实现既定的工作效果。

硬件设备缺少驱动程序时,即使硬件本身性能非常强大,也无法根据软件发出的指令进行工作。这时,驱动程序就像古人所说的"东风",扮演着举足轻重的角色。因此,驱动程序在电脑使用中起着重要的作用。

理论上,所有的硬件设备都需要安装相应的驱动程序才能正常工作。但是,像 CPU、内存、主板、软驱、键盘、显示器等设备在不安装驱动程序的情况下也可以正常工作。这些硬件被列为 BIOS 能直接支持的硬件,也就是说,它们安装后就可以被 BIOS 和操作系统直接支持,不需要再安装驱动程序。从这个角度来看,BIOS 也是一种驱动程序。然而,对于其他硬件设备,例如显卡、声卡、网卡等,必须要安装驱动程序才能正常工作。

需要注意的是,并非所有的驱动程序都是直接对实际的硬件进行操作的。有些驱动程序只是辅助系统的运行,如 Android 中的一些驱动程序只提供辅助操作系统的功能,这些驱动程序并不是 Linux 系统的标准驱动,例如 ashmen、binder 等。

4.4.3 驱动程序开发

由于嵌入式设备的硬件种类多种多样,因此默认的内核发布版可能不包含所有设备的驱动程序。因此,在进行嵌入式 Linux 系统开发时,编写各种设备的驱动程序是非常重要的工作。除非系统不使用操作系统,程序直接操纵硬件,否则开发嵌入式 Linux 系统驱动程序与普通 Linux 开发没有区别。可以在硬件生产厂家或者 Internet 上寻找驱动程序,也可以根据相近的硬件驱动程序来改写,从而加快开发速度。实现一个嵌入式 Linux 设备驱动的大致流程如下:

(1) 查看原理图,理解设备的工作原理。一般情况下,嵌入式处理器的生产商提供参考电路,也可以根据需要自行设计电路。

(2) 定义设备号。设备是由一个主设备号和一个次设备号来标识的。主设备号唯一标识设备类型,即设备驱动程序类型,它是块设备表或字符设备表中设备表项的索引。次设备号仅由设备驱动程序解释,区分被一个设备驱动控制下的某个独立的设备。

(3) 实现初始化函数。在驱动程序中实现驱动的注册和卸载。

(4) 设计所要实现的文件操作,定义 file_operations 结构。

(5) 实现所需的文件操作调用,如 read、write 等。

(6) 实现中断服务,并使用 request_irq 向内核注册,中断并不是每个设备驱动所必需的。

(7) 编译该驱动程序到内核中,或者使用 insmod 命令加载模块。

(8) 测试该设备,并编写应用程序对驱动程序进行测试。

4.4.4 驱动开发基本函数

1. I/O 口函数

无论驱动程序有多复杂,最终它所做的就是向某个端口或寄存器位写入一个二进制的 0 或 1。这个端口就是 I/O 口,而不同于中断和内存,使用一个未申请的 I/O 端口不会导致处理器异常,也不会出现类似"segmentation fault"的错误。然而,由于任何进程都可以访问任何 I/O 端口,因此系统无法确保对 I/O 端口的操作不会冲突,甚至可能导致系统崩溃。因此,在使用 I/O 端口之前,必须检查该端口是否已被其他程序使用。如果未被使用,应将该端口标记为正在使用,并在使用完成后释放它。

为此,可以使用如下几个函数:

(1) check_region(unsigned int from,unsigned int extent):检查 I/O 端口是否空闲,返回值为 0 表示空闲,非 0 表示正在使用;

(2) request_region(unsigned int from,unsigned int extent,const char * name):申请 I/O 端口,from 为起始地址,extent 为端口数量,name 为设备名称,将显示在/proc/ioports 文件中;

(3) release_region(unsigned int from,unsigned int extent):释放已使用的 I/O 端口,from 为起始地址,extent 为端口数量。

在申请了 I/O 端口之后,可以使用 asm/io.h 中的以下函数来访问 I/O 端口:

（1）inb(unsigned short port)：读取一个字节的数据，并返回；

（2）inb_p(unsigned short port)：读取一个字节的数据，插入一定的延迟以适应某些低速 I/O 端口，并返回；

（3）outb(char value,unsigned short port)：将一个字节的数据写入端口；

（4）outb_p(char value,unsigned short port)：将一个字节的数据写入端口，插入一定的延迟以适应某些低速 I/O 端口。

2. 时钟函数

在 Linux 设备驱动程序中，通常需要使用计时机制来实现定时操作。Linux 系统会接管时钟，设备驱动程序可以向系统申请时钟，并与时钟有关的系统调用包括：add_timer()、del_timer() 和 init_timer()。在这些系统调用中，使用的结构体是 timer_list。该结构体定义了定时器的属性，如执行时间 expires，数据 data 和处理函数 function。系统核心维护一个全局变量 jiffies，用于表示当前时间，add_timer() 调用时，jiffies 被初始化为 JIFFIES+num，表示 num 个系统最小时间间隔后将执行 function 函数。系统最小时间间隔的数目与所用的硬件平台有关，在核心里定义了常数 HZ，表示一秒内最小时间间隔的数目。因此，num * HZ 表示 num 秒。当系统计时到预定时间时，会调用 function 函数，并将该定时器从定时队列中删除。需要注意的是，如果想要每隔一定时间间隔执行一次定时器操作，就必须在 function 函数中再次调用 add_timer()。在调用 function 函数时，可以将 timer_list 中的 data 作为参数传递进去。

3. 内存操作函数

作为系统核心的一部分，设备驱动程序在申请和释放内存时不是调用 malloc 和 free，而代之以调用 kmalloc 和 kfree，它们在 linux/kernel.h 中被定义为：

```
void *  kmalloc(unsigned int len, int priority);
void kfree(void *  obj);
```

参数 len 为希望申请的字节数，obj 为要释放的内存指针，priority 为分配内存操作的优先级，即在没有足够空闲内存时如何操作，一般由取值 GFP_KERNEL 解决即可。

4. 复制函数

在用户程序调用 read、write 时，进程的运行状态由用户态变为核心态，地址空间也因此变为核心地址空间。由于 read、write 中参数 buf 是指向用户程序的私有地址空间的，所以不能直接访问，必须通过下面两个系统函数来访问用户程序的私有地址空间。

```
# include < asm/segment.h>
void memcpy_fromfs(void *  to,const void * from,unsigned long n);
void memcpy_tofs(void *  to,const void * from,unsigned long n);
```

memcpy_fromfs 由用户程序地址空间往核心地址空间复制，memcpy_tofs 则反之。参数 to 为复制的目的指针，from 为源指针，n 为要复制的字节数。

在设备驱动程序里，可以调用 printk 来打印一些调试信息，printk 的用法与 printf 类似。printk 打印的信息不仅出现在屏幕上，同时还记录在文件 syslog 里。

4.4.5　常用设备驱动开发

Linux 将存储器和外设分为三个基础大类:字符设备、块设备和网络设备。

字符设备指那些必须按照顺序依次进行访问的设备,例如触摸屏、磁带驱动器和鼠标。块设备可以用任意顺序进行访问,以块为单位进行操作,例如硬盘和软驱。字符设备不经过系统的快速缓存,而块设备经过系统的快速缓存。但是,字符设备和块设备并没有明显的界限。例如,Flash 设备符合块设备的特点,可以将其作为字符设备进行访问。字符设备和块设备的驱动设计呈现出很大的差异,但是对于用户而言,它们都使用文件系统的操作接口,例如 open()、close()、read()和 write()等进行访问。在 Linux 系统中,网络设备面向数据包的接收和发送而设计,它并不对应于文件系统的节点。内核与网络设备的通信方式和内核与字符设备、块设备的通信方式完全不同。

驱动程序针对的是存储器和外设(包括 CPU 内部集成的存储器和外设),而不是 CPU核心。由于大规模集成电路,特别是 MCU 技术的快速发展,现在许多芯片在制造时已经能够将部分接口电路和总线集成到 MCU 内部。例如,常见的点灯、按键、UART 串口、SPI 总线、I2C 总线、GPIO 端口等都是字符设备。这些设备的驱动程序称为字符设备驱动程序,而用于与外部设备连接的接口电路和总线称为"片内外设"。在整个 Linux 设备驱动的学习过程中,字符设备驱动程序是较基础的部分。本节将讲解 Linux 常用字符设备驱动开发,并解释主要组成部分的编程方法。

1. 字符设备驱动介绍

在详细的学习字符设备驱动架构之前,需要先简单了解一下 Linux 下的应用程序是如何调用驱动程序的,Linux 应用程序对驱动程序的调用如图 4-24 所示。

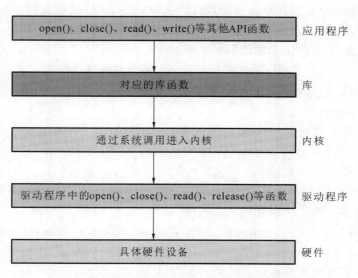

图 4-24　Linux 应用程序对驱动程序的调用流程

在 Linux 系统中,一切皆为文件,加载驱动成功后,在"/dev"目录下会生成一个相应的文件。应用程序可以通过对这个名为"/dev/xxx"的文件的操作来控制硬件设备。例如,如果有一个名为"/dev/led"的驱动文件,它是控制 LED 灯的驱动文件。应用程序使用 open函数打开/dev/led 文件,完成后使用 close 函数关闭此文件。open 和 close 函数是控制 led驱动的函数。如果要点亮或关闭 LED,使用 write 函数来向此驱动写入数据,这个数据是要关闭还是要打开 LED 的控制参数。如果要获取 LED 灯的状态,则可以使用 read 函数从驱动中读取相应的状态。

　　应用程序运行在用户空间,而 Linux 驱动程序运行在内核空间。在用户空间想要对内核进行操作时,如使用 open 函数打开/dev/led 驱动时,必须使用"系统调用"的方法从用户空间"陷入"到内核空间,以实现对底层驱动的操作。open、close、write 和 read 等这些函数由 C 库提供,在 Linux 系统中,系统调用是 C 库的一部分。调用 open 函数的流程如图 4-25所示。

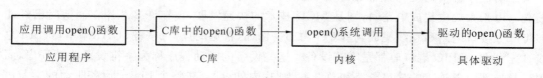

图 4-25　open 函数调用流程

　　其中需要重点关注的是应用程序和具体的驱动,应用程序使用到的函数在具体驱动程序中都有与之对应的函数,比如应用程序中调用了 open 这个函数,那么在驱动程序中也得有一个名为 open 的函数。每一个系统调用,在驱动中都有与之对应的一个驱动函数,在Linux 内核文件 include/linux/fs. h 中有个叫做 file_operations 的结构体,file_operations 结构体中的成员函数是字符设备驱动程序设计的主体内容,这些函数实际会在应用程序进行Linux 的 open()、write()、read()、close()等系统调用时最终被调用。file_operations 结构体目前已经比较庞大,它的定义如代码 4.1 所示:

代码 4.1　file_operations 结构体

```
1  struct file_operations {
2  struct module* owner;
3  /*  拥有该结构的模块的指针,一般为 THIS_MODULES * /
4  loff_t(* llseek)(struct file * , loff_t, int);
5  /*  用来修改文件当前的读写位置* /
6  ssize_t(* read)(struct file * , char _ _user * , size_t, loff_t* );
7  /*  从设备中同步读取数据 * /
8  ssize_t(* write)(struct file * , const char _ _user * , size_t, loff_t
* );
9  /*  向设备发送数据* /
10  ssize_t(* aio_read)(struct kiocb * , char _ _user * , size_t, loff_
t);
11  /*  初始化一个异步的读取操作* /
```

```
12  ssize_t(* aio_write)(struct kiocb * , const char __user * , size_t,
loff_t);
13  /* 初始化一个异步的写入操作 */
14  int(* readdir)(struct file * , void * , filldir_t);
15  /* 仅用于读取目录,对于设备文件,该字段为 NULL */
16  unsignedint(* poll)(struct file * , struct poll_table_struct* )
17  /* 轮询函数,判断目前是否可以进行非阻塞的读取或写入 */
18  int(* ioctl)(struct inode * , struct file * , unsigned int, unsigned
long);
19  /* 执行设备 I/O 控制命令 */
20   long(* unlocked_ioctl)(struct file * , unsigned int, unsigned
long);
21  /* 不使用 BLK 的文件系统,将使用此种函数指针代替 ioctl */
22  long(* compat_ioctl)(struct file * , unsigned int, unsigned long);
23  /* 在 64 位系统上,32 位的 ioctl 调用,将使用此函数指针代替 */
24  int(* mmap)(struct file * , struct vm_area_struct* );
25  /* 用于请求将设备内存映射到进程地址空间 */
26  int(* open)(struct inode * , struct file* );
27  /* 打开 */
28  int(* flush)(struct file* );
29  int(* release)(struct inode * , struct file* );
30  /* 关闭 */
31  int (* fsync) (struct file * , struct dentry * , int datasync);
32  /* 刷新待处理的数据 */
33  int(* aio_fsync)(struct kiocb * , int datasync);
34  /* 异步 fsync */
35  int(* fasync)(int, struct file * , int);
36  /* 通知设备 FASYNC 标志发生变化 */
37  int(* lock)(struct file * , int, struct file_lock* );
38  ssize_t(* sendpage)(struct file * , struct page * , int, size_t, loff
_t * , int);
39  /* 通常为 NULL */
40   unsignedlong(* get_unmapped_area)(struct file * , unsigned long,
unsigned long,
41  unsigned long, unsigned long);
42  /* 在当前进程地址空间找到一个未映射的内存段 */
43  int(* check_flags)(int);
44  /* 允许模块检查传递给 fcntl(F_SETEL...)调用的标志 */
```

```
45  int(* dir_notify)(struct file * filp, unsigned long arg);
46  /* 对文件系统有效,驱动程序不必实现* /
47  int(* flock)(struct file * , int, struct file_lock* );
48  ssize_t (* splice_write)(struct pipe_inode_info * , struct file * ,
loff_t * , size_t,
49  unsigned int); /* 由 VFS 调用,将管道数据粘接到文件 * /
50  ssize_t (* splice_read)(struct file * , loff_t * , struct pipe_inode
_info * , size_t,
51  unsigned int); /* 由 VFS 调用,将文件数据粘接到管道 * /
52  int (* setlease)(struct file * , long, struct file_lock * * );
53  };
```

下面是对 file_operations 结构体中主要成员的分析:

llseek() 函数用于修改文件的当前读写位置并返回新的位置。在发生错误时,该函数将返回负值。

read() 函数用于从设备中读取数据。函数成功读取数据后,返回读取的字节数。在发生错误时,该函数将返回负值。

write() 函数用于向设备发送数据。函数成功写入数据后,返回写入的字节数。如果该函数未被实现,则用户进行 write() 系统调用时,将得到返回值 —EINVAL。

readdir() 函数仅用于目录,设备节点无须实现它。

ioctl() 函数用于实现设备相关的控制命令,既不是读操作也不是写操作。该函数成功调用后,将返回非负值。

mmap() 函数用于将设备内存映射到进程内存中。如果设备驱动程序未实现此函数,则用户进行 mmap() 系统调用时,将得到返回值 —ENODEV。该函数对于帧缓冲等设备特别有意义。

在用户空间调用 Linux API 函数 open() 打开设备文件时,最终将调用设备驱动程序的 open() 函数。驱动程序可以不实现该函数,在这种情况下,设备的打开操作将永远成功。与 open() 函数相对应的是 release() 函数。

poll() 函数一般用于查询设备是否可以立即进行非阻塞的读写操作。当查询的条件未被满足时,用户空间进行 select() 和 poll() 的系统调用将导致进程阻塞。

aio_read() 和 aio_write() 函数分别用于对文件描述符所对应的设备进行异步读写操作。当设备实现这两个函数后,用户空间可以对该设备文件描述符进行 aio_read()、aio_write() 等系统调用进行读写操作。

2. 开发步骤

在学习裸机或者 STM32 的时候关于驱动的开发就是初始化相应的外设寄存器,在 Linux 驱动开发中肯定也是要初始化相应的外设寄存器。在 Linux 驱动开发中,需要按照其规定的框架来编写驱动。

1) cdev 结构体

为了方便管理,Linux 中每个设备都有一个设备号,设备号由主设备号和次设备号两部分组成,主设备号表示某一个具体的驱动,次设备号表示使用这个驱动的各个设备。在 Linux 2.6 内核中,使用 cdev 结构体描述一个字符设备,cdev 结构体的定义如代码 4.2 所示。

代码 4.2　cdev 结构体

```
1 struct cdev {
2 struct kobject kobj; /* 内嵌的 kobject 对象 * /
3 struct module * owner; /* 所属模块* /
4 struct file_operations * ops; /* 文件操作结构体* /
5 struct list_head list;
6 dev_t dev; /* 设备号* /
7 unsigned int count;
8 };
```

cdev 结构体的 dev_t 成员定义了设备号,为 32 位,其中 12 位主设备号,20 位次设备号。使用下列宏可以从 dev_t 获得主设备号和次设备号:

MAJOR(dev_t dev)

MINOR(dev_t dev)

而使用下列宏则可以通过主设备号和次设备号生成 dev_t:

MKDEV(int major, int minor)

cdev 结构体的另一个重要成员 file_operations 定义了字符设备驱动提供给虚拟文件系统的接口函数。Linux 2.6 内核提供了一组函数用于操作 cdev 结构体:

void cdev_init(struct cdev * , struct file_operations *);

struct cdev * cdev_alloc(void);

void cdev_put(struct cdev * p);

int cdev_add(struct cdev * , dev_t, unsigned);

void cdev_del(struct cdev *);

cdev_init()函数用于初始化 cdev 的成员,并建立 cdev 和 file_operations 之间的连接。cdev_add()函数和 cdev_del()函数分别向系统添加和删除一个 cdev,完成字符设备的注册和注销。对 cdev_add()的调用通常发生在字符设备驱动模块加载函数中,而对 cdev_del()函数的调用则通常发生在字符设备驱动模块卸载函数中。

2) 分配和释放设备号

在调用 cdev_add()函数向系统注册字符设备之前,需要先调用 register_chrdev_region()或 alloc_chrdev_region()函数来向系统申请设备号。这两个函数的原型分别是:int register_chrdev_region(dev_t from, unsigned count, const char * name);int alloc_chrdev_region(dev_t * dev, unsigned baseminor, unsigned count, const char * name);register_chrdev_region() 函数适用于已知起始设备号的情况,而 alloc_chrdev_region() 则适用于设备号未知,需要向系统动态申请未被占用的设备号的情况。当函数调用成功后,得到的设备号会被放入第一个参数 dev 中。相较于 register_chrdev_region(),alloc_chrdev_region()的优点在于它可以自动避免设备号冲突的情况。在调用 cdev_del() 函数从系统注销字符

设备之后，应该调用 unregister_chrdev_region() 函数来释放之前申请的设备号。unregister_chrdev_region()函数的原型如下：void unregister_chrdev_region(dev_t from, unsigned count)。

3）字符设备驱动模块加载与卸载函数

Linux 驱动有两种运行方式：将驱动编译进 Linux 内核中和将驱动编译成模块（扩展名为.ko）。将驱动编译为模块的好处是方便开发和调试，修改驱动后只需要编译驱动代码，而不需要编译整个 Linux 代码。同时，在调试过程中只需要加载或卸载驱动模块，而不需要重启整个系统。当驱动开发完成且确定无误时，可以选择将驱动编译进 Linux 内核中，也可以选择不编译进内核，具体视需求而定。

驱动模块有加载和卸载两种操作，需要在编写驱动时注册这两种操作函数，如下所示：

module_init(xxx_init); // 注册模块加载函数

module_exit(xxx_exit); // 注册模块卸载函数

其中，module_init()函数用来向 Linux 内核注册一个模块加载函数，参数 xxx_init 是需要注册的具体函数。当使用"insmod"命令加载驱动时，xxx_init 函数就会被调用。module_exit()函数用来向 Linux 内核注册一个模块卸载函数，参数 xxx_exit 是需要注册的具体函数。当使用"rmmod"命令卸载驱动时，xxx_exit 函数就会被调用。

在字符设备驱动模块的加载函数中，需要实现设备号的申请和 cdev 的注册；在卸载函数中，需要实现设备号的释放和 cdev 的注销。通常工程师会为设备定义一个设备相关的结构体，其中包含该设备所涉及的 cdev、私有数据和信号量等信息。代码 4.3 是常见的设备结构体、模块加载和卸载函数的形式：

代码4.3　字符设备驱动模块加载与卸载函数模板

```
1 /* 设备结构体
2 struct xxx_dev_t {
3 struct cdev cdev;
4 ...
5 } xxx_dev;
6 /* 设备驱动模块加载函数 * /
7 static int_init xxx_init(void)
8 {
9 ...
10 cdev_init(&xxx_dev.cdev, &xxx_fops); /* 初始化 cdev * /
11 xxx_dev.cdev.owner =  THIS_MODULE;
12 /* 获取字符设备号* /
13 if (xxx_major) {
14 register_chrdev_region(xxx_dev_no, 1, DEV_NAME);
15 } else {
16 alloc_chrdev_region(&xxx_dev_no, 0, 1, DEV_NAME);
17 }
```

```
18
19 ret = cdev_add(&xxx_dev.cdev, xxx_dev_no, 1); /* 注册设备 */
20 ...
21 }
22 /* 设备驱动模块卸载函数 */
23 static void_exit xxx_exit(void)
24 {
25 unregister_chrdev_region(xxx_dev_no, 1); /* 释放占用的设备号 */
26 cdev_del(&xxx_dev.cdev); /* 注销设备 */
27 ...
28 }
```

4）实现字符设备驱动的 file_operations 结构体中成员函数

file_operations 结构体中成员函数是字符设备驱动与内核的接口，是用户空间对 Linux 进行系统调用最终的落实者。大多数字符设备驱动会实现 read()、write() 和 ioctl() 函数，常见的字符设备驱动的 3 个函数形式如代码 4.4 所示。

代码 4.4　字符设备驱动读、写、I/O 控制函数模板

```
1 /* 读设备 */
2 ssize_t xxx_read(struct file * filp, char __user * buf, size_t count,
3 loff_t* f_pos)
4 {
5 ...
6 copy_to_user(buf, ..., ...);
7 ...
8 }
9 /* 写设备 */
10 ssize_t xxx_write(struct file * filp, const char __user * buf, size_t count,
11 loff_t * f_pos)
12 {
13 ...
14 copy_from_user(..., buf, ...);
15 ...
16 }
17 /* ioctl 函数 */
18 int xxx_ioctl(struct inode * inode, struct file * filp, unsigned int cmd,
19 unsigned long arg)
20 {
```

```
21 ...
22 switch（cmd）{
23 case XXX_CMD1:
24 ...
25 break;
26 case XXX_CMD2:
27 ...
28 break;
29 default:
30 /* 不能支持的命令 * /
31 return -  ENOTTY;
32 }
33 return 0;
34 }
```

在设备驱动的读函数中，filp 代表文件结构体指针，buf 代表用户空间内存的地址，由于内核空间不能直接读写用户空间内存，所以需要使用 copy_from_user()函数来将数据从用户空间拷贝到内核空间，count 代表要读取的字节数，f_pos 表示读取位置相对于文件开头的偏移量。

在设备驱动的写函数中，filp 代表文件结构体指针，buf 代表用户空间内存的地址，同样需要使用 copy_to_user()函数将数据从内核空间拷贝到用户空间，count 代表要写入的字节数，f_pos 表示写入位置相对于文件开头的偏移量。

以上就是字符设备驱动开发的基本步骤，通过这些步骤可以编写出一个完整的字符设备驱动模板，并在此模板上进行开发。

4.5　嵌入式开发流程

嵌入式开发的基本流程类似于普通电子产品的开发流程，从需求分析到总体设计、详细设计到产品完成。但与普通电子产品不同的是，嵌入式产品的开发流程涉及嵌入式软件和嵌入式硬件两个部分。嵌入式产品的研发流程可以概括为以下几步，具体如图 4-26所示。

第一，需求分析，通过多种方式如调研等了解用户需求，从而开始嵌入式系统设计。

第二，规格说明，对需设计的系统功能进行更细致的描述，但不涉及系统的组成。

第三，系统结构设计，以大的构件为单位设计系统内部详细构造，明确软件和硬件功能的划分。

第四，构件设计，包括系统程序模块设计、专用硬件芯片选择及硬件电路设计。

第五，系统集成，基于所有构件设计完成后进行系统集成，构造出所需的完整系统。

第六，产品验证与调试，验证设备软硬件是否能满足需求并正常运行。

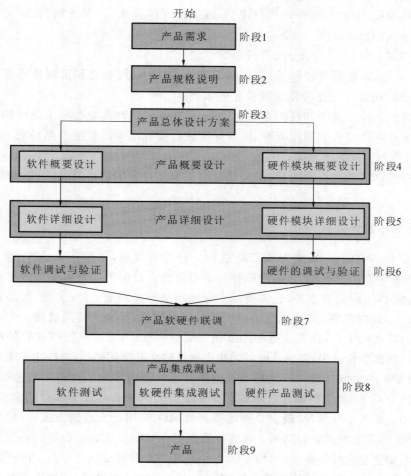

图 4-26　嵌入式产品的研发流程

4.5.1　产品需求

　　要准确定位产品需求,就要弄清楚产品的需求从何而来,一个成功的产品需要满足哪些需求,让设计者和用户有效沟通、交流,从而明确设计目标。因此要多方面考虑产品应该满足的设计需求,包括但不限于功能需求、性能要求、预估成本、开发周期等。

4.5.2　产品规格说明

　　在前一阶段,已经收集了产品的所有需求。接下来在产品规格说明阶段,需要将这些需求具体转化为产品的规格,主要包括以下四个方面:

　　功能规格说明:规定软件应具备的功能。

　　性能规格说明:规定软件应具备的性能指标,例如计算精度、响应速度和存储空间占用等。

接口规定说明:规定软件与其环境、各组成部分之间的接口关系。

设计规格说明:对软件的设计进行说明,包括使用的算法、控制逻辑、数据结构、模块间接口关系和输入输出格式等。

产品规格说明从以下几个方面进行考虑:

(1) 考虑产品需要哪些硬件接口,以确定产品的大小、耗电量和美观性等需求,特别是对于消费类产品还要考虑是否便于携带和防水等。

(2) 考虑产品成本要求和性能参数的说明,根据不同的性能参数要求设计相应的规格。

(3) 需要适应和符合的国际标准、国家标准或行业标准等。包括产品外观、支持的操作系统、接口形式和支持的规范等。

(4) 在形成产品的规格说明后,必须在后续的开发过程中严格遵守,不能随意更改产品的需求。

4.5.3 产品总体设计方案

完成产品规格说明后,需要对该产品进行可行性方案调研,包括从成本、性能、开发周期、开发难度等多方面进行考虑,最终选择一个最适合自己的产品总体设计方案。在这个阶段,除了确定具体实现的方案外,还需要综合考虑产品开发周期、开发人数、所需资源以及可能遇到的风险和应对措施,以形成整个项目的项目计划,指导整个开发过程。

总体设计方案确定后,就需要进一步细化产品概要设计,主要从硬件和软件两个方面入手。在硬件模块概要设计中,需要从硬件的角度确认整个系统的架构,并按功能来划分各个模块,确定各个模块的大概实现。首先需要根据产品的外围功能和工作要求来进行 CPU 选型(注意:一旦选定 CPU,相关的硬件电路必须参考该 CPU 厂家提供的方案电路来设计)。然后根据产品的功能需求来选芯片,确定是否需要外接 AD,采用什么通信方式,有什么外部接口等。此外,还需要考虑电磁兼容问题。需要注意的是,一款 CPU 的生命周期一般为 5~8 年,因此在选型时要避免选择快要停产的 CPU,以免出现产品开发 1 到 2 年后 CPU 停产的情况,导致需要重新开发。在软件模块概要设计阶段,主要是根据系统要求,将整个系统按功能进行模块划分,定义好各个功能模块之间的接口以及模块内主要的数据结构等。

4.5.4 产品详细设计

1. 硬件模块详细设计

根据具体的要求,包括电路图、PCB 和外壳的尺寸等参数,需要根据硬件模块详细设计文档的指导完成整个嵌入式产品的硬件设计。不同的嵌入式产品具有不同的硬件形态,从简单的 4 位/8 位单片机到 32 位的 ARM 处理器以及其他专用 IC。外围电路也会因产品需求的不同而异。在每一次硬件开发过程中,都需要考虑多方面因素,如实际需求,选择最适合的方案进行设计,包括原理图和 PCB 绘制。

1) 硬件阶段 1:硬件产品需求

和普通的嵌入式产品需求一样。

2) 硬件阶段 2:硬件总体设计方案

一个硬件开发项目,它的需求可能来自很多方面,比如市场产品的需要或性能提升的要求等,因此,作为一个硬件设计人员,需要主动去了解各个方面的需求并分析,根据系统所要完成的功能,选择最合适的硬件方案。分析整个系统设计的可行性,包括方案中主要器件的可采购性、产品开发投入、项目开发周期预计、开发风险评估等。并针对开发过程中可能遇到的问题,提前选择应对方案,保证硬件总体设计顺利完成。

3) 硬件阶段 3:硬件电路原理图设计

确定系统方案后,设计工作就可以开始了。原理设计是设计人员最主要的两项工作之一,它包括系统总体设计和详细设计,并最终生成详细的设计文档和硬件原理图。

在原理设计过程中,需要规划硬件内部资源,例如系统存储空间,以及各个外围电路模块的实现。此外,对于系统的主要外围电路(如电源和复位),也需要仔细考虑。在一些高速设计或特殊应用场合,还需要考虑 EMC/EMI 等。

电源是保证硬件系统正常工作的基础,因此需要详细分析以下几个方面:系统能够提供的电源输入、单板需要产生的电源输出、各个电源需要提供的电流大小、电源电路效率、各个电源能够允许的波动范围、整个电源系统需要的上电顺序等。

为了保证系统能够稳定可靠地工作,复位电路的设计也非常重要。需要考虑如何保证系统不会在外界干扰的情况下异常复位,如何保证在系统运行异常的时候能够及时复位,以及如何合理地复位。

时钟电路的设计也是非常重要的一个方面。一个不好的时钟电路设计可能会引起通信产品的数据丢包,产生大的 EMI,甚至导致系统不稳定。

在原理图设计中,可以采用"拿来主义"。现在的芯片厂家一般都可以提供参考设计的原理图,所以可以充分利用这些资源,在充分理解参考设计的基础上,再做一些自己的发挥。

4) 硬件阶段 4:PCB 图设计

PCB 设计阶段,即将原理图设计转化为实际可加工的 PCB 线路板,目前主流的 PCB 设计软件有 PADS,Candence 和 Protel 几种。PCB 设计,尤其是高速 PCB,需要考虑 EMC/EMI,阻抗控制,信号质量等,对 PCB 设计人员的要求比较高。为了验证设计的 PCB 是否符合要求,有的还需要进行 PCB 仿真。并依据仿真结果调整 PCB 的布局布线,完成整个设计。

5) 硬件阶段 5:PCB 加工文件制作与 PCB 打样

PCB 绘制完成以后,在这一阶段,需要生成加工厂可识别的加工文件,即常说的光绘文件,将其交给加工厂打样 PCB 空板。一般 1~4 层板可以在一周内完成打样。

6) 硬件阶段 6:硬件产品的焊接与调试

在拿到加工厂打样的 PCB 空板以后,需要检查 PCB 空板是否和设计预期一样,是否存在明显的短路或断痕,检查通过后,则需要将前期采购的元器件和 PCB 空板交由生产厂家进行焊接(如果 PCB 电路不复杂,为了加快速度,也可以直接手工焊接元器件)。

当 PCB 焊接完成后,在调试 PCB 之前,一定要先认真检查是否有可见的短路和管脚搭锡等故障,检查是否有元器件型号放置错误,第一脚放置错误,漏装配等问题,然后用万用表测量各个电源到地的电阻,以检查是否有短路,这样可以避免贸然上电后损坏单板。调试的过程中要有平和的心态,遇见问题是非常正常的,要做的就是多做比较和分析,逐步排除可能的原因,直至最终调试成功。

在硬件调试过程中,需要经常使用到的调试工具有万用表、示波器和逻辑分析仪等,用于测试和观察板内信号电压和信号质量,查看信号时序是否满足要求。

7) 硬件阶段 7:硬件产品测试

当硬件产品调试通过以后,需要对照产品的需求说明,一项一项地进行测试,确认是否符合预期要求,如果达不到要求,则需要对硬件产品进行调试和修改,直到符合产品需求说明(一般都以需求说明文档作为评判的依据,当然明显的需求说明错误除外)。

8) 硬件阶段 8:硬件产品

开发出一个完整且完成符合产品需求的硬件产品还不能说明一个成功的产品开发过程,还需要按照预定计划,准时高质量地完成,这才是一个成功的产品开发过程。

2. 软件模块详细设计

在功能函数接口的定义中,该函数实现了功能、数据结构和全局变量,同时描述了完成任务时各个功能函数接口调用流程。在完成了软件模块详细设计以后,就进入具体的编码阶段,在软件模块详细设计的指导下,完成整个系统的软件编码。

一定要注意在先完成模块详细设计文档以后,软件才进入实际的编码阶段,硬件进入具体的原理图、PCB 实现阶段,这样才能尽量在设计之初就考虑周全,避免在设计过程中反复修改,提高开发效率,不要为了图一时之快,没有完成详细设计,就开始实际的设计步骤。

4.5.5 产品验证与调试

该阶段主要是调整硬件或代码,进行硬件调试和软件调试。测试各模块能否正常工作,修正其中存在的问题和故障,使之能正常运行,并尽量使产品的功能达到产品需求规格说明要求。验证软件单个功能是否能实现,以及软件整个产品功能是否能实现。

1. 硬件调试

嵌入式系统的调试包括硬件调试、软件调试。硬件系统是软件系统调试的基本保障。如果不能确定硬件平台的正确性,调试过程中就不知道是软件系统出错还是硬件系统的错误。在调试软件系统的时候要尽量确保硬件系统模块的正确性。针对目标平台上的各个硬件模块,通常采用逐一测试调试的方法进行,通过常用的电子元件的测试仪器,如万用表、示波器等进行电气参数的测试与调试。

1) 排除逻辑故障

这类故障往往是由设计和加工制板过程中工艺性错误造成的,主要包括错线、开路、短路。排除的方法是首先将加工的印制板认真对照原理图,看两者是否一致。应特别注意电源系统检查,以防止电源短路和极性错误,并重点检查系统总线(地址总线、数据总线和控制总线)是否存在相互之间短路或与其他信号线路短路。必要时利用数字万用表的短路测试功能,缩短排错时间。

2) 排除元器件失效

造成这类错误的原因有两个:一个是元器件买来时就已经坏了;另一个是由于安装错误,造成元器件烧坏。可以采取检查元器件与设计要求的型号、规格和安装是否一致。在保证安装无误后,用替换方法排除错误。

3）排除电源故障

在通电前，一定要检查电源电压的幅值和极性，否则很容易造成集成块损坏。加电后检查各插件上引脚的电位，一般先检查 V_{cc} 与 CND 之间的电位，若在 5～4.8V 属正常。若有高压，联机仿真器调试时，将会损坏仿真器等，有时会使应用系统中的集成块发热损坏。

2．软件调试

软件调试一般是指保证硬件一切正常的情况下验证程序执行的时序是否正确，逻辑和结果是否与设计要求相符，能否满足功能和性能要求等。软件调试的方法有很多种，包括：

1）软件调试

主机和目标板通过某种接口（一般是串口）连接，主机上提供调试界面，把调试软件下载到目标板上运行。这种调试方法的限制条件是要在开发平台和目标平台之间建立起通信联系（目标板上称为监控程序），它的优点是成本价格较低、纯软件、简单、软件调试能力比较强。但软件调试需要把监控程序烧写到目标板上，工作能力极为有限。

2）模拟调试

所要调试的程序与调试开发工具（一般为集成开发环境）都在主机上运行，由主机提供一个模拟的目标运行环境，可以进行语法和逻辑上的调试与开发。在 ARM 系统开发工具 ADS 集成开发环境下的 AXD 工具就是采用了这种仿真模拟调试的方法。AXD 能够装载映像文件到目标内存，具有单步、全速和断点等调试功能，可以观察变量、寄存器和内存的数据等，同时支持硬件仿真和软件仿真 ARMulator。ARMulator 调试方法是一种脱离硬件调试软件的方法，它与运行在通用计算机（通常是 x86 体系结构）上的调试器相连接，模拟 ARM 微处理器体系结构和指令集，提供了开发和调试 ARM 程序的软件仿真环境。ARMulator 不仅可以仿真 ARM 处理器的体系结构和指令集，还可以仿真存储器和处理器外围设备，例如中断控制器和定时器等，这样就模拟了一个进行嵌入式开发的最小子系统，另外使用者还可以扩展添加自己的外设。这种调试的优点是简单方便、不需要开发板的硬件平台的支持、成本低，但它不能进行实时调试，功能也非常有限。

3）实时在线仿真调试

实时在线仿真（In-Circuit Emulator,ICE）是目前最有效的调试嵌入式系统的手段。这种方式用仿真器完全取代目标板上的 MCU，所以目标系统对开发者来说完全是透明的、可控的。仿真器与目标板通过仿真头连接，与主机有串口、并口、网口或 USB 接口等连接方式。由于仿真器自成体系，调试时既可以连接目标板，也可以不连接目标板。在不同的嵌入式硬件系统中，总会存在各种变异和事先未知的变化，因此处理器的指令执行也具有不确定性，也就是说，完全一样的程序可能会产生不同的结果，只有通过 ICE 的实时在线仿真才能发现这种不确定性。最典型的就是时序问题。使用传统的断点设置和单步执行代码技术会改变时序和系统的行为。可能是使用了断点进行调试，却无法发现任何问题，如果认为系统没有问题而取消后时序问题又出现了，这个时候就需要借助 ICE，因为它实时追踪数千条指令和硬件信号。实时在线仿真的功能强大，软件和硬件均可做到完全实时在线调试，但价格昂贵。

4）JTAG 调试

基于 JTAG（Joint test action group）的调试方法是 ARM 系统调试的最常用方法，因为

ARM 处理器中集成了 JTAG 调试模块。调试主机上必须安装的工具包括程序编辑和编译系统、调试器和程序所涉及的库文件。目标板必须含有 JTAG 接口。在调试主机和目标板之间有一个协议转换模块，一般称为调试代理，其作用主要有两个：一个是在调试主机和目标板之间进行协议转换；另一个是进行接口转换，目标板的一端是标准的 JTAG 接口，而调试主机一端可能是 RS-232 串口，也可能是并口或是 USB 接口等。JTAC 仿真器比较便宜，也比较方便，通过现有的 JTAG 边界扫描口与 ARM 处理器核通信，属于完全非插入式（即不使用片上资源）调试，它不需要目标存储器的干预，也不占用目标板上的任何端口，而这些条件是驻留监控软件所必需的。另外，因为 JTAG 调试的程序是在目标板上执行的，仿真效果更接近于目标硬件，因此，对于一些高频的操作限制、接口操作问题、AC（交流）和 DC（直流）参数不匹配、电线长度的限制等被最小化了。使用集成开发环境配合 JTAG 仿真器进行开发是目前最流行的一种调试方式。它的优点是方便，无须任何监控程序，软件、硬件均可调试，可以重复利用 JTAG 硬件测试接口，除了可以在，RAM 中设置断点外，还可以在 ROM 中设置断点。但它仅适用于有调试接口的芯片。

3. 交叉调试技术

各种嵌入式设备都具有功能专一、针对性强的特点。因此其硬件资源不像 PC 机一样齐全，所以要在嵌入式设备上建立一套开发系统是不现实的。在开发嵌入式系统时，一般都采用交叉开发（Cross Developping）的模式，即开发系统是建立在硬件资源丰富的 PC 机（或者工作站），通常称其为宿主机（Host），应用程序的编辑、编译、链接等过程都是在 Host 上完成的，而应用程序的最终运行平台却是和 Host 有很大差别的嵌入式设备，通常称其为目标机（Target），调试在二者间联机交互进行。

4. 交叉调试原理及特点

交叉调试是指调试器通过某种方式能控制目标机上被调试程序的运行方式，并且通过调试器能查看和修改目标机上的内存、寄存器以及被调试程序中的变量等功能。交叉调试器在功能上与普通高级语言调试器相差不多，但是两者在结构上却存在着很大的差别。普通的高级语言调试器一般与被调试的二进制代码运行同一台计算机和同一个操作系统上，所以调试器可以直接控制 N 进制代码的执行过程。交叉调试器则是一种分布式的系统，交叉调试器自身运行在宿主机端，而被调试的可执行代码运行在目标机端，宿主机和目标机的体系结构和操作系统可能完全不同，调试器要直接控制代码的执行是非常困难的事。因此，宿主机和目标机必须使用某种通信协议进行通信，调试程序使用这种通信协议把调试命令从宿主机发给目标机，在目标机端必须有一个监控程序，根据宿主机的调试命令在目标机上执行相应的调试功能，并且把调试结果送回宿主机端显示出来。由此可见，交叉调试具有如下特点：

（1）调试器和被调试程序运行在不同的计算机上。调试器运行在一般的 PC 或者工作站上（即 Host 上），而被调试程序运行在实际的某种嵌入式设备或者专业的评估板上（都被称为 Target）。

（2）调试器通过某种通信方式与目标机建立联系。通信方式可以是串口、并口、网络或者专用的通信方式。

（3）一般在目标机上有调试器的某种代理（Agent），这种代理能与调试器配合完成对目标机上运行的程序的调试。这种代理可以是某种软件,也可以是某种支持调试的硬件等。

(4) 目标机也可以是一种虚拟机。在这种情形下,似乎调试器和被调试程序运行在同一台计算机上。但是调试方式的本质没有变化,即被调试程序都是被下载到了目标机,对被调试程序的调试并不是直接通过 Host 的操作系统的调试支持来完成的,而是通过虚拟机代理的方式来完成。

4.6 嵌入式 GNSS 数据解码案例

本节将学习如何驱动 I. MX6U－ALPHA 开发板上的 UART3 串口,进而实现 RS232、RS485 以及 GNSS 驱动,实现 NMEA 导航数据的接收。本节驱动开发将基于 Linux 设备树下的 platform 驱动设计。相关知识仅做大概介绍,主要为了了解工程中驱动实际的开发流程。

4.6.1 Linux 设备树

在新版本的 Linux 中,ARM 相关的驱动全部采用了设备树(也有支持老式驱动的,比较少),最新出的 CPU 其驱动开发也基本上是基于设备树的,比如 ST 新出的 STM32MP157、NXP 的 I. MX8 系列等。一般所使用的 Linux 版本为 4.1.15,其支持设备树,所以 I. MX6UALPHA 开发板的所有 Linux 驱动都是基于设备树的。

设备树(Device Tree),将这个词分开就是“设备”和“树”,描述设备树的文件叫做 DTS (Device Tree Source),这个 DTS 文件采用树形结构描述板级设备,也就是开发板上的设备信息,比如 CPU 数量、内存基地址、IIC 接口上接了哪些设备、SPI 接口上接了哪些设备等等,如图 4-27 所示。

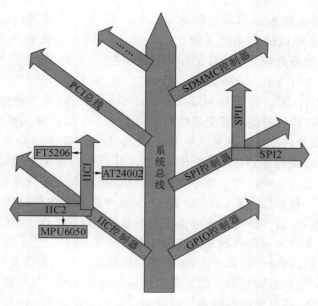

图 4-27 设备树结构示意图

在图 4-28 中,树的主干就是系统总线,IIC 控制器、GPIO 控制器、SPI 控制器等都是接到系统主线上的分支。IIC 控制器又分为 IIC1 和 IIC2 两种,其中 IIC 上接了 FT5206 和 AT24C02 这两个 IIC 设备,IIC2 上只接了 MPU6050 这个设备。DTS 文件的主要功能就是按照图 4-27 所示的结构来描述板子上的设备信息,DTS 文件描述设备信息是有相应的语法规则要求的。

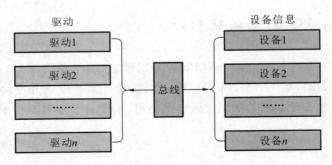

图 4-28 Linux 总线、驱动和设备模式

设备树还具有以下特点:

(1) 设备树是采用树形结构来描述板子上的设备信息的文件,每个设备都是一个节点,叫做设备节点,每个节点都通过一些属性信息来描述节点信息,属性就是键值对。

(2) 节点是由一堆属性组成,节点都是具体的设备,不同的设备需要不同的属性,用户可以自定义属性。除了用户自定义属性,还有很多属性是标准属性,Linux 下的很多外设驱动会使用这些标准属性。

4.6.2 platform 简介

前面小节编写的设备驱动都非常简单,都是对 IO 进行最简单的读写操作。像 I2C、SPI、LCD 等这些复杂外设的驱动就不能这么去写了,Linux 系统要考虑到驱动的可重用性,因此提出了驱动的分离与分层这样的软件思路,在这个思路下诞生了将来最常打交道的 platform 设备驱动,也叫做平台设备驱动。

相对于 USB、PCI、I2C、SPI 等物理总线来说,platform 总线是一种虚拟、抽象出来的总线,实际中并不存在这样的总线。需要总线的原因是 Linux 设备驱动模型为了保持设备驱动的统一性而虚拟出来的总线。因为对于 USB 设备、I2C 设备、PCI 设备、SPI 设备等,它们与 CPU 的通信都是直接挂在相应的总线下面与 CPU 进行数据交互的,但是在嵌入式系统中,并不是所有的设备都能够归属于这些常见的总线,在嵌入式系统里面,SoC 系统中集成的独立的外设控制器、挂接在 SoC 内存空间的外设却不依附于此类总线。所以 Linux 驱动模型为了保持完整性,将这些设备挂在一条虚拟的总线上(platform 总线),而不至于出现有些设备挂在总线上,而另一些设备没有挂在总线上的情况。

将设备信息从设备驱动中剥离开来,驱动使用标准方法去获取设备信息(比如从设备树中获取到设备信息),然后根据获取到的设备信息来初始化设备。这样就相当于驱动只负责驱动,设备只负责设备,想办法将两者进行匹配即可。这个就是 Linux 中的总线(bus)、驱动

（driver）和设备（device）模型，也就是常说的驱动分离。

　　Linux 提 出 了 platform 这 个 虚 拟 总 线，相 应 的 就 有 platform_driver 和 platform_device。在编写 platform 驱动的时候，首先定义一个 platform_driver 结构体变量，然后实现结构体中的各个成员变量，重点是实现匹配方法以及 probe 函数。当驱动和设备匹配成功以后 probe 函数就会执行，具体的驱动程序在 probe 函数里面编写，比如字符设备驱动，等等。定义并初始化好 platform_driver 结构体变量以后，需要在驱动入口函数里面调用 platform_driver_register 函数向 Linux 内核注册一个 platform 驱动，还需要在驱动卸载函数中通过 platform_driver_unregister 函数卸载 platform 驱动。platform 驱动框架如代码 4.5 所示：

代码 4.5　platform 驱动框架

```
/* 设备结构体 * /
1 struct xxx_dev{
2 struct cdev cdev;
3 /* 设备结构体其他具体内容 * /
4 };
5
6 struct xxx_dev xxxdev; /* 定义个设备结构体变量 * /
7
8 static int xxx_open(struct inode * inode, struct file * filp)
9 {
10 /* 函数具体内容 * /
11 return 0;
12 }
13
14 static ssize_t xxx_write(struct file * filp, const char __user * buf,
size_t cnt, loff_t * offt)
15 {
16 /* 函数具体内容 * /
17 return 0;
18 }
19
20 /*
21 * 字符设备驱动操作集
22 * /
23 static struct file_operations xxx_fops =  {
24 .owner =  THIS_MODULE,
25 .open =  xxx_open,
26 .write =  xxx_write,
```

```
27 };
28
29 /*
30 *  platform 驱动的 probe 函数
31 * 驱动与设备匹配成功以后此函数就会执行
32 * /
33 static int xxx_probe(struct platform_device * dev)
34 {
35 ......
36 cdev_init(&xxxdev.cdev, &xxx_fops); /* 注册字符设备驱动 * /
37 /* 函数具体内容 * /
38 return 0;
39 }
40
41 static int xxx_remove(struct platform_device * dev)
42 {
43
...... 
44 cdev_del(&xxxdev.cdev);/* 删除 cdev * /
45 /* 函数具体内容 * /
46 return 0; -
47 }
48
49 /* 匹配列表 * /
50 static const struct of_device_id xxx_of_match[] = {
51{ .compatible =  "xxx- gpio" },
52{ /*  Sentinel * / }
53 };
54
55 /*
56 *  platform 平台驱动结构体
57 * /
58 static struct platform_driver xxx_driver =  {
59 .driver =  {
60 .name =  "xxx",
61 .of_match_table =  xxx_of_match,
62 },
63 .probe =  xxx_probe
```

```
64 .remove = xxx_remove,
65 };
66
67 /* 驱动模块加载 */
68 static int __init xxxdriver_init(void)
69 {
70 return platform_driver_register(&xxx_driver);
71 }
72
73 /* 驱动模块卸载 */
74 static void __exit xxxdriver_exit(void)
75 {
76 platform_driver_unregister(&xxx_driver);
77 }
78
79 module_init(xxxdriver_init);
80 module_exit(xxxdriver_exit);
81 MODULE_LICENSE("GPL");
82 MODULE_AUTHOR("zuozhongkai");
```

第 1～27 行,传统的字符设备驱动,所谓的 platform 驱动并不是独立于字符设备驱动、块设备驱动和网络设备驱动之外的其他种类的驱动。platform 只是为了驱动的分离与分层而提出来的一种框架,其驱动的具体实现还是需要字符设备驱动、块设备驱动或网络设备驱动来完成。

第 33～39 行,xxx_probe 函数,当驱动和设备匹配成功以后此函数就会执行,以前在驱动入口 init 函数里面编写的字符设备驱动程序就全部放到此 probe 函数里面。比如注册字符设备驱动、添加 cdev、创建类等。

第 41～47 行,xxx_remove 函数,platform_driver 结构体中的 remove 成员变量,当关闭 platfom 设备驱动的时候此函数就会执行,以前在驱动卸载 exit 函数里面要做的事情就放到此函数中来。比如,使用 iounmap 释放内存、删除 cdev,注销设备号等。

第 50～53 行,xxx_of_match 匹配表,如果使用设备树的话将通过此匹配表进行驱动和设备的匹配。第 51 行设置了一个匹配项,此匹配项的 compatible 值为"xxx－gpio",因此当设备树中设备节点的 compatible 属性值为"xxx－gpio"的时候此设备就会与此驱动匹配。第 52 行是一个标记,of_device_id 表示最后一个匹配项必须是空的。

第 58～65 行,定义一个 platform_driver 结构体变量 xxx_driver,表示 platform 驱动。第 59～62 行设置 paltform_driver 中的 device_driver 成员变量的 name 和 of_match_table 这两个属性。其中 name 属性用于传统的驱动与设备匹配,也就是检查驱动和设备的 name 字段是不是相同。of_match_table 属性就是用于设备树下的驱动与设备检查。对于一个完整的驱动程序,必须提供有设备树和无设备树两种匹配方法。

最后 63 和 64 这两行设置 probe 和 remove 这两个成员变量。

第 68～71 行,驱动入口函数,调用 platform_driver_register 函数向 Linux 内核注册一个 platform 驱动,也就是上面定义的 xxx_driver 结构体变量。

第 74～77 行,驱动出口函数,调用 platform_driver_unregister 函数卸载前面注册的 platform 驱动。

总体来说,platform 驱动还是传统的字符设备驱动、块设备驱动或网络设备驱动,只是套上了一张"platform"的皮,目的是使用总线、驱动和设备这个驱动模型来实现驱动的分离与分层。

4.6.3 LMX6U UART 驱动分析

串口是很常用的一个外设,在 Linux 下通常通过串口和其他设备或传感器进行通信,根据电平的不同,串口分为 TTL 和 RS232。不管是什么样的接口电平,其驱动程序都是一样的,通过外接 RS485 这样的芯片就可以将串口转换为 RS485 信号。例如对于 I. MX6U－ALPHA 开发板而言,RS232、RS485 以及 GNSS 模块接口全都连接到了 I. MX6U 的 UART3 接口上,因此这些外设最终都归结为 UART3 的串口驱动。下面给出一个 NXP 官方的 UART 驱动文件编写实例。

UART3 对应的子节点内容如代码 4.6 所示:

代码 4.6　UART3 设备节点

```
1 uart3: serial@ 021ec000 {
2 compatible = "fsl,imx6ul- uart",
3 "fsl,imx6q- uart", "fsl,imx21- uart";
4 reg = < 0x021ec000 0x4000> ;
5 interrupts = < GIC_SPI 28 IRQ_TYPE_LEVEL_HIGH> ;
6 clocks = < &clks IMX6UL_CLK_UART3_IPG> ,
7 < &clks IMX6UL_CLK_UART3_SERIAL> ;
8 clock- names = "ipg", "per";
9 dmas = < &sdma 29 4 0> , < &sdma 30 4 0> ;
10 dma- names = "rx", "tx";
11 status = "disabled";
12 };
```

重点看一下第 2,第 3 行的 compatible 属性,这里一共有三个值:"fsl,imx6ul－uart" "fsl,imx6quar"和"fsl,imx21－uart"。在 Linux 源码中搜索这三个值即可找到对应的 UART 驱动文件,此文件为 drivers/tty/serial/imx. c,在此文件中可以找到如代码 4.7 的内容:

代码 4.7　UART platform 驱动框架

```
267 static struct platform_device_id imx_uart_devtype[] = {
268 {
269 .name = "imx1- uart",
```

```
270 .driver_data = (kernel_ulong_t) &imx_uart_devdata[IMX1_UART],
271 }, {
272 .name = "imx21- uart",
273 .driver_data = (kernel_ulong_t) &imx_uart_devdata[IMX21_UART],
274 }, {
275 .name = "imx6q- uart",
276 .driver_data = (kernel_ulong_t) &imx_uart_devdata[IMX6Q_UART],
277 }, {
278 /* sentinel * /
279 }
280 };
281 MODULE_DEVICE_TABLE(platform, imx_uart_devtype);
282
283 static const struct of_device_id imx_uart_dt_ids[] = {
284 { .compatible = "fsl,imx6q- uart", .data = &imx_uart_devdata[IMX6Q_
UART], },
285 { .compatible = "fsl,imx1- uart", .data = &imx_uart_devdata[IMX1_
UART], },
286 { .compatible = "fsl,imx21- uart", .data = &imx_uart_devdata[IMX21_
UART], },
287 { /* sentinel * / }
288 };
......
2071 static struct platform_driver serial_imx_driver = {
2072 .probe = serial_imx_probe,
2073 .remove = serial_imx_remove,
2074
2075 .suspend = serial_imx_suspend,
2076 .resume = serial_imx_resume,
2077 .id_table = imx_uart_devtype,
2078 .driver = {
2079 .name = "imx- uart",
2080 .of_match_table = imx_uart_dt_ids,
2081 },
2082 };
2083
2084 static int __init imx_serial_init(void)
2085 {
```

```
2086 int ret = uart_register_driver(&imx_reg);
2087
2088 if（ret）
2089 return ret;
2090
2091 ret = platform_driver_register(&serial_imx_driver);
2092 if（ret！= 0）
2093 uart_unregister_driver(&imx_reg);
2094
2095 return ret;
2096 }
2097
2098 static void __exit imx_serial_exit(void)
2099 {
2100 platform_driver_unregister(&serial_imx_driver);
2101 uart_unregister_driver(&imx_reg);
2102 }
2103
2104 module_init(imx_serial_init);
2105 module_exit(imx_serial_exit);
```

可以看出 I.MX6U 的 UART 本质上是一个 platform 驱动,第 267~280 行,imx_uart_devtype 为传统匹配表。

第 283~288 行,设备树所使用的匹配表,第 284 行的 compatible 属性值为"fsl,imx6q－uart"。

第 2071~2082 行,platform 驱动框架结构体 serial_imx_driver。

第 2084~2096 行,驱动入口函数,第 2086 行调用 uart_register_driver 函数向 Linux 内核注册 uart_driver,在这里就是 imx_reg。

第 2098~2102 行,驱动出口函数,第 2101 行调用 uart_unregister_driver 函数注销掉前面注册的 uart_driver,也就是 imx_reg。

1）RS232 驱动编写

I.MX6U 的 UART 驱动 NXP 已经编写好。要做的就是在设备树中添加 UART3 对应的设备节点即可。打开 imx6ull－alientek－emmc.dts 文件,在此文件中只有 UART1 对应的 uart1 节点,并没有 UART3 对应的节点,因此可以参考 uart1 节点创建 uart3 节点。

（1）UART3 IO 节点创建:

UART3 用到了 UART3_TXD 和 UART3_RXD 这两个 IO,因此要先在 iomuxc 中创建 UART3 对应的 pinctrl 子节点,在 iomuxc 中添加如代码 4.8 内容:

代码 4.8　UART3 引脚 pinctrl 节点

```
1 pinctrl_uart3: uart3grp {
```

```
2 fsl,pins = <
3 MX6UL_PAD_UART3_TX_DATA__UART3_DCE_TX 0X1b0b1
4 MX6UL_PAD_UART3_RX_DATA__UART3_DCE_RX 0X1b0b1
5 > ;
6 };
```

最后检查一下 UART3_TX 和 UART3_RX 这两个引脚有没有被用作其他功能,如果有的话要将其屏蔽掉,保证这两个 IO 只用作 UART3。

（2）添加 UART3 节点：

默认情况下 imx6ull—alientek—emmc.dts 中只有 uart1 和 uart2 这两个节点,如图 4-29所示。

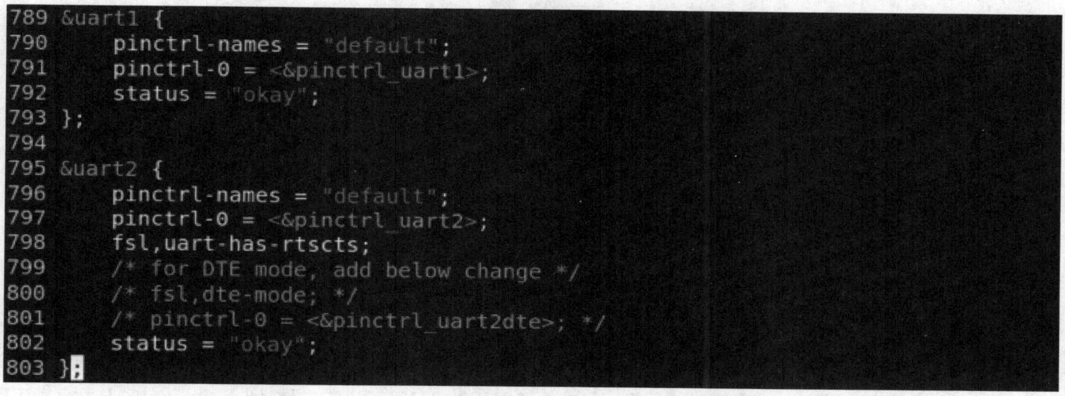

图 4-29　UART3 引脚 uart1 和 uart2 节点

uart1 是 UART1 的,在正点原子的 I.MX6U—ALPHA 开发板上没有用到 UART2,而且 UART2 默认用到了 UART3 的 IO,因此需要将 uart2 这个节点删除掉,然后加上 UART3 对应的 uart3,uart3 节点内容如代码 4.9 所示：

代码 4.9　UART3 对应的 uart3 节点

```
1 &uart3 {
2 pinctrl- names = "default";
3 pinctrl- 0 = < &pinctrl_uart3> ;
4 status = "okay";
5 };
```

完成以后重新编译设备树并使用新的设备树启动 Linux,如果设备树修改成功,系统启动以后就会生成一个名为"/dev/ttymxc2"的设备文件,ttymxc2 就是 UART3 对应的设备文件,应用程序可以通过访问 ttymxc2 来实现对 UART3 的操作。

2）minicom 移植

minicom 类似常用的串口调试助手,是 Linux 下很常用的一个串口工具,将 minicom 移植到开发板中,这样就可以借助 minicom 对串口进行读写操作。

此步属于移植过程,在网上有很多教程,这里不再赘述。

3）RS485 测试

前面已经说过了,I.MX6U−ALPHA 开发板上的 RS485 接口连接到了 UART3 上,因此本质上就是个串口。RS232 实验已经将 UART3 的驱动编写好了,所以 RS485 实验就不需要编写任何驱动程序,可以直接使用 minicom 来进行测试。

4.6.4　GNSS 数据解码

GNSS 模块大部分都是串口输出的,这里以 ATK1218−BD 模块为例,它是一款 GPS＋北斗的定位模块,模块如图 4-30 所示。

图 4-30　ATK1218-BD 定位模块

首先要将 I.MX6U-ALPHA 开发板上的 JP1 跳线帽拔掉,不能连接 RS232 或 RS485,否则会干扰到 GPS 模块。UART3_TX 和 UART3_RX 已经连接到了开发板上的 ATK MODULE 上,直接将 ATK1218-BD 模块插到开发板上的 ATK MODULE 接口即可,开发板上的 ATK MODULE 接口是 6 脚的,而 ATK1218-BD 模块是 5 脚的,因此需要靠左插。然后 GNSS 需要接上天线,天线的接收头一定要放到户外,因此室内一般是没有 GNSS 信号的。连接完成以后如图 4-31 所示。

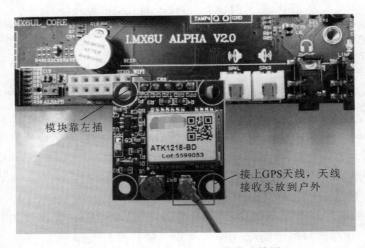

图 4-31　ATK1218−BD 模块连接图

GNSS 都是被动接收定位数据的，因此打开 minicom，设置/dev/ttymxc2，串口设置要求如下：

（1）波特率设置为 38400，因为正点原子的 ATK1218-BD 模块默认波特率就是 38400。

（2）8 位数据位，1 位停止位。

（3）关闭硬件和软件流控。

设置好后如图 4-32 所示。

```
A -     Serial Device       : /dev/ttymxc2
B - Lockfile Location       : /var/lock
C -    Callin Program       :
D -   Callout Program       :
E -      Bps/Par/Bits       : 38400 8N1
F - Hardware Flow Control   : Yes
G - Software Flow Control   : No

    Change which setting?
```

图 4-32　ATK1218-BD 模块参数设置

设置好以后就可以静静地等待 GNSS 数据输出，GNSS 模块第一次启动可能还需要几分钟搜星，等搜到卫星以后才会有定位数据输出。搜到卫星以后 GNSS 模块输出的定位数据如图 4-33 所示。

```
Welcome to minicom 2.7.1

OPTIONS: I18n
Compiled on Sep 13 2019, 22:31:25.
Port /dev/ttymxc2, 16:27:59

Press CTRL-A Z for help on special keys
$GNGGA,034407.000,2318.2291,N,11319.5972,E,1,06,2.6,21.8,M,-5.4,M,,0000*61
$GNGLL,2318.2291,N,11319.5972,E,034407.000,A,A*41
$GPGSA,A,3,02,12,06,09,25,05,,,,,,,3.6,2.6,2.4*39
$GPGSV,3,1,10,19,54,116,01,05,51,249,15,02,44,334,21,06,41,040,28*76
$GPGSV,3,2,10,17,39,127,08,12,36,280,25,09,25,058,25,13,11,184,06*7F
$GPGSV,3,3,10,25,09,313,22,23,00,038,15*79
$GNRMC,034407.000,A,2318.2291,N,11319.5972,E,000.0,191.3,140919,,,A*78
$GNVTG,191.3,T,,M,000.0,N,000.0,K,A*19
$GNZDA,034407.000,14,09,2019,00,00*4A
$GNGGA,034408.000,2318.2291,N,11319.5972,E,1,06,3.9,21.8,M,-5.4,M,,0000*60
$GNGLL,2318.2291,N,11319.5972,E,034408.000,A,A*4E
$GPGSA,A,3,12,06,09,25,05,02,,,,,,,5.5,3.9,4.0*30
$GNRMC,034408.000,A,2318.2291,N,11319.5972,E,000.0,191.3,140919,,,A*77
$GNVTG,191.3,T,,M,000.0,N,000.0,K,A*19
$GNZDA,034410.000,14,09,2019,00,00*4C95972,E,000.0,191.3,140919,,,A*7E0*69
```

模块输出的GPS定位数据

图 4-33　GNSS 模块输出的定位数据

GNGGA：GPS 定位信息；GNRMC：推荐最小定位信息；GPGSV：可见卫星信息；GPGLL：地理定位信息；GPVTG：地面速度信息；GPGSA：当前卫星信息。

使用 GNSS 接收机采集 GNSS 原始数据，根据 Novatel 协议、RTCM 协议等对原始数据进行解码，按私有协议或通用协议输出导航信息。

GPGGA 和 GPRMC 是 GPS 数据输出格式语句，是 NMEA 格式中使用最广的数据。

＄GPGGA 语句包括 17 个字段：语句标识头，世界时间，纬度，纬度半球，经度，经度半球，定位质量指示，使用卫星数量，HDOP－水平精度因子，椭球高，高度单位，大地水准面高度异常差值，高度单位，差分 GPS 数据期限，差分参考基站标号，校验和结束标记（用回车符

<CR>和换行符<LF>),分别用 14 个逗号进行分隔。

格式示例:

$GPGGA,014434.70,3817.13334637,N,12139.72994196,E,4,07,1.5,6.571,M,
8.942,M,0.7,0016*79

该数据帧的结构及各字段释义如下:

$GPGGA,<1>,<2>,<3>,<4>,<5>,<6>,<7>,<8>,<9>,M,<10>,
M,<11>,<12>*xx<CR><LF>

$GPGGA:起始引导符及语句格式说明(本句为 GPS 定位数据);

<1> UTC 时间,格式为 hhmmss.sss;

<2> 纬度,格式为 ddmm.mmmm(第一位是零也将传送);

<3> 纬度半球,N 或 S(北纬或南纬);

<4> 经度,格式为 dddmm.mmmm(第一位是零也将传送);

<5> 经度半球,E 或 W(东经或西经);

<6> GPS 状态,0 初始化,1 单点定位,2 码差分,3 无效 PPS,4 固定解,5 浮点解,6 正
在估算,7 人工输入固定值,8 模拟模式,9WAAS 差分;

<7> 使用卫星数量,从 00 到 12(第一个零也将传送);

<8> HDOP-水平精度因子,0.5 到 99.9,一般认为 HDOP 越小,质量越好;

<9> 海拔高度,-9999.9 到 9999.9 米;

M 指单位米;

<10> 大地水准面高度异常差值,-9999.9 到 9999.9 米;

M 指单位米;

<11> 差分 GPS 数据期限(RTCM SC-104),最后设立 RTCM 传送的秒数量,如不
是差分定位则为空;

<12> 差分参考基站标号,从 0000 到 1023(首位 0 也将传送);

* 语句结束标志符;

xx 从 $ 开始到 * 之间的所有 ASCII 码的异或校验;

<CR> 回车符,结束标记;

<LF> 换行符,结束标记;

$GPRMC 数据详解:

$GPRMC,<1>,<2>,<3>,<4>,<5>,<6>,<7>,<8>,<9>,<10>,
<11>,<12>*hh

<1> UTC 时间,hhmmss(时分秒)格式;

<2> 定位状态,A=有效定位,V=无效定位;

<3>纬度 ddmm.mmmm(度分)格式(前面的 0 也将被传输);

<4> 纬度半球 N(北半球)或 S(南半球);

<5>经度 dddmm.mmmm(度分)格式(前面的 0 也将被传输);

<6> 经度半球 E(东经)或 W(西经);

<7>地面速率(000.0~999.9 节,前面的 0 也将被传输);

<8>地面航向(000.0～359.9度,以真北为参考基准,前面的 0 也将被传输);

<9> UTC 日期,ddmmyy(日月年)格式;

<10>磁偏角(000.0～180.0度,前面的 0 也将被传输);

<11> 磁偏角方向,E(东)或 W(西);

<12>模式指示(仅 NMEA01833.00 版本输出,A＝自主定位,D＝差分,E＝估算,N ＝数据无效)。

第 5 章 导航装备制造流程

　　导航装备制作流程是指制造导航装备的全过程,从产品设计和规划开始,经过材料采购、装配、测试、质检等一系列步骤,最终将产品制作完成并交付给用户或销售渠道。这个流程涵盖了从零部件到成品的整个生产过程,旨在确保导航装备的性能、质量和可靠性符合设计要求,并满足用户的实际使用需求。

　　本章节主要介绍导航装备封装结构设计与集成制造,首先对相关基本流程进行概述,之后从需求分析、装备制造设计、零部件制造、装备集成、测试与质检以及包装和交付对导航装备封装结构设计和制造的内容进行具体的阐述。

5.1　导航装备制造流程

　　导航装备的制造流程是一个复杂的过程,包括确定制造需求、装备制造设计、零部件制造、装备集成、测试与质检以及包装和交付,具体步骤可能因产品类型和制造商而异。以下是导航装备(如 GNSS 接收机)的典型制造流程,如图 5-1 所示。

图 5-1　导航装备的典型制造流程

5.2　需求分析

　　在导航装备的制造流程中,需求分析阶段是确保产品能够满足用户需求和预期性能的重要环节。通过深入理解用户的要求和产品的应用场景,可以为制造过程提供明确的指导,以确保生产出高质量、高性能的导航装备。

1）功能需求分析

需要明确导航装备所具备的功能,包括但不限于定位、导航、地图显示、路径规划、语音播报等功能。通过详细列出功能需求,确保产品在设计和制造过程中不会遗漏任何重要的功能点。

2）性能需求分析

导航装备的性能要求是其核心竞争力之一。需要定义产品的定位精度、更新频率、响应时间、耐用性等性能指标。这些指标将在后续的测试和质检阶段进行验证。

3）用户体验需求

用户体验对于导航装备的成功至关重要。需要了解用户的使用习惯、操作习惯和操作界面偏好,以确保产品的人机交互设计符合用户期望,简单易用。

4）产品安全性

导航装备在车辆、船只、航空器等领域被广泛应用,因此安全性是一个重要关注点。需要确保产品在使用过程中不会对用户和环境造成安全隐患。

5）维护和升级

导航装备的维护和升级对于延长产品寿命和保持竞争力至关重要。因此需要考虑产品的可维护性和可升级性,方便用户进行维护和软件更新。

5.3　装备制造设计

5.3.1　外观设计

导航装备的外观设计是指产品外观的规划和设计,包括外观形状、外壳材料、颜色、按钮布局等方面。外观设计在导航装备制造中起着重要作用,它不仅决定了产品的外观美感,还与用户的感受、品牌形象以及市场竞争密切相关。

外观设计的具体内容包括：

1）美观与舒适

外观设计的首要目标是确保导航装备的美观性。一个吸引人的外观设计能够提高产品的吸引力和用户体验。同时,舒适性也是外观设计要考虑的因素,设计师需要考虑产品的握持感和操作的便利性,确保用户在使用时感到舒适和方便。

2）品牌形象

外观设计是塑造品牌形象的重要手段。导航装备制造商通常会在外观设计中融入品牌元素,如标志、标志色、字体等,以增强品牌辨识度,提升品牌价值。

3）材料与工艺

外观设计涉及材料选择和工艺,这些因素直接影响产品的质感和质量。优质的外壳材料和精细的加工工艺能够为产品增添高端感和品质保障。

4）耐用性和防护性

导航装备经常在户外使用,因此外观设计需要考虑产品的耐用性和防护性。合理的设计可以提高产品的防水、防尘、抗震等性能,增强产品的耐用性。

5）独特性和创新性

外观设计也是产品的差异化竞争手段之一。独特的外观设计和创新性的设计元素可以使导航装备在市场中脱颖而出，吸引更多用户。

综上所述，导航装备制造设计中的外观设计需要综合考虑美观性、舒适性、用户体验、品牌形象、材料与工艺等多个方面，以确保产品在市场中具有竞争力并满足用户的需求。外观设计在与功能性设计相结合的同时，也是产品差异化和品牌建设的重要手段。

5.3.2 结构设计

结构设计是指对导航装备的内部构造和组件布局进行规划和设计的过程。结构设计旨在确保导航装备的性能、稳定性、可靠性和易用性，并使其能够满足预期的功能要求。

结构设计的具体内容包括：

1）组件布局

结构设计师需要合理规划导航装备内部各个功能模块和组件的布局，以确保它们之间的相互作用不会干扰彼此。优秀的组件布局可以提高产品的性能和稳定性，减少干扰和故障的可能性。

2）尺寸和重量

导航装备通常需要携带，因此结构设计师需要考虑产品的尺寸和重量。合理的尺寸和轻量化设计使导航装备更便于携带和使用。

3）材料选择

结构设计师需要选择耐用、轻量的材料，以确保产品的长期稳定性和可靠性。不同的部件和外壳可能需要不同的材料，因此选择合适的材料对于整体结构设计至关重要。

4）散热设计

导航装备在运行过程中可能会产生一定的热量，结构设计需要考虑如何有效散热，以确保产品在高负荷运行时能够保持稳定性。

5）模块化设计

在结构设计中，可以考虑采用模块化设计，将导航装备划分为多个独立的模块，方便维护和升级。

6）可维护性和可升级性

结构设计师应该考虑如何方便用户进行维护和升级。易于拆卸和更换部件，以及提供软件升级的功能，有助于延长导航装备的使用寿命。

结构设计是导航装备制造设计中的重要环节，它直接影响到产品的性能、稳定性、可靠性和用户体验。优秀的结构设计能够使导航装备在实际使用中表现出色，满足用户的实际需求。

5.3.3 性能设计

性能设计是在产品或系统的设计阶段，着重考虑和优化产品或系统的性能指标的过程，确保产品或系统能够满足预期的性能要求，并在实际使用中表现出色。在导航装备制造设计中，性能设计涉及导航装备的各种功能、技术规格和性能指标，旨在提高导航装备的性能水平,以满足用户的需求和市场竞争要求。常用的性能设计有热设计、冲击隔离设计以及防腐设计。

1. 热设计

热设计是在产品设计阶段考虑和规划产品的热管理问题的过程。在导航装备制造设计中,热设计是非常重要的一部分,因为导航装备在工作过程中会产生一定的热量,而过高的温度可能导致设备性能下降、故障甚至损坏。因此,合理的热设计可以确保导航装备在各种工作条件下保持稳定性和可靠性。热设计的具体内容有:散热系统设计、散热材料选择、散热结构设计以及热仿真和测试等。合理的热设计可以确保导航装备在各种工作条件下保持适宜的温度范围,从而保证产品的性能、稳定性和可靠性,并延长产品的使用寿命。

2. 冲击隔离设计

冲击隔离设计是在产品设计中采取措施,以减少或消除来自外部冲击和振动的影响,保护产品内部组件和设备的设计过程。在导航装备制造设计中,冲击隔离设计是为了确保导航装备在遭受意外冲击、振动或震动时能够保持正常运行,避免或最小化对设备性能和稳定性的不利影响。冲击隔离设计通常包括结构设计、缓冲材料、防震支架、冲击传感器、加固设计等。冲击隔离设计在导航装备制造设计中尤为重要,因为导航装备通常在户外环境中使用,面临各种复杂的地面和运输条件。良好的冲击隔离设计可以保护导航装备免受外部冲击和振动的影响,延长产品寿命,确保产品在各种恶劣条件下正常工作。同时,冲击隔离设计也有助于提高导航装备的可靠性和稳定性,提高用户的满意度和信赖度。

3. 防腐设计

防腐设计是在产品设计或工程设计中采取措施,以防止产品或设备受到腐蚀或腐蚀引起的损坏。在导航装备制造设计中,防腐设计是为了保护导航装备免受腐蚀性介质(如水、湿气、化学物质等)的侵蚀,从而提高导航装备的耐久性和可靠性。防腐设计通常包括材料选择、密封设计、表面涂层、防腐涂层和环境适应性等。通过合理的防腐设计,可以有效保护导航装备不受腐蚀性介质的侵蚀,提高产品的耐久性和可靠性,延长产品的使用寿命。防腐设计也是确保导航装备在各种复杂环境下正常运行的重要手段。

5.4　零部件制造

导航装备的零部件制造包括芯片制造和 PCB 制造。两者的制造过程都要求高精度的设备、精细的工艺控制和严格的质量检测。通过先进的技术和精细的工艺,技术团队可以生产出高性能的芯片和 PCB,从而确保导航装备的正常运行。

5.4.1　芯片制造

芯片制造是一个复杂和高度专业化的过程,该过程需要精密的设备和专业的技术知识。导航装备可能使用多种类型的芯片,包括处理器、传感器、通信芯片等,这些芯片用于实现导航功能、数据处理和通信等功能。导航装备芯片制造的流程如下:

1) 芯片设计

芯片设计包括定义芯片的功能、架构、电路设计、电路测试等。在进行芯片设计时,芯片设计师通常使用专业的电子设计自动化(EDA)工具来创建并验证电路设计。

2）掩膜制作

芯片设计完成后,芯片制造团队需要将设计转换为物理版,这个过程称为掩膜制作。芯片制造团队首先将芯片设计转换成图案,然后使用光刻技术将这些图案转移到硅片上,这些图案将成为芯片中的电路和结构。

3）芯片制作

在芯片制作的过程中,芯片制造团队使用化学和物理的方法在硅片上逐步构建不同的层次。芯片制作包括沉积材料、光刻、蚀刻和离子注入等工艺步骤,每个步骤都会逐渐形成芯片的电路和结构。

4）金属化和封装

完成芯片制作后,芯片制作团队还需要对其进行金属化和封装。在金属化过程中,芯片制作团队通过添加金属线将芯片上的电路连接到芯片的引脚。在进行金属化后,芯片将会被封装在保护壳中,这为芯片提供了物理保护,并赋予芯片连接引脚到外部电路的功能。

5）测试和质量控制

制造好的芯片需要进行测试和质量控制以确保其质量和性能。测试包括功能测试、可靠性测试和性能测试等。通过这些测试,芯片制作团队可以识别芯片潜在的问题,并可以针对芯片的问题对芯片进行修补和完善。

5.4.2　PCB 制造

与芯片制造类似,PCB 制造也是一个多步骤的过程。首先,使用有机玻璃纤维材料作为基板,并在基板上涂布一层导电的铜箔,其次,使用光刻技术对铜箔进行图形化处理,形成电路连接图案。然后,通过蚀刻技术去除不需要的铜箔,仅保留电路连接部分。最后,进行钻孔、金属化和焊接等步骤,将电子元器件固定在电路板上并将特定的电子元器件进行连接。

在本书的编写过程中,对 PCB 制造进行了全面介绍,并将相关内容归纳整理在第 3 章,读者可以在第 3 章中详细了解 PCB 制造的相关知识。

5.5　装备集成

在导航装备制造流程中,设备集成是将各个制造过程中的零部件、组件和模块组装在一起,形成可用的导航设备的过程。设备集成涉及物理组装、连接和调试等步骤,这些步骤能够确保各个组件协同工作。

5.5.1　集成流程

导航装备的集成流程是导航装备从概念和零件到整体的关键,按规定实施集成流程有助于确保导航装备硬件设备之间的良好连接、协调工作和稳定运行,从而实现导航装备的导航功能。导航装备的集成流程如下:

1）设备选型

在硬件集成之前,导航装备集成团队需要根据导航装备的要求和应用场景选择合适的硬件设备。硬件设备主要包括传感器、处理器、通信模块、存储器等。

2）接口标准

导航装备通常涉及多个硬件设备之间的连接与通信。为了实现硬件的集成，导航装备集成团队需要定义和遵循统一的接口标准。接口标准包括电气接口标准、通信接口标准、信号传输协议等。标准的接口能够使不同的硬件设备可以相互连接和交换数据，实现硬件设备的协同工作。

3）工程设计

在硬件集成过程中，导航装备集成团队需要进行细致的工程设计。工程设计包括电路设计、硬件布局、连线规划等。根据导航装备的功能需求，导航装备集成团队应对不同硬件组件进行合理的布局和连接，以最大限度地提高信号的传输效率与系统的性能。

4）硬件组装

导航装备集成团队将所选的硬件组件安装到导航装备的适当位置。在硬件组装的过程中，导航装备集成团队需仔细处理电路板的布线、固定和接线，确保硬件设备能够稳定工作。

5）集成测试

导航装备集成完成后，导航装备集成团队需对其进行测试。测试的内容主要包括验证导航装备的功能、性能和可靠性等，目的是确保导航装备在各种工作条件下能够正常运行。测试还会对导航装备进行模拟测试或实地测试，以检验其在不同环境和使用场景下的性能。

5.5.2　集成特点

导航设备属于技术密集型产品，其集成过程与技术密切相关，导航装备的集成特点如下：

（1）导航装备集成基本技术构成多。

导航装备集成工作的基本技术包括元器件的筛选与引线成型技术、线材加工处理技术、焊接技术、安装技术、质量检验技术等。

（2）导航装备集成操作质量难以鉴定。

在导航装备集成过程中，分析集成操作的质量是很困难的。如焊接质量的好坏，通常以目测和触摸等方法来鉴定焊接操作的质量。因此，集成操作人员掌握正确的操作方法是十分重要的。

（3）导航装备集成操作人员必须通过考核并获得相关证件后才可上岗。

导航装备集成操作人员的考核是对其知识和技术水平是否达标的检测。若集成操作人员缺乏知识或技术水平不高，集成操作人员就可能生产出残次品，导致导航装备的集成质量缺乏保证。

5.6　测试和质检

导航装备的测试和质量监督是确保其性能和可靠性的重要环节。导航装备的一般测试方法和质量监督措施主要有功能测试、性能测试、环境适应性测试、耐久性和可靠性测试、部件测试、认证和标准符合性等方面。通过测试和质量监督措施，可以确保导航装备的性能、可靠性和耐用度。这有助于提供高质量的导航体验,并满足用户的需求和期望。

5.6.1　部件测试

导航装备的部件测试是确保导航设备能够正常工作和准确导航的重要环节。导航装备部件测试主要有以下几个方面,首先是对 GPS 接收机的测试,测试 GPS 接收机的性能,包括信号接收强度、定位精度和快速重新定位能力等方面;其次是对惯性测量单元(IMU)的测试,IMU 是一种通过加速度计和陀螺仪测量运动状态的装置,测试其准确性和稳定性;再者是罗盘测试,测试罗盘的指向精度和稳定性,确保导航设备能够准确识别方向;然后对外部传感器进行测试;最后就是对航向仪校准、界面与数据传输测试。

以上是导航装备部件测试的一些主要内容,具体测试范围和方法可能会因不同设备而异。在测试过程中,应遵循相关的测试标准和流程,并记录和评估测试结果,以确保导航装备符合要求。

5.6.2　性能测试

导航装备性能测试对于确保导航装备的准确性、可靠性、实时性和兼容性非常重要。它可以帮助用户选择最满足其需求的导航装备,并促进导航技术的进一步发展和改进。对导航装备的性能测试有多径抑制测试、授时精度测试、伪距精度测试、通道时延一致性测试、定位测速精度测试、抗热性测试、抗冲击性测试和防腐性测试等。

5.7　装置包装成型

导航装备的装置包装成型是指将导航设备的内部元件和组件进行包装和整合,形成一个完整的外壳或机壳,以保护内部元件并提供便于使用的外观和结构。

导航装备的装置包装成型通常需要考虑以下几个方面,比如外观设计,根据导航装备的用途和目标用户群体,设计出符合用户审美和使用习惯的外观;其次就是机壳材料,对于机壳材料,选择适当的机壳材料,以提供足够的结构强度和耐用性;再者就是组件布局,将导航装备的各个内部组件进行布局,以最大限度地提高空间利用率和散热效果;然后是按键和接口设计,为导航装备设计合适的按键和接口,确保用户可以方便地操作和连接外部设备;最后是对于一些特殊要求的考虑,例如,根据具体的应用场景和环境,对装置包装成型提出防水、防尘、抗震等功能要求。在进行导航装备的装置包装成型时,需要综合考虑以上因素,并确保设计符合产品需求、质量标准和用户期望。同时,还需要遵循相关的安全标准和法规,确保产品的安全性和合规性。

5.8　导航装备模具

导航装备模具是一种用于制造航空航天、导航测绘领域所需零部件的特定类型模具或工装。这些导航零部件包括各种精密机械件、电子元器件、传感器、天线等,需要具备极高精度和极高可靠性。导航装备模具通过精密的加工制作过程,确保所生产的零部件严格符合质量要求和产品性能的同时,还能够实现高效率量产。导航装备模具可用于制造各种精密零部件,确保零部件的精度和表面质量,以及整个导航装备的性能和安全。

　　导航装备模具通常由专业制造商或工厂制造,制造过程需要高水平的专业知识和技能。制造过程包括设计、加工、装配和调试等多个步骤。在设计阶段,需要根据所需零部件的图纸和规格要求进行模具设计。设计完成后,选择合适的材料和加工工艺,使用数控机床等设备进行加工和制造。在模具加工完成后,还需要进行装配和调试,以确保模具的各个部分能够准确地协同工作。在调试完成后,模具就可以用于制造导航装备所需的各种零部件。

5.8.1　模具发展历程

　　模具的发展历程可以追溯到 20 世纪初期的工业革命时期。当时,随着航空、航天、导航、测绘等领域的快速发展,对于精密零部件的制造要求也越来越高。为了满足这些要求,开始出现了各种各样的模具和工装,用于生产各种精密零部件。这些模具和工装可以大大提高零部件的生产效率和质量,促进了导航装备的发展。

　　随着科技的不断进步,导航装备模具的制造技术也得到了不断的提升和改进。在 20 世纪 60 年代,数控加工技术开始应用于导航装备模具的制造中,大大提高了模具加工的精度和效率。在 90 年代,随着计算机技术的快速发展,CAD/CAM 技术开始应用于导航装备模具的设计和制造中,进一步提高了模具制造的精度和效率。

　　目前,导航装备模具的制造技术已经相当成熟,并且不断向着数字化、智能化方向发展。现代导航装备模具制造采用了各种现代化的工艺和技术,如数控加工、激光切割、电火花加工、3D 打印等。同时,为了提高模具加工的效率和精度,还采用了各种先进的加工设备和工具,如高速数控机床、超硬合金刀具、高精度测量仪器等。

5.8.2　模具分类

　　根据使用模具进行成型加工的工艺性质和使用对象为主的综合分类方法,可将模具分为以下几类,见表 5-1。

表 5-1　模 具 种 类

序号	模具类型	模具品种	工艺性质及使用对象
1	冲压模具	冲裁模、复合冲模等	板材冲压成型
2	塑料成型模具	塑料注射模、塑料压塑模、塑料吹塑模等	塑料制品成型工艺
3	压铸模	热室压铸机用压铸模,立式冷室压铸机用压铸模等	有色金属与黑色金属压力
4	锻造成型模具	模锻和大型压力机用模锻等	金属零件成型,采用锻压、挤压
5	锻造用金属模具	各种金属零件锻造时采用的金属模型	金属浇铸成型工艺
6	粉末冶金模具	压制模具,精整模具等	粉末制品压制成型工艺
7	玻璃制品模具	吹-吹法成型瓶罐模具等	玻璃制品成型工工艺

续表

序号	模具类型	模具品种	工艺性质及使用对象
8	橡胶成型模具	橡胶制品的压胶模等	橡胶压制成型工艺
9	经济模具	低熔点合金成型模具等	适用于多品种小批量工业产品

导航装备可使用塑料模具,塑料模具根据成型方法可分为注射成型、压缩成型、挤塑成型、压注成型、中空成型。

注射成型是先把塑料加入注射机的加热料筒,塑料受热熔融,在注射机螺杆或柱塞的推动下,经喷嘴和模具浇注系统进入模具型腔,由于物理及化学作用而硬化定型成为注塑制品。注射成型由具有注射、保压(冷却)和塑件脱模过程构成循环周期,因而注射成型具有周期性的特点。热塑性塑料注射成型的成型周期短、生产效率高,熔料对模具的磨损小,能大批量地生成形状复杂、表面图案与标记清晰、尺寸精度高的塑件。但是对于壁厚变化大的塑件,难以避免成型缺陷。塑件各向异性也是质量问题之一,应采取一切可能措施,尽量减小各向异性的发生。

压缩成型俗称压制成型,是最早成型塑件的方法。压缩成型是将塑料直接加入具有一定温度的、敞开的模具型腔,然后闭合模具,在热与压力作用下塑料熔融变成流动状态。由于物理及化学作用,使塑料硬化成为具有一定形状和尺寸的常温保持不变的塑件。压缩成型主要是用于成型热固性塑料,如酚醛模塑粉、脲醛与三聚氰胺甲醛模塑粉、玻璃纤维增强酚醛塑料、环氧树脂、DAP树脂、有机硅树脂、聚酰亚胺等的模塑料,还可以成型加工不饱和聚酯料团(DMC)、片状模塑料(SMC)、预制整体模塑料(BMC)等。一般情况下,常常根据压缩模上、下模的配合结构,可将压缩模分为溢料式、不溢料式、半溢料式三类。

挤塑成型是使处于黏流状态的塑料,在高温和一定压力的作用下,通过具有特定断面形状的口模,然后在较低的温度下,定型成为所需截面形状的连续型材的一种成型方法。挤塑成型的生产过程,是准备成型物料、挤出造型、冷却定型、牵引与切断、挤出品后处理(调质或热处理)。在挤塑成型过程中,注意调整好挤出机料筒各加热段和机头口模的温度、螺杆转数、牵引速度等工艺参数以便得到合格的挤塑型材。特别要注意调整好聚合物熔体由机头口模中挤出的速率。因为当熔融物料挤出的速率较低时,挤出物具有光滑的表面、均匀的断面形状;但是当熔融物料挤出速率达到某一限度时,挤出物表面就会变得粗糙、失去光泽,出现鲨鱼皮、橘皮纹、形状扭曲等现象。当挤出速率进一步增大时,挤出物表面出现畸变,甚至支离和断裂成熔体碎片或圆柱。因此,挤出速率的控制至关重要。

压注成型亦称铸压成型,是将塑料原料加入预热的加料室内,然后把压柱放入加料室中锁紧模具,通过压柱向塑料施加压力,塑料在高温、高压下熔化为流动状态,并通过浇注系统进入型腔逐渐固化成塑件。此种成型方法,也称传递模塑成型。压注成型适用于各低于固性塑料,原则上能进行压缩成型的塑料,也可用压注法成型。但要求成型物料在低于固化温度时,熔融状态具有良好的流动性,在高于固化温度时,有较大的固化速率。

中空成型是把由挤出或注射制得的、尚处于塑化状态的管状或片状坯材趋势固定于成型模具中,立刻通入压缩空气,迫使坯材膨胀并贴于模具型腔壁面上,待冷却定型后脱模,即得所需中空制品的一种加工方法。适合中空成型的塑料为高压聚乙烯、低压聚乙烯、硬聚氯乙烯、软聚氯乙烯、聚苯乙烯、聚丙烯、聚碳酸酯等。根据型坯成型方法的不同,中空成型主要分为挤出吹塑中空成型和注射吹塑中空成型两种。挤出吹塑中空成型的优点是挤出机与挤出吹塑模的结构简单,缺点是型坯的壁厚不一致,容易造成塑料制品的壁厚不匀。注射吹塑中空成型的优点是型坯的壁厚均匀、无飞边,由于注射型坯有底面,因此中空制品的底部不会产生拼和缝,不仅美观而且强度高。缺点是所用的成型设备和模具价格贵,故这种成型方法多用于小型中空制品的大批量生产上,在使用上没有挤出吹塑中空成型方法广泛。

塑胶注塑模具是指经注塑机将熔融/塑化后的塑料注入其成型模腔内通过保压冷却而形成塑胶制品的工具。

5.8.3　模具工艺性能

模具作为工件及零部件的重要研制工具,在制造过程中其性能要求对工件及零部件的质量有着密切的关系。因此,在制造过程中,需要注意以下八大模具制造工艺性能要求。模具按照以下要求生产,能够避免装备产品在应用中造成工件或者零部件的质量损坏等问题。

(1) 可锻性:具有较低的热锻变形抗力,塑性好,锻造温度范围宽,锻裂冷裂及析出网状碳化物倾向低。

(2) 退火工艺性:球化退火温度范围宽,退火硬度低且波动范围小,球化率高。

(3) 切削加工性:切削用量大,刀具损耗低,加工表面粗糙度低。

(4) 氧化、脱碳敏感性:高温加热时抗氧化性能好,脱碳速度慢,对加热介质不敏感,产生麻点倾向小。

(5) 淬硬性:淬火后具有均匀且较高的表面硬度。

(6) 淬透性:淬火后能获得较深的淬硬层,采用缓和的淬火介质就能淬硬。

(7) 淬火变形开裂倾向:常规淬火体积变化小,形状翘曲、畸变轻微,异常变形倾向低。常规淬火开裂敏感性低,对淬火温度及工件形状不敏感。

(8) 可磨削性:砂轮相对损耗小,对砂轮质量及冷却条件不敏感,不易发生磨伤及磨削裂纹。

5.8.4　模具设计流程

模具在设计过程中需要提前规划设计流程,具体的设计流程可以归结为以下 10 个步骤:

(1) 首先整理好设计数据,根据客户提供的塑件的 2D 图样、3D 造型结构,对塑件产品的结构、形状、装配尺寸(如分析证制品的成型处的脱模斜度合理性、制品壁厚的合理性和均匀性、成型收缩率等)进行确认,了解注塑设备参数是否与模具相关尺寸匹配,模具的型腔数、制品生产批量、钢材要求等,然后把资料转化成设计说明书。

(2) 确定模具类型、总体结构、型腔数目、型腔的布局排列。

(3) 确定分型面(利用 3D 造型进行分型或利用 2D 图进行造型后分型)。

(4) 确定浇注系统类型(冷浇道、热流道),进行模流分析,确定浇口形式、部位及数目。

(5) 侧向抽芯结构和斜顶机构的确定。

（6）镶嵌结构的确定。

（7）顶出、复位系统设计。

（8）冷却、加热系统设计。

（9）导向和定位系统设计。

（10）模架的选用（模板、动模、定模的尺寸大小，整体还是镶块）。绘制模架零件图，尽量按标准模架设计。采用镶块结构的模架设计要求标注上 A 板、B 板的粗开尺寸。

5.8.5　模具设计案例

案例：为一家导航仪器制造商设计制造一款仪表盘的注塑模具。该模具的设计需求如下：

（1）仪表盘的尺寸为 600mm×400mm×50mm，材料为 ABS 工程塑料。

（2）仪表盘表面需要有凸起和凹槽，以便安装各种按钮、显示屏和指针。

（3）模具需要具有高精度和长寿命，能够满足大批量生产的需求。

具体模具设计步骤如下：

步骤一：确定模具设计需求

与客户进行详细的沟通，确定模具的设计需求和使用要求。根据客户的要求，开始进行模具设计。

步骤二：设计模具结构

UG（Unigraphics）是一个交互式 CAD/CAM（计算机辅助设计与计算机辅助制造）系统，能够灵活地对偏微分方程进行数值求解，如图 5-2 所示。该系统可以轻松实现各种复杂实体及造型的建构，可以为用户的产品设计及加工过程提供数字化造型和验证手段，目前该系统已经成为模具行业三维设计的一个主流软件。使用 UG 软件进行模具结构设计的流程大致如下：首先对仪表盘的尺寸和形状进行测量和分析，确定模具的上下模板和流道系统的结构；然后设计模具的凸起和凹槽，以便安装各种按钮和摄像头等。在设计过程中，要考虑到模具的可制造性和可维护性，确保模具的设计能够满足实际的生产需求。

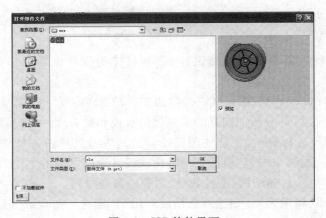

图 5-2　UG 软件界面

步骤三：制定制造工艺方案

根据模具的材料和结构,制定制造工艺方案。使用数控加工和电火花加工等工艺进行模具加工,制定加工顺序和参数,确保模具的制造效率和质量。还制定了模具的冷却系统和温度控制系统,以确保模具的正常工作。在制定工艺方案的过程中考虑了模具加工的复杂性和成本,以确保制造过程的可控性和效率。

步骤四：制造模具零部件

根据制造工艺方案,开始制造模具零部件,模具制造工艺流程如图 5-3 所示。使用数控加工和电火花加工等工艺进行零部件的加工,包括上下模板、凸起和凹槽等。在制造过程中,进行了质量控制,确保模具零部件的精度和质量满足设计要求。还对模具零部件进行了表面处理和热处理,以提高模具的硬度和耐磨性。

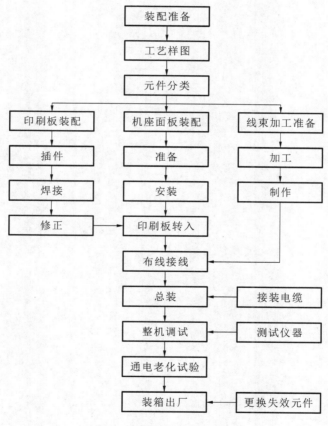

图 5-3　模具制造工艺流程

步骤五：组装模具

在制造完成模具零部件之后,接着进行组装。对上下模板及凸起和凹槽等进行拼装和调试,确保模具能够正常工作。在组装过程中,考虑模具的配合精度和润滑要求,以确保模具能够正常工作。

步骤六：调试和测试模具

在完成模具组装之后，需要进行调试和测试。接着对模具的加工精度和模具寿命等进行测试，确保模具能够满足使用要求。还对模具的流道系统和冷却系统进行调试，以确保模具的制造效率和质量。

通过以上步骤，可设计制造高精度、长寿命的注塑模具，用于导航装备外壳生产，提高仪器的生产效率和质量。

第6章　导航装备测试技术

导航装备测试技术是针对导航定位设备的关键性能而设计的一系列规范化产品测试技术,包括功能测试、性能测试、安全性测试等。本章重点围绕导航装备性能与功能测试进行介绍,首先介绍导航装备测试包括的总体内容,随后分别介绍北斗接收机、惯性导航装备的性能及功能测试内容,最后阐明导航装备测试主要设备情况。

6.1　导航装备测试内容

导航装备是一种利用先进技术和复杂算法来实现准确的导航与定位功能的高精度装备。导航装备测试技术是对各种导航系统和设备进行评估和验证的一系列技术手段,导航装备测试包括外观界面测试、功能测试、性能测试、安全性测试、易用性测试及兼容性测试等。旨在确保导航系统在各种环境和条件下能够提供准确可靠的导航信息。

1. 外观界面测试

导航装备外观界面测试是对导航装备用户界面进行评估和验证的测试过程。该测试旨在确保导航装备的用户界面与设计规范和用户期望的一致,以提供良好的用户体验和易用性。

在导航装备外观界面测试中,测试人员会仔细检查导航设备的用户界面,并评估布局和对齐、图标和图像、文本和字体、输入和交互、响应性和流畅性、一致性和易用性等。

导航装备外观界面测试可以利用实际设备、模拟器或虚拟环境开展,以模拟真实的使用情况。测试结果将有助于发现潜在的界面问题和改进点,进而提高导航装备的用户界面设计质量,增强用户的满意度和信任度。好的用户界面设计可以使导航装备更易于操作,提高用户体验,并减少用户在学习和使用过程中的困惑和错误。

2. 功能测试

导航装备功能测试是一种评估导航装备在不同负载、压力等条件下性能表现的测试方法。按照实施方法,导航装备的功能测试包括室内测试和室外测试两个方面。

室内测试评估技术包括室内有线测试评估技术和室内无线测试评估技术。室内有线测试评估技术主要包括 RNSS 测试、RDSS 测试、GNSS 多模组合测试、GNSS/INS 组合测试、差分定位测试和抗干扰测试。室内无线检测相较室内有线测试检测的改变在于测试条件中存在规定的天线接收角度,对卫星导航定位终端天线全方位的接收模拟信号增益存在一定影响,其他试验方法、分析评估方法与室内有线测试技术均相同。

室外测试评估技术包括室外无线静态测试评估技术和室外有线静态测试技术。室外无线静态测试评估技术主要包括 RNSS 性能测试、接收机内部噪声水平测试和天线相位中心稳定性测试。室外无线动态测试评估技术主要包括：GNSS 系统 RNSS 测试和北斗系统 RNSS 测试。

3. 性能测试

导航装备性能测试是用于评估导航设备和系统在不同条件下的性能表现的测试过程。该测试旨在验证导航装备在实际应用中的准确性、可靠性、稳定性和响应性等关键指标，以确保其能够满足预期的性能要求。

导航装备性能测试涉及定位准确性测试、方向精度测试、速度测量测试，验证导航装备测量速度和加速度的准确性、动态性能测试、抗干扰测试、多模组合测试等。

导航装备性能测试通常在实验室和实地环境中进行。测试条件可能包括不同的天气条件、地理位置、速度和姿态等，以模拟真实世界中的各种使用场景。测试结果将有助于识别导航装备可能存在的性能问题，从而进行改进和优化，确保导航系统在各种情况下都能够可靠地工作。性能测试对于保障交通运输、军事作战、航空航天和科学研究等领域的导航应用至关重要。

4. 安全性测试

导航装备在许多关键领域中发挥着至关重要的作用，如航空航天、自动驾驶和军事导航。因此，为了防止潜在的事故发生，确保导航装备的安全性十分重要。

安全性测试旨在验证导航装备在各种条件下的稳定性和可靠性，包括评估导航装备在不同环境中的准确性、鲁棒性和故障容忍能力。安全性测试还包括对导航装备抗干扰能力的评估。通过模拟这些干扰情况，安全性测试可以检测导航装备的容错性和恢复能力，以确定其在面对干扰时是否能够提供准确的导航信息。

安全性测试还包括对导航装备的紧急情况处理能力的评估。例如，测试导航装备在 GNSS 信号中断时的替代定位方法，或者测试导航装备电源故障时的备用电源切换功能等。这些安全性测试有助于确定导航装备是否具备必要的应急行动能力，以确保在紧急情况下导航装备用户的安全和导航装备功能的连续性。

5. 易用性测试

导航装备被广泛应用于包括汽车导航系统、智能手机导航应用和手持式 GNSS 设备的多个日常领域。在这些领域，提高用户满意度、减少误操作能够确保用户轻松且有效地使用这些设备，因此良好的易用性设计是必不可少的。

易用性测试的目标是评估导航装备的界面、功能和操作方式的可理解性和易用性，包括评估菜单、选项和命令的布局和组织是否合理、是否符合用户的期望。易用性测试还会关注导航装备的导航指引、地图显示以及输入方式（如触摸屏、按钮或语音控制）。通过模拟真实用户在不同使用场景下的操作，易用性测试可以发现潜在的用户困惑点、操作难度和界面不明确的问题。

易用性测试可以评估导航装备在不同用户群体中的可用性和包容性。导航装备的用户可能涵盖不同年龄段、不同文化背景和不同技术水平的人群。易用性测试可以验证导航装备是否适应不同用户群体的特点和需求。例如，对于老年人或技术素养较低的用户，易用性测试可以检查导航装备的界面是否简明易懂，是否能提供明确的帮助和导航指引。

6.兼容性测试

导航装备通常需要与多种硬件设备、操作系统、导航软件以及地图数据源交互,它们需要能够正确地处理来自不同源头的数据,并与其他设备进行通信和集成。因此,确保导航装备在不同环境和配置下的兼容性十分重要。

兼容性测试的目的是验证导航装备能够与各种硬件和软件组件实现无缝集成。在测试过程中,项目团队会验证导航装备与不同的 GNSS 模块、传感器和其他外部设备的连接和通信是否正常。同时,项目团队也会测试导航装备在不同操作系统上的运行情况,以确保它们能够适应不同的系统环境。

项目团队也会对导航装备与各种导航软件和地图数据源的兼容性进行测试。不同的导航软件可能采用不同的数据格式和协议,而地图数据源也可能具有不同的数据和编码结构。兼容性测试可以验证导航装备是否能够正确解析和处理不同格式的地图数据,并验证导航装备是否能够与不同的导航软件进行有效的数据交换。

6.2　北斗接收机测试

6.2.1　功能测试

北斗接收机功能测试是对接收机各项功能进行验证和评估的测试过程。例如,测试接收机是否能够正确解析和处理卫星信号,提供高度、速度、时间等附加信息,并输出正确的定位结果。

1.自主完好性测试

自主完好性测试是为了确保卫星导航定位终端在接收到故障卫星信号时,能够正确辨别故障状态并采取相应的措施。测试包括以下三个步骤:首先,将卫星导航定位终端接入卫星导航信号模拟系统;其次,卫星导航信号模拟系统播发卫星导航模拟信号,设置两种仿真场景,分别是五颗可见星中一颗偶尔有故障和六颗可见星中一颗偶尔有故障;最后,卫星导航信号模拟系统按指定频率输出定位信息和故障卫星检测信息,以验证卫星导航定位终端在不同场景下是否能正确识别故障卫星并正确解算出定位结果。测试的目的是确保卫星导航定位终端在故障情况下能够给出警告信息或采取相应措施,以保证定位系统的可靠性和准确性。

对于五颗可见星中一颗偶尔有故障的场景,卫星导航定位终端的测试要求是当卫星发生故障时,定位终端能够正确上报卫星故障信息,并且在卫星无故障的情况下,定位结果应满足定位精度要求。如果卫星导航定位终端在该场景测试中成功实现了上述要求,则判定该功能测试成功;否则,测试失败。对于六颗可见星中一颗偶尔有故障的场景,卫星导航定位终端的测试要求是当卫星发生故障时,定位终端能够正确上报故障卫星号,并且在该场景下定位结果应满足定位精度要求。如果卫星导航定位终端在该场景测试中成功实现了上述要求,则判定该功能测试成功;否则,测试失败。综合考虑两个场景的测试结果,只有当卫星导航定位终端在两个场景的测试中均成功满足要求时,才能判定卫星导航定位终端的该功能测试为成功;否则,测试被判定为失败。

2. 定位功能测试

定位功能测试是用来检测接收机发送定位申请并能正确接收定位结果的效果。

卫星导航定位终端接收机接入卫星导航信号模拟系统,随后该系统播发仿真场景设置为 RDSS 信号的卫星导航模拟信号。卫星导航定位终端接收机锁定卫星信号后,系统控制卫星导航定位终端按规定频度发送定位申请。系统接收到定位申请后向卫星导航定位终端接收机发送定位结果数据,并通过串口检测卫星导航定位终端是否正确接收该定位数据。

卫星导航定位终端能够正确发送定位申请并能够正确接收定位结果,则判定该功能合格;否则,判为不合格。

3. 双向零值测试

双向设备时延是指从卫星导航定位终端信号接收口面开始,收到卫星导航信号时间标志信息(时间同步巴克码)第一比特上升沿的时刻到最后一比特后沿发射完毕时刻之间的时延。

在测试过程中,首先卫星导航定位终端会接入卫星导航信号模拟系统。接着,卫星导航信号模拟系统会播发仿真场景设置为 RDSS 信号的卫星导航模拟信号。一旦卫星导航定位终端成功锁定卫星信号,系统会控制卫星导航定位终端按规定频度发送定位申请。此时,系统会测量从卫星导航定位终端发射的定位申请信号中恢复出的时间标志信号 PPS 信号与时间基准信号 PPS 之间的时间差值。这个时间差值可以用来评估卫星导航定位终端的时间同步性能。

双向零值测试需要进行多次测量,统计平均值。如平均值满足指标要求,则判定卫星导航定位终端该指标合格;否则,判为不合格。

4. 通信功能测试

卫星导航定位终端能够发送通信申请并能够正确接收通信结果。通信功能测试大致分为四个步骤:首先,卫星导航定位终端接入卫星导航信号模拟系统。接着,卫星导航信号模拟系统播发卫星导航模拟信号,仿真场景设置为 RDSS 信号。然后,卫星导航定位终端锁定卫星信号后,系统控制卫星导航定位终端按规定频度发送通信申请。最后,系统接收到通信申请后向卫星导航定位终端发送通信结果数据,同时串口检测卫星导航定位终端是否正确接收该通信数据。

通信功能测试评估的方法是卫星导航定位终端能否正确发送通信申请并能否正确接收通信结果。

5. 通信回执查询测试

检验卫星导航定位终端是否具备通信回执查询功能。通信回执查询测试分为四个步骤:首先,卫星导航定位终端接入卫星导航信号模拟系统。然后,卫星导航信号模拟系统播发卫星导航模拟信号,仿真场景设置为 RDSS 信号。接着,卫星导航定位终端锁定卫星信号后,系统控制卫星导航定位终端发送查询通信回执申请。最后,系统接收到通信回执申请后向卫星导航定位终端发送通信回执查询数据,同时串口检测卫星导航定位终端是否正确接收查询结果。

通信回执查询测试要求卫星导航定位终端能够正确发送通信回执申请并能够正确接收查询结果,能实现则判定该功能合格;否则,判为不合格。

6.通信查询测试

检验卫星导航定位终端是否具备通信查询功能。在测试过程中,首先卫星导航定位终端会接入卫星导航信号模拟系统。接着,卫星导航信号模拟系统会播发仿真场景设置为 RDSS 信号的卫星导航模拟信号。一旦卫星导航定位终端成功锁定卫星信号,系统会控制卫星导航定位终端按发信方地址查询方式和按收信方地址查询方式发送通信查询申请。系统接收到通信查询申请后,会向卫星导航定位终端发送查询数据,并通过串口检测卫星导航定位终端是否正确接收查询结果。这个过程用于测试卫星导航定位终端的通信查询功能和数据接收能力。通信查询功能测试评估要求卫星导航定位终端能够正确发送通信查询申请并能够正确接收查询结果,能实现则判定该功能合格;否则,判为不合格。

7.多帧电文插定位测试

多帧电文插定位测试是用来检验卫星导航定位终端是否具备多帧电文中插入定位信息的通信功能。

多帧电文插定位测试具体包括以下几个步骤:首先,卫星导航定位终端接入卫星导航信号模拟系统。接着,卫星导航信号模拟系统播发卫星导航模拟信号,仿真场景设置为 RDSS 信号。最后,卫星导航定位终端锁定卫星信号后,系统向卫星导航定位终端发送多帧电文中插入定位信息的电文数据,同时串口检测卫星导航定位终端是否正确接收定位和通信结果。

卫星导航定位终端能够正确接收定位和通信结果,则判定该功能合格;否则,判定为不合格。

8.位置报告测试

卫星导航定位终端位置报告功能包括两种方式:

(1)位置报告 1:卫星导航定位终端使用 RNSS 系统获取自身位置信息后,采用 RDSS 链路向指定部门发送位置数据。

(2)位置报告 2:卫星导航定位终端按无高程、有天线高方式的定位入站,定位结果向收信地址对应用户发送,不向申请入站用户发送。

位置报告功能测试用于检验卫星导航定位终端是否能够正确完成位置报告 1 和位置报告 2 的功能。首先,卫星导航定位终端接入卫星导航信号模拟系统。接着,卫星导航信号模拟系统播发卫星导航模拟信号,仿真场景设置为 RNSS 正常定位场景和 RDSS 信号。然后,卫星导航定位终端锁定卫星信号后,系统控制卫星导航定位终端分别按位置报告 1 和位置报告 2 进行入站申请。最后,系统接收到位置报告申请后向卫星导航定位终端发送位置结果数据,同时串口检测卫星导航定位终端是否为正确的位置报告数据。

位置报告功能测试评估阶段,卫星导航定位终端能够正确发送位置申请并能够输出正确位置报告结果,则判定该功能合格;否则,判定为不合格。

9.坐标转换测试

卫星导航定位终端能够将定位数据以空间直角坐标、大地坐标、高斯平面直角和墨卡托平面直角坐标形式进行转换并输出。

坐标转换功能测试具体步骤如下:首先,卫星导航定位终端接入卫星导航信号模拟系统。然后,系统通过串口向卫星导航定位终端发送坐标数据,并接收卫星导航定位终端输出的坐标转换结果数据。

坐标转换功能测试评估需要比对卫星导航定位终端输出的坐标数据,计算转换精度。如转换精度满足指标要求,则判定该功能合格;否则,判为不合格。

6.2.2 性能测试

北斗接收机性能测试是对接收机性能进行全面评估和验证的测试过程。该测试旨在检测接收机在各种条件下的性能表现,并评估其性能指标的符合程度。

1.接收信号灵敏度测试

1)跟踪灵敏度测试

跟踪灵敏度是指卫星导航定位终端在捕获信号后能够保持稳定输出并符合定位精度要求的最小信号电平。评估跟踪灵敏度的过程包括将卫星导航定位终端放置在稳定接收到卫星模拟信号的观测台上,通过卫星导航信号模拟系统播发卫星导航模拟信号,设置仿真场景为所有卫星可见,并逐渐降低信号功率。在每个信号功率下,通过卫星导航定位终端串口实时输出定位信息,以确定接收到信号的情况。跟踪灵敏度评估要求卫星导航定位终端最低接收功率值大于−145dBm。如果卫星导航定位终端的最低接收功率值满足指标要求,则判定其在该频点上的跟踪灵敏度指标合格;否则,判定为不合格。

2)捕获灵敏度测试

捕获灵敏度测试是指在冷启动条件下,评估卫星信号接收设备开始输出满足要求的定位信息时的最低接收信号电平。该测试包括以下三个步骤:首先,在卫星导航模拟信号系统中设置待测导航卫星信号接收机并稳定安装;其次,卫星导航信号模拟系统播发卫星导航模拟信号,并设置仿真场景为所有卫星可见;最后,卫星导航信号模拟系统逐渐增加信号功率,并通过卫星导航定位终端串口实时输出定位信息,以评估终端在每个信号功率下的接收情况。捕获灵敏度评估要求卫星导航定位终端的最低接收功率值小于−138dBm。如果卫星导航定位终端的最低接收功率值满足指标要求,则判定其在该频点上的捕获灵敏度指标合格;否则,判定为不合格。

2.定位精度测试

1)观测精度测试

室外北斗观测精度测试是指卫星导航定位终端在北斗载波相位精度。

室外北斗观测精度测试大致为:首先,将卫星导航定位终端流动站和一个标准卫星导航定位终端的北斗二号天线同时架设在已知测试点 B(视野开阔,可移动)上。接着,卫星导航定位终端接收卫星信号后,通过卫星导航定位终端和标准卫星导航定位终端串口实时输出原始观测数据(双频伪距和双频载波相位)。最后试验系统将卫星导航定位终端上报的原始观测数据和标准卫星导航定位终端上报的原始观测数据进行对比评估,再给出结果。

试验系统对每组观测数据进行双差处理,消除各类系统误差后,再计算统计北斗载波相位精度。

北斗载波相位精度的计算如下:

$$\sigma = \frac{1}{2}\sqrt{\frac{\sum_{i=1}^{n}\sum_{j=1}^{m_i-1}\nabla\Delta x_{ij}^2}{\sum_{i=1}^{n}(m_i-1)}} \tag{6-1}$$

式中：$\nabla\Delta x_{ij}^2$ 为北斗载波相位双差观测值；i 为卫星观测数据历元序号；n 为历元总数；j 为卫星序号；m_i 为第 i 历元的卫星个数。

试验系统对 n 个测量结果按从小到大的顺序进行排序。取第 $[n\cdot95\%]$ 个结果为本次检定的定位精度。如该值小于指标要求的规定，则判定卫星导航定位终端北斗观测精度指标合格；否则，判为不合格。$[n\cdot95\%]$ 表示不超过 $n\cdot95\%$ 的最大整数。

2）伪距精度测试

伪距精度是通过统计伪距测量值与真实值之间差异的均方根来衡量的指标。测试阶段包括以下三个步骤：首先，卫星导航定位终端接入卫星导航信号模拟系统，以确保信号传输的正常连接。其次，卫星导航信号模拟系统播发卫星导航模拟信号，并设置仿真场景为所有卫星可见的情况。最后，卫星导航信号模拟系统配置卫星导航定位终端的待测频点，使各通道捕获和跟踪不同卫星的信号，并通过串口实时输出伪距观测值。通过对比伪距测量值和真实值，可以计算均方根差值，从而评估卫星导航定位终端的伪距精度。这个指标对于衡量定位系统的测量精度和准确性非常重要，并可以为实际应用中的性能评估和改进提供参考依据，并且用于统计待测频点各通道的伪距测量精度。

如果各通道伪距测量精度按一定的统计方法得到的统计结果满足指标要求的规定，则判定卫星导航定位终端该指标合格；否则，判为不合格。

各通道的伪距测量精度统计方法如下：

设卫星导航定位终端输出的伪距观测值为 $x_{i,j}$，i 为通道号，j 为采样时刻。以任一通道的伪距值为基准（如以一通道数据为基准）。相同采样时刻的其他各通道的观测值分别与基准通道值相减，得出的结果再减去系统仿真的通道间伪距差值。

$$\Delta_{i,j} = (x_{i,j} - x_{1,j}) - (x'_{i,j} - x'_{1,j}), \quad i\neq1 \tag{6-2}$$

式中：$x'_{i,j}$ 为实验系统仿真的第 i 通道号锁定的卫星在 j 时刻的伪距值。

求各通道的伪距值量测精度 δ_i：

$$\delta_i = \sqrt{\frac{\sum_{j=1}^{n}\Delta_{ij}^2}{2(n-1)}} \tag{6-3}$$

式中：n 为 i 通道和任一通道伪距采样时刻相同的数量。

3）定位测速精度测试

定位精度是指卫星导航定位终端接收卫星导航信号进行定位解算后得到的位置与真实位置之间的接近程度，包括水平定位精度和高程定位精度。测速精度是指卫星导航定位终端接收卫星导航信号进行速度解算后得到的速度与真实速度之间的接近程度。定位更新率则是指卫星导航定位终端输出定位结果的频率。对于定位测速精度测试，大致分为三个步骤：首先，卫星导航信号模拟系统播发卫星导航模拟信号，设置仿真场景为正常定位场景；其次，卫星导航信号模拟系统按指定频率输出定位信息和测速信息，将卫星导航定位终端上报的定位信息与系统仿真的已知位置信息进行比较,计算位置误差,其中包括水平误差和高程误差;最后,通过评估位置误差来衡量定位测速精度的准确性和可靠性。水平误差计算方法如下:

$$\Delta_r = \sqrt{\Delta_E^2 + \Delta_N^2} \tag{6-4}$$

式中:Δ_r 为水平误差;Δ_E 为东向位置误差分量;Δ_N 为北向位置误差分量。空间位置误差计算方法如下:

$$\Delta p = \sqrt{\Delta_r^2 + \Delta_H^2} \tag{6-5}$$

式中:Δ_H 为高程位置误差。东向位置误差分量、北向位置误差分量、高程位置误差分量的计算方法如下:

$$\Delta_r = \sqrt{\frac{\sum_{j=1}^{n}(x'_{i,j} - x_{i,j})^2}{n-1}} \tag{6-6}$$

式中:j 为参加统计的定位信息样本序号;n 为样本总数;$x'_{i,j}$ 为卫星导航定位终端解算的位置分量值;$x_{i,j}$ 为系统仿真的已知位置分量值,i 取值 E(东向)、N(北向)或 H(高程)。

系统将卫星导航定位终端上报的测速结果与测试系统仿真的已知速度值进行比较,计算测量误差。误差计算方法如下:

$$\Delta_i = \sqrt{\Delta_{ix}^2 + \Delta_{iy}^2 + \Delta_{iz}^2} \tag{6-7}$$

试验系统对 n 个测试结果按从小到大的顺序进行排序。取第$[n \cdot 95\%]$个结果为本次检定的定位精度。如该值小于指标要求的规定,则判定卫星导航定位终端定位精度指标合格;否则,判为不合格。$[n \cdot 95\%]$表示不超过 $n \cdot 95\%$ 的最大整数。

定位更新率(Ratio)的评估计算公式如下:

$$\text{Ratio} = n/t \tag{6-8}$$

式中:n 为卫星导航定位终端输出的与 BOT 对齐的定位结果数据个数;t 为卫星导航定位终端采集 t 个测试数据所用的时间。

3. 动态性能测试

动态性能测试即室外北斗动态 RTK 测试,是指卫星导航定位终端在实际北斗信号下的实时动态测量定位结果与已知点位坐标的符合程度。

室外北斗动态 RTK 测试大致为:在已知测试点 A(视野开阔)上架设卫星导航定位终端基准站的北斗天线,并将卫星导航定位终端流动站和标准卫星导航定位终端的北斗天线一同设在已知测试点 B(视野开阔,可移动)上,确保两点之间距离不超过 10km。建立基准站与流动站之间的数据传输链路(可选电台、GPRS 或 CDMA),形成 RTK 工作模式。设置各基准站和流动站的卫星导航定位终端捕获北斗信号,同时流动站还接收基准站的差分数据。经过数据处理,卫星导航定位终端和标准导航定位终端通过串口服务器实时输出定位信息。将卫星导航定位终端上报的定位结果与标准导航定位终端的结果进行对比评估,得出定位精度结果。通过以上实验步骤,我们可以全面评估卫星导航定位终端在北斗信号下的性能和定位精度。

试验系统将定位结果与已知点坐标作差,转换到当地水平坐标系,分别统计水平垂直实时动态定位精度。

$$\text{RMS} = \sqrt{\frac{\sum_{i=1}^{n} \Delta x_i^2}{n}} \tag{6-9}$$

式中：Δx_i 为水平或垂直点位坐标差；i 为样本序号；n 为样本总数。

试验系统对 n 个测量结果按从小到大的顺序进行排序。取第 $[n \cdot 95\%]$ 个结果为本次检定的定位精度。如该值小于指标要求的规定，则判定卫星导航定位终端北斗观测精度指标合格；否则，判为不合格。$[n \cdot 95\%]$ 表示不超过 $n \cdot 95\%$ 的最大整数。

4. 时间同步测试

1）授时精度测试

授时精度是指在有线条件下，卫星导航定位终端双频授时精度，考核用户机授时精度是否满足指标要求。

授时精度测试大致需要两步完成：首先，将卫星导航定位终端流动站和一个标准卫星导航定位终端的 GNSS 天线架一同架设在已知测试点 B（视野开阔，可移动）上。接着，卫星导航定位终端和标准卫星导航定位终端捕获 GNSS 信号定位后，通过串口服务器实时输出定位信息。

如果卫星导航定位终端能正常上报定位结果，则测试系统在播发卫星导航信号 120s 后开始测量卫星导航定位终端输出的 1PPS 上升沿与标准卫星导航定位终端时间基准 1PPS 上升沿之间的差值，统计授时精度：

$$\delta = \sqrt{\frac{\sum_{i=1}^{n} x_i^2}{n}} \tag{6-10}$$

式中：x_i 为测试系统扣除测试电缆等附加设备时延后得到的测量样本值；i 为样本序号；n 为样本总数。

2）单向设备时延测试

单向设备时延是指卫星导航定位终端信号接收口面开始收到卫星导航信号时间标志信息（时间同步巴克码）第一比特前沿的时刻到卫星导航定位终端输出恢复时的时间标志时刻之间的时延。

单向设备时延测试具体包括以下几个步骤：首先，卫星导航定位终端接入卫星导航信号模拟系统。接着，卫星导航信号模拟系统播发卫星导航模拟信号，仿真场景设置为多波束 RDSS 信号。最后，卫星导航定位终端锁定卫星信号后，测量卫星导航定位终端输出的 PPS 上升沿与系统时间基准 PPS 上升沿时刻的差值。

试验系统测量值扣除测试电缆等附加设备时延后，对得到的样本值 x_i（i 为样本序号）取均值 T，即为卫星导航定位终端设备时延结果：

$$\overline{T} = \frac{\sum_{i=1}^{n} x_i}{n} \tag{6-11}$$

式中：n 为样本总数。

3）通道时差测量误差测试

双通道时差测量误差指卫星导航定位终端测量两路北斗 S 频点卫星导航信号到达时刻差值的误差。

通道时差测量误差测试步骤如下：首先，卫星导航定位终端接入卫星导航信号模拟系统。然后，卫星导航信号模拟系统播发卫星导航模拟信号，仿真场景设置为 2 波束 RDSS 信号。最后，卫星导航定位终端锁定卫星信号后，系统控制卫星导航定位终端按规定频度发送定位申请。系统从中解出时差信息 T_i'。

评估阶段需要计算测量值与系统仿真值之差 T_i'：

$$T_i' = |T_i - T_0| \tag{6-12}$$

式中：T_0 为卫星导航定位终端测量 T_i 时刻的双通道时差仿真值。

对 $|T_i'|$ 按从小到大的顺序进行排序，取其第 $[n \cdot 68\%]$ 个数据，为卫星导航定位终端双通道时差测量误差。如该值满足指标要求，则判定卫星导航定位终端该指标合格；否则，判为不合格。

4）通道时延一致性测试

通道时延一致性是指卫星导航定位终端中各通道接收同一频点卫星信号所需的时间差异程度。为了测试通道时延一致性，首先将卫星导航定位终端接入卫星导航信号模拟系统，确保信号传输和连接正常。然后，在仿真场景中播发卫星导航模拟信号，设置为所有卫星可见的情况。接下来，配置卫星导航信号模拟系统使各通道能够捕获和跟踪不同卫星信号，并通过串口实时输出伪距观测值。通过观察和比较各通道输出的伪距观测值的时间差异，可以评估通道时延一致性的性能。在评估阶段先要统计各通道的通道时延一致性。统计方法如下：

设卫星导航定位终端输出的伪距观测值为 $X_{i,j}'$，i 为通道号，j 为采样时刻。以任一通道的伪距为基准（如以一通道数据为基准）。相同采样时刻的其他各通道的观测值分别与基准通道值相减，得出的结果再减去试验系统仿真的通道间伪距差值。

$$\Delta_{i,j} = (x_{i,j} - x_{1,j}) - (x_{i,j}' - x_{1,j}'), i \neq 1 \tag{6-13}$$

式中：$x_{i,j}'$ 为试验系统仿真的第 i 通道锁定的卫星在 j 时刻的伪距值。

求通道间的时延一致 Δ。方法如下：

当 $\max\{\overline{\Delta}_i\} \geqslant 0$ 且 $\min\{\overline{\Delta}_i\} \leqslant 0$ 时，

$$\Delta = \max\{\overline{\Delta}_i\} - \min\{\overline{\Delta}_i\} \tag{6-14}$$

当 $\min\{\overline{\Delta}_i\} \geqslant 0$ 时，

$$\Delta = \max\{\overline{\Delta}_i\} \tag{6-15}$$

当 $\max\{\overline{\Delta}_i\} \leqslant 0$ 时，

$$\Delta = -\min\{\overline{\Delta}_i\} \tag{6-16}$$

式中：$\overline{\Delta}_i = \dfrac{\sum\limits_{j=1}^{n} \Delta_{i,j}}{n}$，$n$ 为 i 通道和基准通道伪距采样时刻相同的数量。Δ 小于指标规定时，判定卫星导航定位终端该频点通道一致性合格；否则，判为不合格。

5. 抗干扰性测试

抗干扰性测试是指卫星导航信号模拟系统播放的信号在各类自然干扰条件下卫星导航

定位终端的定位精度。

在测试过程中,首先配置相应的场景,设置典型的 3 个干扰源(3 个标准信号源)干扰场景,其中一个标准信号源产生宽带干扰,另一个产生窄带干扰,宽带窄带干扰的设置参见室内测试场景说明。干扰信号强度初始值设为 −60dBm。测试步骤大致为:

为了评估卫星导航定位终端的工作性能,按照预设的场景设置,首先打开干扰源,然后观察卫星导航定位终端输出的定位结果。如果 90% 以上的输出与没有干扰时的精度一致,将所有的干扰强度同时增加 3dB。接下来,重复上述步骤,记录各个干扰功率水平下的定位和测速输出。如果用户机没有输出,或者输出的定位结果与没有干扰时的精度不一致超过 90%,则将所有的干扰强度同时降低 3dB,并进行定位测速精度测试。重复上述步骤,直到用户机有输出,并且直到 90% 以上的定位精度与没有干扰时的精度一致。记录各个干扰功率水平下的数值和卫星导航定位终端的定位结果输出。最后,参试设备交换位置后,再重复上述步骤进行测试。

1) 接收机内部噪声水平测试

接收机内部噪声是接收机信号通道间的偏差,延迟锁相环、码跟踪环的偏差,以及钟差等引起的测距和测相误差的综合反映。内部噪声水平采用"零基线检验法"进行测试。

接收机内部噪声水平测试大致分为三个步骤:首先,通过功分器将一个室外天线的信号分别接入待测的两台接收机。然后,通过串口采集 1.5h 以上的观测数据。最后,利用后处理软件对采集的观测数据进行基线解算。

在评估阶段,由于采用的"零基线检验法"进行测试,则解算的基线结果即为该接收机的内部噪声水平。

2) 天线相位中心稳定性测试

天线相位中心稳定性测试是测定天线相位中心与厂家提供的天线相位中心位置(天线几何对称轴线上的位置)之差。试验测试方法采用"相对定位法"。

天线相位中心稳定性测试大致步骤为:首先,采用相对定位法在超短基线上测试天线相位中心稳定度。测试时将北斗接收机天线分别安置在基线点上,精确对中、整平,天线定向标志指向正北观测一个时段(1.5h),然后固定一个天线不动,其他天线依次旋转 90°、180°、270°,再测三个时段。然后,原固定不动的天线相对任意天线依次旋转 90°,再测三个时段。在评估阶段,利用后处理软件对各个时段采集的原始观测数据进行基线解算,分别求出各时段的基线值。采用互差方式计算天线相位中心的稳定性,其误差不能大于 2 倍固定误差。

6. 高空性能测试

北斗接收机的高空性能测试是对接收机在高空环境下的定位性能进行评估的测试。它主要用于测试北斗接收机在卫星信号弱或受干扰情况下的定位准确性和稳定性。

高空性能测试主要包括以下几个方面:

1) 信号接收灵敏度测试

信号接收灵敏度测试用于评估接收机在高空环境中接收和跟踪卫星信号的能力。通过逐渐降低信号强度,观察接收机何时无法稳定地接收和跟踪信号,从而确定接收机的灵敏度水平。

2) 定位准确性测试

定位准确性测试用于评估接收机在高空环境中的定位准确性。通过与参考位置比较,计算出接收机在垂直和水平方向上的定位误差,并评估其在不同高度和信号质量条件下的定位性能。

3)动态性能测试

动态性能测试用于评估接收机在高空动态环境下的定位性能。具体包括接收机在高速移动、快速变向等情况下的定位准确性和稳定性。

4)对抗干扰性能测试

对抗干扰性能测试用于评估接收机在高空受干扰情况下的抗干扰能力。通过引入人工或自然环境中的干扰信号,观察接收机对干扰的响应和定位性能的变化。

高空性能测试可以用于评估北斗接收机在真实高空环境中的性能表现,并为系统优化提供指导。它对于航空、航天、导航等领域的应用非常重要,能够确保接收机在高空环境下具备可靠的定位能力和稳定性。

6.2.3 兼容性测试

北斗接收机的兼容性测试是指对接收机在接收北斗卫星信号时的兼容性进行评估和验证的测试。兼容性测试通常包括以下几个方面:

(1)卫星信号接收测试:测试接收机是否能够正确接收北斗卫星发射的信号,并能够解调出有效的导航信息。

(2)信号覆盖范围测试:测试接收机在不同地理位置、不同环境条件下的信号接收效果,以评估接收机的覆盖范围和接收质量。

(3)多路径干扰测试:测试接收机在存在多路径干扰(如建筑物反射等)的情况下是否能够正确接收并解调信号,评估接收机的抗干扰能力。

(4)数据完整性测试:测试接收机是否能够正确解读北斗卫星发送的导航数据,并保证数据的完整性和准确性。

在进行兼容性测试时,可以利用模拟器或者实际的北斗卫星信号进行测试,以确保接收机在真实使用环境中的兼容性和性能。同时,根据相关标准和规范进行测试,以保证接收机符合规定的技术要求。

6.2.4 安全性测试

信息加解密是指在卫星导航产品能对加密电文进行解密,并解算出正确的定位结果。测试步骤如下:使用卫星导航信号模拟系统进行定位测速测试,并在定位测速指标合格后,进行以下试验:卫星导航定位终端接入卫星导航信号模拟系统,并通过该系统播发加密的卫星导航模拟信号,仿真场景设置为所有卫星可见。随后,卫星导航定位终端解密卫星导航模拟信号,获取信号内容。同时,卫星导航信号模拟系统设置卫星导航定位终端按指定频度输出定位信息。

系统将卫星导航定位终端上报的定位信息与系统仿真的已知位置信息进行比较,计算位置误差。位置误差有三种表示方式:空间位置误差、水平误差和高程误差。水平误差计算方法如下:

$$\Delta_r = \sqrt{\Delta_E^2 + \Delta_N^2} \tag{6-17}$$

式中:Δ_r为水平误差;Δ_E为东向位置误差分量;Δ_N为北向位置误差分量。空间位置误差计算方法如下:

$$\Delta_P = \sqrt{\Delta_r^2 + \Delta_H^2} \tag{6-18}$$

式中:Δ_H为高程位置误差。东向位置误差分量、北向位置误差分量、高程位置误差分量的计算方法如下:

$$\Delta_r = \sqrt{\frac{\sum_{j=1}^{n}(x'_{i,j}-x_{i,j})^2}{n-1}} \tag{6-19}$$

式中:j为参加统计的定位信息样本序号;n为样本总数;$x'_{i,j}$为卫星导航定位终端解算的位置分量值;$x_{i,j}$为系统仿真的已知位置分量值,i取值 E(东向)、N(北向)或 H(高程)。

试验系统对 n 个测量结果按从小到大的顺序进行排序。取第[$n\cdot95\%$]个结果为本次检定的定位精度。如该值小于指标要求的规定,则判定卫星导航定位终端定位精度指标合格;否则,判为不合格。[$n\cdot95\%$]表示不超过 $n\cdot95\%$ 的最大整数。

6.3　惯性导航装备测试

惯性导航是一种利用惯性力学原理进行导航的技术,即使用内部的加速度计和陀螺仪跟踪和计算运动物体的位置、方向和速度,惯性导航系统可直接获取测量角速度和线性加速度,而不依赖于外部信息源。作为一种高精度导航技术装备,要确保惯性导航装备的功能、精度等达到严格规定,惯性导航装备的测试工作至关重要。惯性导航装备测试可以评估系统的性能和可靠性,为后续的系统调试和优化工作提供参考。根据测试目的和测试内容的不同,惯性导航装备的测试可以分为功能测试和性能测试两大类。

6.3.1　功能测试

惯性导航装备功能测试主要是验证惯性导航系统是否能够满足其设计规格书中所列的功能要求。这些测试通常包括对系统各个组件的操作和功能进行测试,以确保其在各种工作模式下都能正常工作。例如,对陀螺仪、加速计等惯性测量单元的输出进行测试,以验证其是否符合规格书中的精度和灵敏度要求;对数据处理单元进行测试,以验证其能否正确地处理和融合各种测量数据;对系统的故障检测和自诊断功能进行测试,以验证其是否能及时发现和报告故障等。惯性导航装备的功能测试通常包括以下六个方面:

(1)惯性导航元器件测试:惯性导航元器件即指陀螺仪和加速度计,是惯性导航装备中用于位置姿态的关键组件。在使用前需要测试陀螺仪、加速计的输出是否符合规格书中的精度和灵敏度要求。测试时,可以通过将惯性导航元器件放置在不同状态下,如静止状态和旋转状态下,对其输出进行比较,以验证其准确性。测试结果可以用来评估陀螺仪的性能表现,并指导后续的系统调试和优化工作。

(2)数据处理单元测试:数据处理单元负责处理和融合陀螺仪和加速计等测量数据,最终输出系统的姿态解算结果。在数据处理单元测试中,需要测试数据处理单元是否能够正确地处理和融合各种测量数据。通过输入已知的测量数据,比较系统输出的姿态解算结果和实际姿态值,验证数据处理单元的正确性。测试结果可以用来评估数据处理单元的性能表现,并指导后续的系统调试和优化工作。

(3) 故障检测和自诊断功能测试:故障检测和自诊断功能能够及时发现和报告系统故障,提高系统的可靠性和稳定性。故障检测和自诊断功能测试主要是测试系统能否及时发现和报告故障。可以通过人为制造一些故障,如某个传感器故障或数据处理单元故障等,检查系统是否能够正确地识别和报告故障。测试结果可以用来评估系统的故障检测和自诊断功能,并指导后续的系统调试和优化工作。

(4) 系统集成测试:验证不同组件之间的协调工作是否正常,以及整个系统的性能表现是否符合要求。在系统集成测试中模拟各种工作场景,如静止状态、匀速运动状态、加速和减速状态等,检查系统是否能够正确地响应和输出正确的姿态解算结果。测试结果可以用来评估系统的性能表现,并指导后续的系统调试和优化工作。

(5) 初始对准测试:需要测试系统是否能够正确地进行初始对准,并输出正确的姿态解算结果。将系统放置在已知的姿态下,检查系统是否能够正确地进行初始对准,并输出正确的姿态解算结果。测试结果可以用来评估系统的初始对准精度和稳定性,并指导后续的系统调试和优化工作。

(6) 故障恢复测试:是测试系统在发生故障时是否能够正确地恢复的重要一环。通过模拟各种故障情况,如某个传感器故障或数据处理单元故障等,来检查系统是否能够正确地恢复,并输出正确的姿态解算结果。测试结果可以用来评估系统的故障恢复能力,并指导后续的系统调试和优化工作。

6.3.2 性能测试

惯性导航装备的性能测试旨在评估装备在各种条件下的性能指标,例如准确性、稳定性和精度。在进行性能测试时需要使用各种测试方法和工具,例如实验室测试设备、运动平台或比较参考系统,来评估装备在真实环境中的性能表现,惯性导航装备的性能测试通常包括以下几个方面:

(1) 静态精度测试:该测试用于评估装备在静止状态下的定位准确度。通过将装备安装在已知位置上,并与参考位置进行比较,测量和分析装备输出数据与参考数据之间的差异。通过计算平均差异、最大差异和标准差等指标,可以评估装备的静态精度表现。这项测试有助于验证装备是否满足特定要求,并为其在实际应用中提供可靠的定位性能。

(2) 动态精度测试:用于评估装备在运动或振动环境下的定位准确度。通过模拟或实际运动场景,将装备暴露在不同速度、加速度和姿态变化下,记录其输出数据。然后与参考位置进行比较和分析,以评估装备在动态环境下的定位精度。这项测试有助于验证装备在实际运动情况下的表现,并确定其稳定性、抗干扰能力和响应速度等关键性能指标,为实际应用提供准确可靠的定位解决方案。

(3) 长时间稳定性测试:通过在较长时间内记录装备的输出数据,并分析其变化趋势,评估其长期稳定性和漂移情况,以此揭示装备在连续使用过程中是否存在累积误差或时钟漂移。

(4) 线性测试:用于评估装备在线性运动中的准确性和一致性。这项测试首先安排评估装备在已知线性轨迹上运动,并记录其输出数据。然后将测量数据与参考位置进行比较,分析差异并计算出装备的线性误差。通过评估平均误差、最大误差和标准差等指标,可以判断装备在线性运动中的精度表现,进而验证装备的线性定位能力,确保在直线运动场景下提供准确、一致的定位结果,为实际应用提供可靠的导航解决方案。

(5)抗干扰性测试:通过在装备周围施加振动或其他外部干扰源,评估其对干扰的响应和抵抗能力。这种测试可以检查装备在复杂环境中的稳定性和可靠性。

(6)温度/湿度影响测试:通过在不同温度和湿度条件下进行测试,评估装备在不同环境条件下的性能稳定性和准确度,揭示装备对环境变化的敏感程度。

具体的测试项目和方法可能会根据不同的装备类型和应用需求而有所不同。性能测试旨在验证装备的导航和姿态测量能力,并确保其在实际应用中具备足够的准确性和可靠性。

6.3.3　专用设备

惯性测试设备是标定、测试和检验惯性仪表或惯性导航系统的专用设备,它包括水平仪、六面体夹具、速率转台、线振动台和温控转台等。

1.水平仪

水平仪常用来调整工作台面的水平位置或精确测定工作台面与水平位置之间的夹角,主要分为气泡水平仪和电子水平仪两种类型。

1)气泡水平仪

气泡水平仪(图 6-1)又可分为钳工水平仪、框式水平仪、合像水平仪等。气泡水平仪一般采用高级钢料制造外形架座,经精密加工后,其架座底座具有很高的平面度,座面中央装有纵长圆曲形状的玻璃管,有些还在一端附加横向小型水平玻璃管,管内充入黏滞系数小的乙醚或酒精,并留有一小气泡,玻璃管两端均有刻度分划(图 6-2)。由于气泡比重轻,它在玻璃管内总是占据在最高位置上,对于一定的倾斜角变化,欲使气泡的灵敏度高,须增大气泡管的圆弧半径,高灵敏度的水平仪气泡管圆弧半径可达 200m 以上。

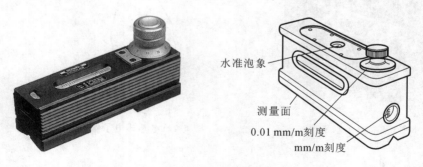

水准泡象

测量面

0.01 mm/m刻度

mm/m刻度

图 6-1　气泡水平仪

常用气泡水平仪灵敏度有 0.01mm/m、0.02mm/m、0.04mm/m、0.05mm/m、0.1mm/m、0.3mm/m 和 0.4mm/m 等规格。以灵敏度为 0.01mm/m 为例,它的含义是:若将水平仪放置于 1m 长的理想平板上,当气泡偏向一边且有一个微调刻度差异时,则表示 1m 平板

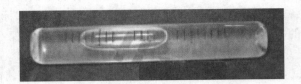

图 6-2　气泡管

的两端与理想水平面之间存在 0.01mm 的高低差异,即相当于平板存在 2" 的角度倾斜 (0.01mm/1m≈2")。随着技术的进步和应用要求的提高,目前已研发出 0.001mm/m 和 0.003mm/m 等规格的超高精度水平仪。

水平仪在使用前应先进行仪器检查。仪器检查的整个流程如下:先将水平仪放置在平板上,读取气泡的刻度大小,然后将水平仪反转 180°置于同一位置,再读取气泡刻度大小,若两种放置情形下读数的数值相同,但符号相反,即表示水平仪底座与气泡管之间相互平行关系是正确的,否则需要用微调螺丝调整直到读数正常,方可进行后续的测量工作。

2)电子水平仪

从信号检测原理上看,电子水平仪(图 6-3)主要有电感式和电容式两种。电感式电子水平仪的基本原理(图 6-4)是:当水平仪的基座因待测台面倾斜而跟随倾斜时,其内部摆锤出现相对角移动,将造成感应线圈的电压变化。在电容式水平仪中,将圆形摆锤自由悬挂在细线上,摆锤受重力作用,处于悬浮于无摩擦状态,摆锤的两边均设有电极,间隙相同时电容量是相等的,若水平仪受待测工件影响而造成两边间隙不同,距离改变,将导致产生电容不同,则反映出角度的差异,通过测量电容变化从而间接获得倾斜角度。

图 6-3　电子水平仪

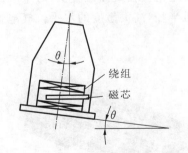

绕组

磁芯

图 6-4　电感式电子水平仪工作原理

2. 六面体夹具

六面体夹具(图 6-5)是一种中间过渡装置,通过它将测试对象(陀螺仪、加速度计甚至惯导系统等)安装到测试台面上。六面体夹具通常为长方体框架结构,中间掏空,通过螺栓和定位销等连接器将被测试对象固定在六面体内,六面体外边六个面的各相邻面之间具有很高的垂直度,作为安装定位基准。六面体夹具常常与平板配合使用,通过变换六面体与平板的接触面,可以改变重力加速度矢量在监测对象上的投影分量,能够方便快速地测定监测对象静态误差模型的主要参数。

六面体夹具多为框架式铸铁铸件，经过时效处理、精密的垂直度和平面度加工，须严防撞击、敲打和超载荷使用，如有框架变形将严重影响测试精度。

图 6-5　六面体夹具

3. 速率转台

速率转台是分析、研制、生产惯性器件和惯导系统重要的测试设备。按转台速率轴的数目可分为单轴速率转台、双轴速率转台、三轴速率转台以及单轴速率单轴位置转台等，其中高精度三轴速率转台是大型、多功能的惯性测试的最理想设备。

三轴速率转台包含三个框架，分别为外框、中框和内框（或称外环、中环和内环），一般将被测对象安装固定在内框上，由于三框构成了万向支架，可对被测对象实施空间任意方向的角速度运动。三轴速率转台主要有立式和卧式两种结构，如图 6-6 和图 6-7 所示。立式三轴转台的外框为方位框，中框为俯仰框，内框为横滚框，多用于常规水平航行式运载体惯导系统的测试（外—中—内框对应欧拉角先后顺序分别为方位角、俯仰角和横滚角）；而卧式转台的外框为俯仰框，中框为方位框，内框为横滚框，多用于垂直发射式运载体惯导系统的测试（外—中—内框对应欧拉角先后顺序分别为俯仰角、方位角和横滚角）。

图 6-6　3KTD-565 型三轴多功能转台（立式）

图 6-7　多功能测试三轴转台（卧式）

三轴速率转台主要由基座和三个框架系统组成,每个框架系统都可独立进行角速率控制,三个框架控制原理基本相同。以内框系统为例,内框系统又可细分为内框架、内框轴、力矩电机、测速电机和控制电路等组成部分。某速率转台的速率控制系统原理如图 6-8 所示,用户指定的角速率输入自动转换为精密电压基准信号,测速电机测量输出的信号与框架转速成比例,当转速出现波动时,测速信号也随之波动,测速信号通过反馈与基准信号比较形成误差,再经过直流放大和功率放大,控制力矩电机转速使之精确等于用户给定的角速率。因此,速率控制系统的最主要功能是通过测速反馈稳定速率。

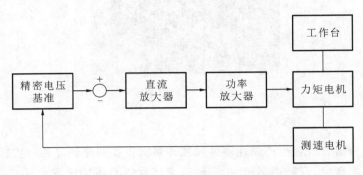

图 6-8　某速率转台的速率控制系统原理

在三轴速率转台中,由于内框相对中框、中框相对外框、外框相对基座均可以 360°无限度自由旋转,因此,尤其在大角速率运行状态下,内框上的被测对象与地面设备之间的电源和信号不能直接使用导线连接,必须使用框架轴上的导电滑环进行电气传输。滑环数目和额定电流是导电滑环的两个重要性能参数。

大型的三轴速率转台通常都配备了专门的转台控制柜或控制计算机,用以控制转台的运行和进行转台各轴角位置和角速率数据的自动化采集。因此,在转台台体上一般不再配备手动转动和读数装置,但每个框轴上一般仍配备有锁紧装置,具备锁紧功能。

除三轴速率转台外,在惯性导航装备测试中也常常用到单轴速率单轴位置转台或单轴速率转台。单轴速率单轴位置转台的外框轴(水平俯仰轴)一般为手动位置轴,而内框轴(主轴)为速率轴,通过水平俯仰轴倾斜可调整主轴的方向,比如让主轴平行于极轴,方便进行陀螺仪的极轴翻滚测试。单轴速率转台的工作台面一般调整至水平面内,因而速率轴(主轴)只能指向天向,单轴速率转台常常与六面体夹具配合使用,通过翻动六面体使被测对象在每个坐标轴上都有机会感测到转台角速率。

需要特别注意的是,当转台以速率方式运行时,有时会出现飞车现象,即转台突然绕某框架轴出现无控的高速转动。为了安全起见,速率运转状态下试验人员与转台之间须保持足够的安全距离。

速率转台的主要技术指标是速率范围、速率精度和速率均匀性,这些技术指标的定义以及其他更多的性能指标可参见 GJB1801—1993《惯性技术测试设备主要性能测试方法》。转台速率范围必须满足被测试陀螺测量范围的要求,速率精度和速率均匀性必须满足被测对象陀螺工作精度的要求。

（1）速率范围。速率范围是指速率转台的最高速率与最低速率之间的范围。在某些特殊应用场合,有的转台最高速率可达 10000(°)/s,而有的转台最低速率可低至 0.00001(°)/s。常见的速率转台速率范围一般为 0.0002(°)/s～2000(°)/s,最高速率与最低速率之比为 10^7,能够满足惯性级捷联惯导陀螺仪及系统的测试要求。

（2）速率精度。仪表的测量精度往往也可以从测量误差的角度得到反映,测量误差可分为绝对误差、相对误差和引用误差。绝对误差是测量值与理想真值之差;相对误差是绝对误差与真值的百分比;引用误差是绝对误差与仪表量程的百分比,其中量程范围内绝对误差（取绝对值）的最大者与满量程的比值百分数,称为最大引用误差。根据测量值、相对误差或引用误差可以对绝对误差作出估计,评价被测物理量的精度性能。

转台速率精度的表示方法一般有两种:分级表示法与整级表示法。在分级表示法中,将转台的整个速率范围划分为多个速率段,每个速率段的测量误差不同。通常情况下,速率较低时与实际值相比的测量误差较大,而速率较高时则相对较小。这种表示法用于对速率进行精度划分,以便更准确地描述不同速率下的测量误差。另一种表示方法是整级表示法,它指的是整个速率范围内的相对误差都应小于某一规定值,这意味着无论在哪个速率下,测量误差都应在规定的相对误差范围内。有时,相对误差和绝对误差会综合使用。相对误差用于评估测量结果与实际值之间的差距,而绝对误差则表示测量结果的偏离程度。综合使用这两种误差指标可以更全面地评估转台的精度。转台速率精度见表 6-1,比如某转台速率精度表示为满刻度×0.2%+0.0003(°)/s。

表 6-1　转台的速率精度

速率范围((°)/s)	速率精度(%)
0.005～0.1	±5
0.1～80	±0.5

（3）速率平稳性或均匀性。速率平稳性或均匀性是指转台在旋转或移动过程中,能够以一致、均匀的速率进行运动的特性。它衡量了转台在速率变化过程中的平稳程度,并且是评估转台性能的重要指标之一。

国内 3KTD-565 型三轴多功能转台的一般特性和性能指标分别见表 6-2 和表 6-3。

表 6-2　3KTD-565 型三轴多功能转台的一般特性

承载能力	40kg
被测件最大尺寸	420mm×400mm×480mm
倾角回转误差	内、外框±5″;中框±5″
转角范围	三轴均连续无限
轴线垂直度	中—内框±5″;中—外框±3″
工作方式	位置、速率、摇摆、仿真、伺服

续表

台体重量	约 1500kg
台体外型尺寸	约 1600mm×1100mm×2200mm
电机柜	19″标准机柜、高度 1800mm
导电滑环	100 环
计算机接口	RS-232

表 6-3　3KTD-565 型三轴多功能转台的性能指标

角位置测量精度	±3″
角位置测量分辨率	±0.36″
角位置测量重复性	±2″
角位置控制精度	±5″
速率范围	0.001(°)/s～200(°)/s
速率精度和平稳度	$5×10^{-4}$(360°间隔)
最大角加速度	内框 220(°)/s²;中框 130(°)/s²;外框 50(°)/s²
摇摆幅度	内框±50°;中框±30°;外框±10°
摇摆周期	5～50s
仿真功能	有
伺服功能	内框:有;中框:无;外框:有
伺服精度	内框 3″～5″;外框 3″～5″
控制系统带宽	内框 8Hz;中框 8Hz;外框 6Hz

目前,速率转台正朝着低成本和多用途方向发展,将多种功能集于一身,除了基本角位置和速率功能外,有些还具备精密温度控制、飞行模拟仿真试验、离心试验、振动试验和伺服试验等功能。将这些多种测试功能综合在一起,有助于提高转台的性价比,并满足广泛的应用需求。这一发展趋势使得速率转台在不同领域中更加灵活多用,为各种测试和实验提供了更全面的解决方案。

伺服转台相较于普通速率转台,在以下几个方面具有主要要求和特点的区别:首先是定位精度、测角精度和伺服跟踪精度的要求更高;同时,稳定性和可靠性也较好。精确的陀螺漂移测试建立在高精度的转台角位置和角速率测量的基础上。在高精度陀螺仪伺服转台测试中,必须精确确定陀螺仪输入轴相对于地球自转轴的角位置关系。一个仅有 2″的转台角位置误差可能导致 0.01 毫弧度的等效陀螺漂移误差。尽管这对于一般惯性级陀螺仪的测试来说可能可以被忽略,但对于更高精度的测试而言,它会产生影响。

国外有一些著名的单位专门研制和生产惯性导航装备转台测试设备,其中包括美国的

Contraves Goerz Corporation(CGC)、Carco Electronics、Ideal Aerosmith,瑞士的 Acutronic Group,法国的 Wuilfert 以及俄罗斯的门捷列夫计量研究院等。国内也有一些单位致力于惯性导航装备转台测试设备的研制和生产。例如航空 303 所、船舶 6354 所、航天科技集团一院 102 所等。这些单位在惯性导航装备转台测试设备方面积累了丰富的经验和专业知识,并且不断致力于提高定位精度、测角精度和伺服跟踪精度,以及稳定性和可靠性等关键性能指标。他们的工作对于惯性导航系统的性能验证和相关领域的研究起到了重要的支撑和推动作用。

4.线振动台

线振动台是专门用于线振动试验的力学试验设备,按振动台的工作原理可以分为电动式、机械式和液压式等多种形式,其中电动振动台性能指标较好,在惯性技术测试中常常用到。电动振动台(图 6-9 和图 6-10)的频率范围较宽,一般为 2～3000Hz;波形失真度小,但是低频特性稍差;最大位移为 $\pm12\sim25$mm;最大加速度可达 100g 以上。

图 6-9　电动振动台(垂直)

图 6-10　电动振动台(垂直+水平)

线振动台通常由一个振动平台和控制系统组成。振动平台可以根据需求进行线性振动,产生水平或垂直方向上的振动力。控制系统负责控制振动平台的振动幅度、频率和方向,并记录装备在不同振动条件下的输出数据。

使用线振动台可以进行多种类型的测试,包括:

(1)振动响应测试:通过在线振动台上施加不同频率和振幅的线性振动,测试惯性导航装备对振动的响应能力。这有助于评估装备的抗振能力和稳定性。

(2)零偏校准:线振动台可以通过在不同振动条件下进行测试,测量装备的零偏误差。这有助于校准装备并提高其测量精度。

(3)振动环境适应性测试:通过在线振动台上模拟不同振动环境,测试装备在复杂振动条件下的性能。这有助于评估装备在实际工作环境中的适应性和可靠性。

线振动台是惯性导航装备测试中常用的设备,可以提供准确的振动环境,并帮助评估装备在振动条件下的性能和可靠性。

5.温控转台

温控转台(图 6-11)是一种用于测试惯性导航装备在温度变化环境下性能的设备,它结合了转台和温控系统,可以模拟不同温度条件下的转动和控制。温控转台通常由一个旋转平台、温度控制系统和相应的传感器组成。旋转平台可自由旋转,并可调节旋转速度和方向。温度控制系统负责控制转台周围的温度,并确保在不同温度条件下的稳定性。使用温控转台可以进行多种类型的测试,包括:

(1)温度响应测试:通过在不同温度条件下旋转转台,评估惯性导航装备在温度变化环境中的性能和稳定性。这有助于确定装备在不同温度条件下的工作范围和精度。

(2)热补偿校准:温控转台可以用于校准装备中的热补偿参数,以提高其测量准确度。通过在不同温度条件下进行测试,可以测量和纠正由于温度变化引起的误差。

(3)温度适应性测试:通过在温控转台中模拟不同温度环境,评估装备在实际工作条件下的温度适应性和可靠性。这有助于确定装备在不同温度环境下的表现和限制。

图 6-11　单轴速率温控转台

6. 磁场转台

磁场转台是一种用于模拟不同磁场干扰条件下测试惯性导航系统性能的专用设备,它可以生成可调节的磁场幅值、方向和频率,提供一种实验环境来评估惯性导航系统对磁场的抗干扰能力。通过使用磁场转台,可以进行以下测试和评估:

(1)磁场幅值测试:通过调节磁场转台的输出幅值,模拟不同强度的磁场干扰情况,评估惯性导航系统对强磁场的抗干扰能力。

(2)磁场方向测试:磁场转台可以改变输出磁场的方向,模拟不同方向的磁场干扰,评估惯性导航系统在不同磁场方向下的性能表现。

(3)磁场频率测试:磁场转台可以产生可调节的磁场变化频率,模拟不同频率的磁场干扰,评估惯性导航系统对磁场变化频率的响应和抗干扰能力。

通过对惯性导航系统在不同磁场干扰条件下的测试,可以评估系统的抗干扰性能、准确性和稳定性。这有助于提前发现和解决受磁场干扰可能导致的误差和偏移问题,从而提高惯性导航系统在实际应用中的可靠性和性能。

6.4　导航装备测试设备

6.4.1　高低温测试设备

高低温测试设备是导航装备测试中常用的一种设备（图 6-12），用于评估导航设备在不同温度条件下的性能和可靠性。温度控制箱是一种封闭的测试仓或室，通过内置的加热和制冷系统来控制箱内的温度。测试人员可以设定所需的温度范围，并监测和记录导航设备在不同温度下的性能数据。

图 6-12　温度控制箱

6.4.2　低气压测试设备

低气压测试设备（见图 6-13）用于评估导航装备在高海拔地区的性能表现和可靠性。低气压环境通常与高海拔作业、航空航天、地质探测等场景密切相关，而这些场景对导航装备的可靠性和稳定性有着极高的要求。

图 6-13　低气压测试设备

低气压试验箱通过降低环境气压来模拟高海拔环境。这种测试箱通常具有真空泵或气体排放系统,可以控制气压并进行压力变化的模拟。它们还可以提供温度控制,以模拟海拔高度对温度的影响。低气压试验箱常用于评估导航装备在高海拔条件下的性能表现,如GNSS 定位准确性、气压传感器的精度等。

6.4.3 湿热测试设备

湿热测试设备(图 6-14)用于模拟高温高湿环境下的条件,并评估导航装备在这种环境下的性能和可靠性。通过模拟湿热条件,可以发现导航装备在湿热环境中可能遇到的问题,并进行相应的改进和调整,以确保导航装备在实际应用中的正常工作。

图 6-14　湿热测试设备

6.4.4 积冰冻雨测试设备

积冰冻雨测试设备(图 6-15)用于模拟低温条件下的积冰和冻雨环境,并评估导航装备在这种环境下的性能和可靠性,特别是对于需要在低温或多湿环境下使用的导航装备。通过模拟积冰和冻雨条件,可以发现导航装备在低温环境中可能出现的问题,并进行相应的改进和调整,以确保导航装备在恶劣天气条件下能正常工作。

6.4.5 碰撞测试设备

碰撞测试设备(图 6-16)用于模拟导航装备在受到重复冲击或碰撞的情况下是否会出现结构失效、性能降低、疲劳损伤等问题,并评估导航装备在碰撞或冲击情况下的性能和耐久性。通过测试结果,验证导航装备设计和制造的可靠性和合格性,确保其在使用寿命内不出现故障或结构失效等问题。

6.4.6 砂尘测试设备

砂尘测试设备(图 6-17)用于模拟实际应用环境中的颗粒物和沙尘环境,评估导航装备的防尘性能、密封性能等,并确定其是否符合标准或特定的要求。

图 6-15　积冰冻雨测试设备和积冰冻雨天气

图 6-16　导航装备碰撞测试设备

图 6-17　砂尘测试和沙尘天气

　　砂尘测试的条件参数包含环境中砂尘的浓度、粒径分布、温度、湿度等参数,以尽可能地还原实际环境中的工作条件。通过砂尘测试,可以检测出导航装备在使用期间受到粉尘、颗粒物等细小物质的影响时的可靠性和安全性,为进一步优化导航装备提供参考数据。

6.4.7　防水测试设备

　　防水测试设备是用于评估导航设备在有水和潮湿环境下的防护性能和耐水性能的工具。常见的防水测试设备有水压测试仪、喷淋测试设备和浸泡测试设备。

以下是关于这几种防水测试设备的介绍:

（1）水压测试仪（图 6-18）：通过施加一定的水压来模拟水深,将导航设备放置在被测设备的密封空间中,观察其是否出现渗漏或水损坏现象。该测试仪可量化导航设备的防水等级,如 IPX7、IP68 等。

图 6-18　水压测试仪

（2）喷淋测试设备（图 6-19）：模拟降雨环境,通过向导航设备施加固定的水流和水压,检测其外壳、接口等部位的防水性能。通常,喷淋测试设备具有不同的喷头和喷水方式,以模拟不同的水流状态。

图 6-19　喷淋测试设备

（3）浸泡测试设备（图 6-20）：用于测试导航设备在液体中浸泡情况下的耐水性能。导航设备会被完全或部分浸没在液体中，持续一定时间后，检查其内部和外部是否有渗漏或损坏。

图 6-20　浸泡测试设备

这些防水测试设备可帮助评估导航设备在湿润、水深和大气湿度等条件下的防护性能和可靠性。在进行防水测试时，需要根据具体的标准和规范，选择适当的设备和测试方法，以确保导航设备在水分环境下的正常运行。

6.4.8　电磁干扰测试设备

电磁干扰测试设备被用于评估导航系统在电磁干扰环境下的性能和鲁棒性。常见的电磁干扰测试设备有信号发生器、频谱分析仪和环境仿真室。

以下是关于这几种电磁干扰测试设备的介绍：

（1）信号发生器（图 6-21）：用于产生多种频率、幅度和调制方式的信号，模拟各种可能的电磁干扰源。

图 6-21　信号发生器

（2）频谱分析仪（图 6-22）：用于测量和分析频率范围内的电磁信号，以识别和定位潜在的干扰源。

图 6-22　频谱分析仪

（3）环境仿真室：用于减小外界电磁干扰对测试过程的影响，以提供测试条件。

这些设备通常被用于进行电磁干扰测试，以模拟实际工作环境中可能存在的各种电磁干扰场景，评估导航装备在这些场景下的性能表现和抗干扰能力。测试结果可以帮助设计改进导航系统的抗干扰性，提高其可靠性和稳定性。

第7章 导航装备产品质量控制

导航装备产品在加工生产过程中,一般厂商采用自动化、一体化加工模式,以提高产品生产的效率、减少工作人员的投入,来提升企业运行效率。由于电子产品采用的是总成加工模式,即对内部电子元件、电路板进行组装,而此种组装模式容易增加电子产品生产的安全风险。为此,应通过科学的检测手段与质量控制方法,来为电子产品构建质量管理体系,以此提升产品的生产效率与生产质量。本章介绍关于导航装备产品质量控制与管理的相关知识,包括导航装备在生产过程中的影响因素、产品质量控制与管理的种类以及在生产过程中各个阶段对产品质量进行的控制与管理等内容。

7.1 导航装备质量控制体系

质量控制应贯彻预防为主与检验把关相结合的原则,其内容包括作业技术和活动,也就是包括专业技术和管理技术两个方面。围绕产品质量形成全过程的各个环节,对影响工作质量的人、机、料、法、环五大因素进行控制,并对质量活动的成果分阶段验证,以便及时发现问题,采取相应措施,防止不合格情况重复发生,尽可能地减少损失。

7.1.1 体系框架

导航装备质量控制体系是指为确保导航装备的质量而建立的一套管理体系和流程。下面是一个基本的导航装备质量控制体系的构建框架:

(1)质量方针和目标:明确导航装备质量的目标和方针,例如提供高质量、可靠性和安全性的导航装备。

(2)质量管理组织:设立专门的质量管理部门或委员会,负责制定和执行质量管理策略、计划和程序。

(3)质量管理计划:制订详细的质量管理计划,包括质量目标、资源分配、时间表和关键里程碑等。

(4)质量控制流程:建立质量控制流程,包括产品设计评审、原材料采购检验、生产过程监测、成品检验等环节,确保每个环节都符合质量要求。

(5)质量记录和文档管理:建立健全的质量记录和文档管理系统,包括质量检验报告、不合格品记录、质量培训文件等,以便追溯和管理质量数据。

(6)质量培训与意识提升:开展相关的质量培训,提高员工对质量管理的认识和理解,并建立合理的绩效考核体系,增强质量意识和责任心。

（7）不合格品处理：建立不合格品处理机制，包括不合格品的隔离、返工修复、退货或报废等措施，确保不合格品不进入市场。

（8）反馈与持续改进：与使用者建立积极有效的沟通渠道，接受反馈并记录在案，处理后及时反馈。建立质量改进机制，定期进行质量管理评估和内部审查，发现问题后立即采取纠正措施，推动质量持续改进。

7.1.2　影响因素

导航装备在制造过程中，由于产品本身构造复杂、工序繁多，而且每个工序由不同的技术人员操作，这就导致产品的质量会受到生产组装设备、制造技术人员、制造材料、外界环境等因素的影响，具体包括以下几个方面：

1）生产设备因素

电子产品的生产设备是电子产品制造过程中必需的工具，优良的设备是电子产品制造工艺的决定性因素。好的制造设备不仅能够提高生产效率，保证产品的外观、质量，并且能够使电子产品的精度达到要求，不会因出现磨损等问题而导致产品不合格，进而提高生产效率，因此必须确保这些设备仪器的精密度和可靠程度。此外，为确保生产质量，还需要对设备的性能进行定期检查。

2）技术人员因素

生产人员的技能水平和培训情况对质量控制至关重要。具有强烈的责任感、质量意识及约束能力的生产人员能够准确理解质量要求，掌握正确的生产和测试方法，提升整体质量水平。生产人员需要严格遵循生产的技术规范和流程，工作仔细认真，具备较好的专业技术水平以及善于发现和总结问题，才能避免因操作人员的问题对电子产品质量造成影响。

3）生产材料因素

导航装备中使用的材料的质量和可靠性对最终产品的质量至关重要。电子产品生产材料的优劣是产品自身质量的决定性因素，没有优良的生产材料，再好的生产设备和技术人员都没办法制造出高质量的电子产品。电子产品的用途不同，对生产材料的要求也不同，电子产品的精密程度、使用环境、工作寿命等是电子产品用料的依据，如果生产材料在某些参数上达不到电子产品的要求，就无法制造出合格的电子产品。为了有效控制生产材料的质量，必须建立稳定的供应链体系，在购买过程中对生产材料质量进行严格的检查，对原料供应商及其原材料进行合理选择。

4）外界环境因素

通常而言，产品生产工序不同，其所需环境也不尽相同。环境指的是生产过程中现场的温度、湿度、照明、噪声、振动以及现场污染情况等。不同的工序对环境要求并不相同，所以要对环境进行相应的调整，避免其对生产质量造成影响。另外，导航装备通常在各种不同的环境条件下使用，这些环境因素会对导航装备的性能和稳定性产生影响，应在考虑环境条件对质量的影响下进行相应的测试和验证。

7.2　导航装备生产质量控制

7.2.1　生产工艺的质量控制

生产工艺的质量控制主要是对影响电子产品的生产质量的全部因素进行有效控制的过程,以确保电子产品的生产缺陷率维持在稳定的可接受范围之内。若生产工艺质量不稳定就无法确保生产质量的稳定性,更无法实现生产效率的不断提高。对于电子产品生产工艺的质量控制与管理环节而言,应重点对生产时的焊接及组装质量进行控制,这一环节并不涉及相关设备及仪器的质量情况。对于生产工艺的质量控制与管理而言,应重点把握以下内容:

(1)不断完善相关操作者的工艺技能,定期组织相关人员进行技能培训,同时注意培养其质量意识。在培训的过程中应始终贯彻"零缺陷"等质量意识,以有效保证电子产品的生产工艺质量。此外,还可组织和开展多种活动,如技能竞赛、技能考核比赛等,以提高相关人员的学习积极性,鼓励工艺研究人员不断进行工艺创新。

(2)制定生产工艺进行标准化文件,确保电子产品生产工艺图纸的明确性、清晰性及标准性,同时应注意培养操作者读图及工艺理解能力。

(3)对于特殊生产工艺而言应进行特殊管理,必要的应设立特殊质量控制点,以确保整体工艺流程的顺利进行。

(4)应将关键性的机器设备及工装等纳入生产工艺的质量控制范围内,对于关键性的设备而言,在其使用前应通过技术生产部门鉴定,记录之后方可投入使用,相关操作者也应经过专业的培训,待取得相应的资格证件之后方可走上工作岗位。

(5)通过现代化监控手段对电子产品的生产过程进行监控,无论是生产过程的设计、物料质量的控制,还是工艺过程的试制及生产工序的管理过程,都应当通过现代化信息技术对其进行即时的监控。

7.2.2　生产工序的质量控制

生产工序的质量控制主要是针对传统的工艺管理进行不断深化和细化,以实现对生产过程中多种因素的协调管理,确保电子产品的生产质量,此过程主要是借助概率论等数理统计方法来衡量生产过程是否稳定受控,找出其中的关键性因素,并通过多种质量控制方法对生产工序的情况进行监控,主要包括如下几个方面:

(1)设置合理的质量控制点。

设置质量控制点的过程中必须遵循如下原则:①对于电子产品生产过程中重要度级别较高的工序,优先考虑设置质量控制点;②针对工艺方面要求较为特殊或稳定程度较差的工序,设置质量控制点以确保其符合规定要求;③对产品质量具有重要影响的工序应当设立质量控制点,及时发现潜在问题并采取措施加以解决;④对于在使用过程中有大量信息反馈的工序应考虑设置质量控制点。

在确定了质量控制点后编制生产质量控制的详细计划,科学建立质量控制点选取方案。

通过备案、绘制质量控制点流程图、编制质量分析表等管理流程,对生产工序进行质量控制和管理。这些措施将有效保证产品在生产过程中的质量稳定性,并及时应对潜在问题,从而达到提高产品质量的目的。

(2)对生产工序的质量验证。

为确保生产工序的设计同企业生产条件相适应,应对其生产工序进行质量验证,主要包括对参数、生产方法、设备、监控装置等环节的验证,对于关键性工序而言应通过分析控制图对其工序设计进行质量验证,确保电子产品的质量处于一个稳定的状态。

7.3 导航装备生产过程质量控制

7.3.1 方案设计阶段

1.确定研制任务阶段

研制任务书是产品开发的指导性、约束性顶层文件,拟制任务书应进行全面的需求分析和澄清,根据导航装备的类型和应用领域,在遵守相关技术规范和标准的情况下下达开发计划,这些规范和标准包括性能要求、接口标准、安全性要求等,确保设计方案满足行业标准和法规要求。开发计划或协议中应明确产品需达到的功能性能质量指标,以及可靠性、安全性、生产性、环境适应性和电磁兼容等要求,还有成本控制、研制周期、质量控制、风险控制等方面的要求。

2.设计方案论证阶段

明确开发计划后设计人员需收集相关信息初步提出多套方案,对新产品的用途、功能性能指标、质量要求、同类产品硬件软件方案对比、初步优选方案、生产可行性、关键技术、外购外协件的保证、成本控制等进行充分论证,形成的方案报告应包含整机电路方案、结构方案、软件方案。方案需进行讨论评审,评审由行业专家,以及单位研发部门、工艺部门、生产部门和质量部门等相关人员参加把关,必要时邀请用户参加。评审应包含以下要点:①各方案的优点和最终方案的选择理由,软件、硬件的设计要求;②方案的先进性、适用性、可行性和经济性评价;③性能指标满足任务书的情况;④可靠性、安全性、环境适应性和电磁兼容性评价;⑤新技术的采用情况;⑥关键技术;⑦设计的继承性情况;⑧软件需求分析、设计思路。

严谨、专业的方案评审是产品质量的可靠保证。方案设计阶段应规避市场已有产品的缺陷、继承成熟产品的优点,采用的新技术要经过验证,在评审中应能发现方案设计中的缺陷和不足。产品的质量水平在方案阶段就开始形成,到设计定型时,产品固有的最高质量水平已确定;后续的生产只能最大限度地控制质量符合设计要求,而无法提升设计定型产品固有的质量水平,生产、检验再细致也改变不了产品设计开发的不足,因此产品质量很大程度上是设计人员设计出来的。

7.3.2 样机生产阶段

1.原理图纸设计

首先需要选择最佳的电路模块组成总电路并绘制出完整的电路图。元器件选型是非常重要的一步,选取不当可能会导致产品质量问题。在选择元器件时需要充分考虑各项参数并进行冗余设计,确保元器件能够满足产品在不同工作情况下的电应力、温度应力、湿热应力、振动应力、安装应力、电磁环境应力以及功耗等要求。在完成电子元器件选型后,可以根据电路图设计绘制 PCB,并进行前期的电路仿真,以便对设计进行优化。在整个设计过程中,需要遵循 PCB 设计的注意事项,如隔离不同地线、隔离大功耗器件和其他器件以及对高频电路部分进行屏蔽等,这样可以确保产品的电路图设计和 PCB 布局都能够达到最佳效果。

除了电路图的设计,还需要进行结构图的设计绘制。在结构件的设计选型中同样需要考虑冗余设计原则,充分考虑结构件在产品中的安装和使用情况,综合分析其所承受的各种应力,特别需要关注的是安装应力和振动应力,选择合适的材料来满足这些要求。此外,还需要研究市场需求,反复比较,优化外观、造型以及标识内容,通过不断的调整和优化,确保结构件的设计能够满足产品的功能需求并符合市场的喜好和期望。

与此同时,还应展开软件的设计。首先,需要根据产品的功能性能要求进行系统需求分析,确定产品内部的需求和对外接口要求,并建立软件的体系结构。然后,进行软件单元设计,完成各个软件单元的集成,并进行测试,根据测试结果对软件设计进行完善,经过测试和改进后的软件还需要进行评审,以确保其质量和准确性。

在进行电路图设计、PCB 设计、结构设计和软件设计后需要经过有丰富产品设计经验专家的校对和审核,提出修改意见。这个环节是不可忽视的,专业的旁观者往往更能发现设计中的错误并提出改进意见,从而优化整体设计,对于存在疑问的地方应进行充分的比较和讨论。最后还需要进行详细的评审,凝聚集体智慧,全面评估设计质量,消除设计中潜在的问题。评审是确保高质量产品的重要保障,设计师应积极落实评审专家的意见,进一步完善提高设计。此外,还需要形成原材料和元器件清单,并制定相应的验收标准,这些验收标准应正确、准确并具有良好的操作性,以确保按照标准进行验收,将不合格品拒之门外。

2.样机生产

依据样机详细设计文件,制造 PCB、结构零件、采购外购件、协议件;同时编制指导生产、验收的图纸文件。对编制的文件组织专家评审,重点关注:技术文件是否准确、全面、具有可操作性。图纸文件是最终生产制造出优质产品的基本保障之一。

样机生产主要分为以下几个过程:①依据验收标准对外购原材料、元器件以及定制件进行检验,确保采购的材料符合质量要求后入库,可与供应商建立稳定的合作关系,对不合格品要采取纠正措施或报废处理,落实纠正措施的再检验合格后方可入库;②依据零件图纸文件对生产零件进行检验,确保合格后放行;③依据工艺技术文件装配元件板,生产组装由若干零件组成的部件,对元件板进行测试、调试并检验,确保所有部件合格后才能流入下一道工序,完成整机产品的装配合拢;④功能测试和性能测试:整机通电后检查烧写的软件并进行调测,验证样机各项功能是否正常,包括导航定位、信号接收等功能,确保其性能满足设计要求;⑤质量检验:对样机进行全面的质量检验,包括外观检查、尺寸测量、耐久性测试等。确保样机的质量合格,符合相关标准;⑥修正和改进:根据测试结果和质量检查的反馈,对样机进行修正和改进,发现问题时及时解决,对工艺流程进行调整和改进;⑦检验合格证后,进行样机生产评审,逐一核对生产制造中因操作人员、生产制造设备、原材料、元器件、零部件以及整机、生产环境、制造测试方法等因素造成的问题,问题应归零,措施需落实在文件中,确保后续生产中不会出现同样的问题。

设计师应全程跟踪生产过程,记录并报告出现的问题,建立完善的文档体系,便于后续的追溯和分析并提出改进措施。对较大的改动应进行方案论证评审,如果电路、结构有较大改动,应重新生产样机。样机生产能充分检验设计图纸文件的质量水平,在样机完成时,设计师应完善设计文件,做到文件与实际生产一致,产品与文件图纸一致。

7.3.3 小批量生产阶段

电子产品的电路结构非常复杂,其中包含大量电子元器件,在将这些不同元器件组合成产品时,每个元器件都具有其独特的性质。尽管设计中为确保每个元器件都满足产品需求会有一定的冗余,但要求考虑到所有可能性是几乎不可能的。

为了验证设计并揭示潜在问题,小批量试制可以增加样本数量以提高可靠性。通过小批量生产,可以全面考核与产品质量相关的文件、人员、设备、原材料、制造测试方法和生产环境等,从而基本反映出产品技术质量的总体水平,并全面暴露设计中的缺陷和问题,对于在小批量生产中暴露的问题进行深入分析并提出改进措施,若改动较大,应进行评审。经过小批量试制并通过 100％合格后,产品可以供顾客使用,通过第三方使用验证产品的功能性能和质量。及时分析顾客的反馈意见,根据需要对产品进行改进,必要时按顾客要求对产品改进,直到顾客满意,同时将改进措施纳入设计文件。

7.3.4 大批量生产阶段

与产品质量有关的人、机、料、法、环及生产指导文件等经过考核修正后,后续产品质量将基本得到有效保证,可进行大批量生产。为保证大批量生产的产品质量,应从以下几方面进行质量控制:

1. 文件控制

大批量生产应确保指导生产的文件是唯一的、正确的、可操作的、经过批准的。需进行设计更改的文件,必须经过评审,进行校对、审核、会签和批准。文件是生产的纲领,也是产品质量的根本保证,未经授权任何人不得随意涂改。

2. 质量控制点的设置

产品的质量是通过不同的生产工序逐步加工而成的,每个生产工序对产品质量特性的形成都有不同的影响。为了控制产品的质量,在生产过程中需要设置工序检验点,其目的是验证本道工序所生产的产品是否符合规定要求,防止不合格品流入下道工序,特别是那些对产品质量特性产生重大影响的工序必须进行检验。工序检验被视为质量管理的基础,工序检验人员需要熟悉本工序的文件要求,熟练使用相关的检验仪器、仪表以及工装等,并对本工序形成的产品质量特性有全面的了解,能够准确判断不合格产品的特征和属性。一旦发现不合格品,工序检验人员应立即标识并隔离这些产品,并跟踪记录其后续处理情况,对于采取纠正措施后的不合格品必须进行再次检验,只有经过再次检验合格后才能放行。通过设置合理的工序检验点,严格执行检验流程,可以有效控制产品的质量,并确保合格产品流入下道工序,从而提供符合要求的高质量产品。

3.最终产品检验

在产品完成最后一道工序后,需提交给质量部门进行验收。最终检验点很关键,是保证交付顾客产品质量合格的最后一道关卡,该检验点的检验人员应非常熟悉产品整体性能指标以及质量特征,对上游工序形成的产品质量也应有足够的认识,能够关注重点、难点,同时不放过文件规定的任何指标要求,能够将不合格品剔除出去,确保交付顾客的产品是符合文件的、合格的产品。

7.4 导航装备质量控制途径

7.4.1 零件加工

电子产品是由相应的零件组成的,各个零件的质量不仅影响了电子产品的装配质量,还对产品的整体性能和指标有重要的影响。零件是由原材料直接加工而成的,其加工质量受到原材料、加工设备、技术人员和环境等多个因素的影响。首先,加工人员需要对原材料进行严格检验,确保其符合零部件的各项指标要求;其次在选择加工设备时,需要根据零部件对精密度的要求进行选择,可以通过试验以确保加工设备能够满足相应的标准。同时,选择专业技能水平较高的加工人员,在加工过程中严格按照相应的标准进行加工,在加工成型后对零件的批次、数量等进行详细的记录,便于零件的抽样检查。最后,采用科学方法进行抽样检查,最大限度地反映出零件的合格情况,保证通过抽样检查的相应批次的零件符合质量标准。对于不合格零件要进行相应的检测评估,根据零件的达标情况做出接收、让步接收或返工,返工的零部件需要由相应部门跟进,并进行质量检测以确保符合标准。

7.4.2 装配控制

电子产品是由各个零件装配而成的,产品的各项功能都是各个零件功能的整合,装配出错或者达不到相应的要求都会影响电子产品的装配质量。装配控制环节最重要的是避免装配差错,要对各个零件进行明确的标识,对装配进行详细的说明,以防止装配过程中出现任何差错,造成电子产品的质量问题,影响正常使用。在电子产品所有零件装配过程中以及装配完成之后都需要进行相应的检验,对于装配完成后不便于检查的零件需要在装配时就进行检验。作为装配控制的重要环节,装配检验工作是为了发现问题和解决问题的,在发现问题后及时返工重新装配。

7.4.3 调试控制

调试是电子产品组装完成后的关键工作,通过使用适当的检测仪器和方法对产品的各个零部件进行调整和测试,以验证产品的性能指标是否符合相应标准。调试不仅是质量控制的重要环节,也是解决产品各种问题的过程。调试工作按照分级原则进行,首先对单个电路板进行调试,然后对单元组件进行调试,最后对整机进行调试,每个级别的调试都是为了确保产品的正常运行和功能完善。在完成调试后,相应的试验将被执行,通过试验可以一次性地发现和解决潜在问题,其结果将用于验证产品的可靠性和性能,以确保产品的质量达到预期要求。通过合理的调试和试验工作,可以及时发现并解决产品中存在的问题,提高产品的质量和可靠性,这将有助于满足客户需求,并确保产品在市场上的竞争力。

7.4.4 包装控制

电子产品的包装控制是质量控制中极重要的一环。它旨在确保产品在运输和搬运过程中免受任何物理损伤,使产品能够安全、完好地到达目的地,同时还能有效地宣传产品品牌。包装工序分为转序包装和最终产品包装,转序包装是指在完成一个组装工序后,将产品转移到下一个工序之前所进行的包装操作,在此过程中必须特别注意避免对零部件造成损伤。而最终产品包装是在整个产品组装完成后进行的包装,包括外包装、内包装和中包装等多个环节。包装控制的关键在于根据产品特性制定相应的包装方案,以确保产品在运输过程中的安全性,这意味着不同类型的产品可能需要采用不同的包装材料和方法,以最大限度地保护产品安全和完整。此外,在选择包装方案时还需考虑环保因素,推崇使用可回收和可降解的包装材料,以减少对环境的影响。总而言之,电子产品的包装控制对于质量保障至关重要,只有通过科学合理的包装方案,才能确保产品在运输过程中的安全和完好无损,进而使得产品可以顺利抵达目的地,同时也提升了产品品牌形象和价值。

7.5 ISO 9001 质量管理系统

ISO 9001 是国际标准化组织(ISO)制定的质量管理体系标准,是全球范围内广泛应用的质量管理体系标准之一。它为组织建立和实施一套有效的质量管理体系提供了指南和要求。ISO 9001 的目标是帮助组织确保其产品和服务的质量,并提高客户满意度。遵循 ISO 9001 标准,各类组织可以建立一种持续改进的理念,确保不断提升质量、提高效率和增加竞争力。

7.5.1 核心原则

ISO 9001 质量管理体系的核心原则是组织可以基于这些原则来制定和实施其质量管理体系,其核心原则分为七项,分别是顾客导向、领导力、员工参与、过程方法、持续改进、询证决策、关系管理的方法论:

(1)客户导向:组织应理解并满足客户需求,为他们提供满意的产品和服务。

(2)领导力:组织的领导者应为质量管理体系树立明确的方向和目标,并鼓励员工参与实现这些目标。

(3)员工参与:组织应激发员工的积极性、创造性,使其感受到自己对于质量管理体系的重要性,并有动力为其改进和实施贡献力量。

(4)过程方法:组织应基于过程方法来管理活动和资源,以实现预期的结果,包括满足客户需求和持续改进。

(5)持续改进:组织应不断寻求质量管理体系的改进机会,采取预防和纠正措施,以提高整体绩效。

(6)询证决策:组织应基于事实和数据来做出决策,以确保决策的有效性和正确性。

（7）关系管理：组织应与其供应商建立互利互惠的关系，合作共赢，以确保产品和服务的质量要求得到满足。

这些原则构成了一个框架，帮助组织建立和持续改进其质量管理体系，以实现高质量的产品和服务，并增强客户和利益相关方的信任。

7.5.2　管理内容

ISO 9001 质量管理系统可以广泛应用于各个领域，包括导航装备的生产和服务。下面是在导航装备领域应用 ISO 9001 质量管理系统的一些内容：

（1）设计与开发：导航装备的设计与开发是关键环节，应建立适当的流程来管理设计过程，并确保设计输出满足规定的要求，包括性能、可靠性和安全性等方面。

（2）供应链管理：导航装备的制造通常涉及多个供应商和合作伙伴，应与供应商建立稳定的合作关系，确保供应链的质量可控。

（3）制造过程控制：建立制造过程的控制措施，包括设备校准，工艺流程控制、检验和测试等，以确保导航装备的一致性和具有符合要求的质量。

（4）质量记录和文件管理：建立适当的质量记录和文件管理系统，包括质量记录的保存和追溯，以及文档的控制和变更管理。

（5）内部审核和管理评审：定期进行内部审核和管理评审，以确保质量管理体系的有效性和符合标准要求。

（6）不合格品管理：建立不合格品管理措施，包括不合格品的处理、纠正和预防措施等，以确保问题得到及时解决并防止再次发生。

（7）客户满意度管理：ISO 9001 强调客户满意度的重要性，组织并建立相应的客户反馈机制，评估客户满意度并采取必要措施改进产品和服务。

通过应用 ISO 9001 质量管理系统，导航装备制造和服务提供商可以更好地管理其质量过程，不断改进产品和服务的质量，提高客户满意度，并增强组织的竞争力和市场份额。这将有助于确保导航装备的性能、可靠性和安全性，并满足相关法律法规和行业标准的要求。

第8章 导航装备制造项目管理

导航装备制造项目管理是指在制造导航装备过程中,运用专门的知识、技能、工具及方法,使项目能够在有限资源条件下,达到或超过设定的需求和期望目标的过程,是导航装备产品生命周期的重要组成部分。

本章首先引入了导航装备产品及项目的生命周期。随后详细介绍了导航装备项目管理中所包含的项目属性管理、项目过程管理以及项目目标管理。最后对知识产权管理涉及的基础知识与管理步骤进行了具体的阐述。

8.1 产品与项目的生命周期

在导航装备领域,产品生命周期和项目生命周期之间存在密切联系(见图 8-1)。产品的生命周期往往由多个项目组成,每个项目负责产品生命周期的某个阶段或特定任务。项目生命周期中的成果和交付物将成为产品生命周期中的组成部分,为产品的研发、制造和销售提供支持。

导航装备的产品生命周期和项目生命周期是相互补充的,项目推动产品的发展和更新,而产品的生命周期则为项目提供具体的任务和目标。有效地管理产品生命周期和项目生命周期能够提高导航装备的研发周期、质量和市场竞争力。

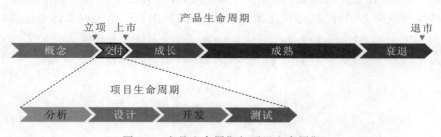

图 8-1 产品生命周期与项目生命周期

8.1.1 产品生命周期

导航装备的产品生命周期分为五个阶段:概念、交付、成长、成熟和衰退。

1. 概念阶段

概念阶段是产品生命周期的初始阶段,也是产品的开发和设计阶段。在这个阶段,导航装备产品的概念和创意被提出并进行初步的市场调研和需求分析。该阶段重点是确定导航装备产品的可行性与市场需求。

2. 交付阶段

在企业立项后,产品生命周期进入了交付阶段。在这个阶段,导航装备产品进行生产制造、技术测试和市场推广,以确保产品能够满足市场需求。同时,导航装备产品也会在此阶段进行初次销售,为建立起市场份额和用户群奠定基础。

3. 成长阶段

成长阶段是产品生命周期中的高速增长阶段。在这个阶段,导航装备产品开始上市并实现销售额的快速增长。为了增强自身导航装备产品在市场上的竞争力,企业通常会加大导航装备产品的市场宣传力度。

4. 成熟阶段

成熟阶段是产品生命周期最稳定阶段。在这个阶段,导航装备产品已经达到市场饱和度,销售额趋于稳定。同时,由于竞争对手的数量逐步增加,企业通常会加强市场维护、品牌建设和产品差异化来保持自身导航装备产品的市场份额。

5. 衰退阶段

衰退阶段是产品生命周期的最后阶段,导航装备产品的市场需求逐渐下降直至产品退市。在这个阶段,导航装备产品面临市场竞争激烈、销售下滑和技术待更新的挑战。为了应对这些挑战,生产导航装备产品的企业通常会考虑产品改进。

8.1.2　项目生命周期

项目生命周期通常包括分析、设计、开发和测试这四个主要阶段。

1. 分析阶段

项目团队与相关利益相关者合作,确定项目需求、目标和约束条件。主要考虑业务需求、用户需求和技术要求,同时也考虑项目的可行性、风险和资源需求等。该阶段通常需要完成项目范围说明书、需求文档和项目计划等。

2. 设计阶段

基于分析阶段的成果,项目团队制定项目的整体架构。整体架构包括系统设计、软件架构和硬件设计等。设计阶段的目标是制定出满足项目需求的方案,并准备好进行后续的开发工作。

3. 开发阶段

根据设计阶段的结果,项目团队实施一系列的产品构建工作。开发阶段涉及编程、硬件开发、产品制造等任务。项目团队按照设计要求完成开发,并进行版本管理等工作。

4. 测试阶段

在测试阶段,项目团队对已开发的系统、软件、产品进行质量检测。测试阶段涉及单元测试、集成测试、系统测试和用户验收测试等。通过这些测试,项目团队可以发现并修复问题,以确保系统、软件和产品的质量全部达标。

在实际项目中,为了得到理想的项目成果,项目团队可能会经历多次分析阶段、设计阶段、开发阶段和测试阶段。在项目顺利达成预期成果之后,项目所创造的产品将会逐步上市。

8.2 项目属性管理

8.2.1 项目档案管理

项目档案管理是指在项目管理过程中对项目相关文件和记录进行组织、存储、检索和维护的活动。它旨在确保项目文件的可靠性、完整性和可访问性，以保证项目的顺利进行和后续的审计、追溯和知识管理。

项目档案管理的内容具体包括：

1. 组织与分类管理

项目档案管理需要对项目文件进行组织和分类，以确保文件的结构化和逻辑性。这包括根据文件类型、内容或阶段进行分类，建立文件目录结构，使文件容易查找和访问。

2. 存储与归档管理

项目档案管理需要确定适当的文件存储和归档方式。这可能包括电子存储、纸质存储或混合存储等形式。对于电子文件，可以使用专门的文件管理系统或云存储平台进行存储和管理。

3. 检索与访问管理

项目档案管理需要确保文件的快速检索和方便访问。这可以通过建立索引、标签或元数据等方式来实现。同时，需要制定访问权限和安全措施，以保护项目文件的机密性和完整性。

4. 更新与版本控制管理

项目档案管理需要确保文件的更新和版本控制。这包括记录文件的修改、变更和审批过程，以及维护文件的版本历史记录。版本控制有助于跟踪文件的演变和变更，以及确保项目团队使用最新版本的文件。

5. 保留与销毁管理

项目档案管理需要根据相关法规和组织政策确定文件的保留期限和销毁规则。这涉及对文件的合规性和法律要求进行评估，并制定相应的文件保留和销毁计划。

6. 审计与追溯管理

这包括记录文件的使用和访问记录，以及提供文件的审计轨迹和可追溯性。文件审计和追溯有助于确保文件的合规性和可信度。

8.2.2 看板管理

看板管理是一种敏捷项目管理方法，通过可视化工作流程和任务的方式来促进项目团队的协作和效率。它使用看板作为信息展示和任务管理的工具，让项目团队成员能够清楚地了解工作状态、优先级和进展情况。

看板管理的内容具体包括：

1. 工作流程管理

通过将项目任务和活动绘制在看板上，项目团队成员可以一目了然地了解工作流程和任务流转。看板通常分为列,代表不同的工作状态,如待办、进行中和已完成。这种可视化的方式使项目团队成员更容易跟踪工作进展和任务状态。

2.优先级和分配管理

看板管理可以帮助项目团队确定任务的优先级和分配。任务可以以卡片的形式显示在看板的适当位置,项目团队成员可以根据优先级和资源可用性来移动和分配任务。这样可以确保项目团队在处理任务时能够更好地集中精力和资源。

3.可视化管理

通过看板管理,项目团队成员可以快速了解项目的进展情况。看板上的任务状态和移动情况可以帮助项目团队发现问题、识别瓶颈和寻找改进机会。如果某个任务停滞不前或者过多任务在某一列中积压,项目团队可以及时采取行动解决问题。

4.项目团队协作管理

看板管理为项目团队成员提供了一个可视化、共享的工作平台。项目团队成员可以随时查看看板,了解其他成员的工作情况,并在必要时进行交流和协调。这种沟通和协作的方式有助于提高项目团队的整体效率和协同能力。

8.2.3 综合决策

综合决策是指在项目管理过程中综合考虑多个因素和利益相关方的决策过程。它涉及评估和权衡不同的选择、风险和机会,以实现项目的整体效益和利益的最大化。

综合决策的内容具体包括:

1.资源分配管理

综合决策涉及对项目资源的分配和优先级的确定,具体包括人力资源、物资和财务资源等。通过考虑不同任务的优先级、时间要求、资源可用性以及项目目标,项目经理可以做出综合决策,以合理分配资源并优化项目进展。

2.风险管理

综合决策需要考虑项目的风险和不确定性。通过评估潜在风险、制定应对策略和采取相应的措施,项目经理可以在综合决策中平衡风险和回报,确保项目在风险可控的前提下取得最佳结果。

3.利益相关方管理

综合决策需要综合考虑不同利益相关方的需求和期望,具体包括项目业主、用户、供应商和其他相关方。通过与利益相关方沟通和协商,项目经理可以在综合决策中平衡不同利益,确保项目的成功并满足各方的期望。

4.变更管理

综合决策与项目变更管理密切相关。在项目执行过程中,可能会出现变更请求和需求的变化。项目经理需要综合考虑变更的影响、优先级和可行性,做出决策是否接受或拒绝变更,以及如何管理和控制变更的实施。

8.2.4 变更管理

变更管理是指在项目执行过程中管理和控制项目范围、进度、成本和其他方面的变更请求和变更需求。在导航装备项目中,变更管理起着关键作用,因为项目需求和环境常常发生变化,需要适应和应对这些变化,同时保持项目的控制和稳定。

变更管理的内容具体包括:

1. 识别和记录

变更管理的第一步是识别和记录变更请求和需求。这涉及利益相关方的反馈、项目审查、问题报告和其他变更来源。重要的是建立一个系统和流程来收集、记录和跟踪这些变更。

2. 评估和分析

一旦变更被识别和记录,需要对其进行评估和分析。这包括评估变更的优先级、影响和可行性,以及与项目目标、范围、成本、进度和资源的一致性。综合考虑这些因素,可以做出明智的决策,确定是否接受、拒绝或推迟变更。

3. 实施和控制

一旦变更获得批准,需要进行变更的实施和控制。这可能包括修改项目计划、更新需求规格、调整资源分配和调整进度安排。在实施变更的同时,需要确保变更的有效控制和影响范围的管理,以防止对项目目标和交付造成不利影响。

4. 记录和沟通

变更管理需要记录和跟踪所有变更的决策、实施和结果。这包括变更请求和变更批准的文档、会议记录、更新的项目文档和其他相关信息。同时,及时将变更的结果和影响反馈给项目团队和其他利益相关方,以确保透明度和项目的整体理解。

8.2.5　项目权限

项目权限是指在项目中分配给不同项目团队成员和利益相关方的特定访问和操作权限。它涉及确定谁有权利访问项目信息、参与决策和执行特定任务。项目权限的管理对于确保项目的安全性、合规性和有效性非常重要。

项目权限的具体内容包括:

1. 访问权限

项目权限确定了谁有权访问项目相关信息和文档。包括项目计划、需求规格、设计文档、测试报告和其他敏感信息。通过给予适当的访问权限,可以确保只有授权人员能够查看和修改项目信息。

2. 决策权限

项目权限涉及决策的分配和授权。包括谁有权参与项目决策、制定变更请求、批准资源分配和调整项目优先级等。通过明确定义决策权限,可以确保决策的透明性和一致性,避免不必要的延误和冲突。

3. 执行权限

项目权限还涉及任务和活动的分配和执行。包括谁有权执行特定的任务、提交工作成果和记录工作进展。通过分配适当的执行权限,可以确保项目团队成员按照责任和权限完成工作,并保持项目的进展和质量。

4.利益相关方权限

项目权限还涉及利益相关方的权限和参与。包括项目业主、合作伙伴和其他利益相关方的参与和决策权限。通过明确定义和沟通利益相关方的权限，可以确保他们在项目中的参与和贡献是透明、有序和合理的。

8.2.6　多项目管理

多项目管理是指同时管理和协调多个项目的过程和方法。在导航装备领域，多项目管理变得越来越重要，因为组织通常会同时执行多个相关项目，以实现整体战略目标。

多项目管理的具体内容包括：

1.统一目标管理

多项目管理旨在确保所有项目与组织的整体目标和战略保持一致。包括明确每个项目的目标、交付成果和关键成功指标，以及它们与整体战略之间的一致和协调。

2.进度和里程碑管理

多项目管理需要对项目进度和里程碑进行综合管理。包括识别和管理项目之间的依赖关系、冲突和风险。通过对多个项目的进展和里程碑进行有效跟踪和控制，可以确保项目的整体进展和交付。

3.协调和沟通管理

多项目管理需要进行协调和沟通，以确保项目之间的协作和信息共享。包括定期召开跨项目的协调会议、分享最佳实践和教训，以及确保项目团队之间的有效沟通和合作。

4.风险和冲突管理

多项目管理需要识别、评估和管理项目之间的风险和冲突。这可能涉及资源竞争、优先级冲突、技术交叉等方面。通过有效的风险管理和冲突解决策略，可以减少多项目环境中的不确定性和潜在问题。

8.3　项目过程管理

8.3.1　启动立项

启动立项是项目管理的起始阶段，涉及确定项目的目标、范围、可行性和项目发起人等。在导航装备项目中，启动立项是确保项目能够成功启动和顺利进行的关键步骤。

启动立项的具体内容包括：

1.确定目标

启动立项阶段需要明确项目的目标和期望成果。包括确定项目的可交付成果、业务价值和项目成功的标准。项目目标的明确定义对于项目的规划和执行至关重要。

2.界定范围

启动立项阶段需要明确项目的范围，即项目的边界和所涵盖的工作内容。包括识别和定义项目的关键要素、需求和限制。范围界定有助于确保项目的目标明确、工作清晰，并避免范围蔓延和无限扩大。

3.可行性研究

启动立项阶段需要进行项目的可行性研究。包括进行市场调研、技术评估、风险分析和资源评估等,以评估项目的可行性和可实施性。可行性研究有助于确定项目的可行性和决策的依据。

4.制订计划

启动立项阶段还需要制订初步的项目计划。包括制订项目进度计划、资源需求和预算估算等。项目计划的制订有助于提前规划项目的执行路径和关键里程碑,为项目的顺利进行提供指导。

8.3.2 项目计划

项目计划是项目管理的重要组成部分,它涉及规划和安排项目的各个方面,包括范围、进度、成本、质量、资源、风险和沟通等。项目计划为项目的执行提供了指导和基准,并确保项目能够按时、按质、按预算地完成。

项目计划的具体内容包括:

1.范围规划

范围规划是项目计划的核心部分,涉及确定项目的目标、可交付成果和工作内容。在导航装备项目中,范围规划可能包括定义导航装备的功能需求、性能要求和技术规范等。范围规划有助于确保项目的目标明确,工作内容清晰。

2.进度规划

进度规划涉及制定项目的时间表和工作安排。在导航装备项目中,进度规划可能包括确定关键任务、里程碑和项目阶段的时间要求。通过合理安排和优化项目进度,可以确保项目按时完成并满足交付期限。

3.成本规划

成本规划是确定项目的预算和资源需求。在导航装备项目中,成本规划可能包括估算和预测项目所需的人力资源、物资和设备的成本。通过合理的成本规划,可以确保项目的经济可行性和预算控制。

4.质量规划

质量规划涉及确定项目的质量标准、验收标准和质量控制措施。在导航装备项目中,质量规划可能包括制订测试计划、质量审查和验证活动。质量规划有助于确保项目交付的产品或服务符合预期的质量要求。

5.资源规划

资源规划涉及分配和管理项目所需的资源。在导航装备项目中,资源规划可能包括人力资源、物资、设备和技术支持等方面。通过合理的资源规划,可以确保项目所需资源的充分利用和优化。

6.风险规划

风险规划涉及识别、评估和应对项目的风险。在导航装备项目中,风险规划可能包括制定风险管理计划、识别关键风险和制定风险应对策略。风险规划有助于降低项目风险,并在项目执行过程中及时应对和控制风险。

7.沟通规划

沟通规划涉及确定项目的沟通需求和沟通计划。在导航装备项目中,沟通规划可能包括确定沟通渠道、频率和沟通内容等。通过有效的沟通规划,可以确保项目团队和利益相关方之间的有效沟通和信息交流。

8.3.3　项目执行

项目执行是项目管理的核心阶段,它涉及根据项目计划和要求,实际进行项目工作的执行和管理。在导航装备项目中,项目执行是将计划转化为实际成果的阶段,涉及团队协作、资源调配和工作执行等活动。

项目执行的具体内容包括:

1.团队协作

项目执行阶段需要项目团队成员之间的紧密协作和合作。具体包括分配任务、沟通工作要求、解决问题和协调资源。团队协作是确保项目工作高效进行和目标达成的关键。

2.资源调配

项目执行阶段需要合理调配和管理项目所需的资源,包括人力资源、物资和设备等。这涉及评估资源需求、优化资源利用和处理资源冲突。通过合理的资源调配,可以确保项目所需资源的充分利用和合理分配。

3.工作执行

工作执行是根据项目计划和要求实际开展项目工作的阶段。在导航装备项目中,工作执行可能涉及研发、设计、制造、测试和部署等工作。在执行过程中,需要确保工作按照质量标准、时间表和要求进行,以实现项目的交付目标。

4.问题解决

项目执行阶段可能会面临各种问题和挑战,可能涉及技术问题、资源限制、沟通障碍等。在项目执行过程中,需要及时识别和解决问题,以避免对项目进展和目标的不利影响。

5.进度和质量控制

项目执行阶段需要对项目的进度和质量进行控制和监督。具体包括跟踪项目进展,检查工作成果,进行质量检查和测试等。通过有效的进度和质量控制,可以确保项目按时交付和符合质量标准。

6.风险管理

项目执行阶段需要继续进行风险管理活动,包括识别和评估项目风险、制定风险应对策略和监控风险的发展。通过及时应对和控制风险,可以减少风险对项目进展的不利影响。

8.3.4　项目收尾

收尾交付是项目管理的最后阶段,它涉及整理项目工作、进行项目验收和最终交付项目成果的过程。在导航装备项目中,收尾交付是确保项目顺利完成并向项目业主或客户交付最终成果的关键步骤。

项目收尾的具体内容包括:

1. 项目验收

在收尾交付阶段,项目团队需要确保项目工作的完成和达到预期的目标。这包括验证项目成果、检查项目交付物的质量和完整性,并确保其符合预先定义的验收标准。项目验收是确保项目成功完成和符合业主要求的重要环节。

2. 成果归档

在收尾交付阶段,项目团队需要准备并交付项目成果给项目业主或客户。这可能包括交付导航装备产品、文件和相关文档。同时,还需要进行文件归档,将项目相关文档和记录保存在适当的档案中,以备将来参考和审计。

3. 项目总结

在收尾交付阶段,项目团队需要进行项目总结和经验教训的归档。这包括对项目执行过程进行评估和总结,记录项目成功和挑战,以及提取项目经验教训和最佳实践。通过总结和归档经验教训,可以为未来的项目提供宝贵的经验和指导。

4. 后期维护

在收尾交付阶段,还需要考虑项目成果的后期支持和维护,具体包括制订后期支持计划、培训客户和用户,以确保导航装备的正常运行和维护。后期支持和维护计划有助于保证项目成果的持续可用性和客户满意度。

8.3.5 过程监控

过程监控是项目管理中贯穿整个项目生命周期的活动,它涉及对项目的进展、绩效和风险进行实时监测和评估。在导航装备项目中,过程监控是确保项目按照计划进行、控制项目的关键环节。

过程监控的具体内容包括:

1. 进展跟踪

过程监控涉及跟踪项目的进展情况,以确保项目按照预期进行。这包括比较实际进度和预定进度、检查任务完成情况和里程碑的达成。通过进展跟踪,可以及时发现项目进展偏差,并采取纠正措施。

2. 绩效评估

过程监控涉及对项目绩效进行评估和分析,具体包括收集和分析项目数据,比较实际绩效和预期绩效,以评估项目的效率和质量。通过绩效评估,可以识别项目中的问题和瓶颈,并采取相应的措施进行改进。

3. 风险监测

过程监控涉及对项目风险进行实时监测和评估具体包括识别新的风险、监控已知风险的发展和实施风险应对措施。通过风险监测,可以及早发现并应对潜在的风险,以最小化对项目的不利影响。

4. 质量控制

过程监控涉及对项目质量的控制和评估,具体包括检查工作成果的质量、执行质量审查和验证活动,以确保项目交付的产品或服务符合预期的质量要求。质量控制有助于提高项目成果的质量和客户满意度。

5. 变更管理

过程监控涉及对项目变更的管理和控制,具体包括评估变更请求的影响、制定变更控制策略和监督变更的实施。通过变更管理,可以确保变更的合理性、可控性和对项目目标的一致性。

8.3.6　多阶段管理

多阶段管理是一种将项目分解为不同阶段或阶段集的项目管理方法。每个阶段都具有明确的目标、交付成果和里程碑,且在每个阶段结束时进行评估和决策,以确定是否继续下一阶段。多阶段管理提供了更灵活和可控的项目管理方式,并支持项目的分阶段开展和控制。

多阶段管理的具体内容包括:

1. 阶段划分

多阶段管理要求将整个项目划分为不同的阶段。在导航装备项目中,阶段划分可能根据不同的开发阶段、测试阶段或产品交付阶段进行。每个阶段应具有明确的目标和可交付成果,并与整个项目的目标和战略一致。

2. 里程碑设定

在每个阶段中,设定关键里程碑来标志阶段的完成和评估。里程碑通常与项目的重要节点、重要交付物或重大决策相关。里程碑的设定有助于项目团队和利益相关方对项目进展进行衡量和评估。

3. 评估和决策

在每个阶段结束时,进行评估和决策,以确定是否继续下一阶段。这包括对阶段目标、交付成果、绩效和风险进行评估,以便项目团队做出明智的决策。这样,可以确保项目在每个阶段的顺利进行和合理决策。

4. 控制和调整

多阶段管理要求对每个阶段进行控制和调整。这涉及对阶段进展、质量和绩效进行实时监测和控制。如果发现偏差或问题,需要采取相应的纠正措施或调整计划,以确保项目在整个生命周期中的目标得到实现。

5. 交付和沟通

在每个阶段结束时,进行阶段交付和沟通。这包括向项目业主或客户交付阶段成果,进行验收和沟通阶段成果和进展。通过阶段交付和沟通,可以确保项目团队和利益相关方之间的有效沟通和共识。

8.4　项目目标管理

项目目标管理是确保导航装备制造项目目标达成的关键模块。

导航装备制造项目目标管理包括范围任务管理、生产进度管理、成本利润管理、质量标准管理、人力资源管理、沟通记录管理、风险管理控制、采购管理和项目涉众管理九个方面。通过对以上九个方面进行全面管理,项目团队能够有效协调导航装备制造的各项任务,并实现项目的成功交付。

8.4.1 范围任务管理

在项目目标管理中,范围任务管理对项目范围内导航装备制造的具体任务进行规划、执行和控制。

1.范围任务管理步骤

对于导航装备制造项目,范围任务管理通常分为以下步骤:

(1)确定项目范围;

(2)划分工作包;

(3)确定任务关系;

(4)制订任务计划;

(5)分配任务责任;

(6)监控和控制任务进度;

(7)完成并验收任务。

2.范围任务管理依据

导航装备制造项目中范围任务管理的依据通常是项目管理中相关的标准和方案。以下是范围任务管理的一些主要依据:

(1)项目章程:

项目章程是项目开始阶段的重要文档,该章程包含导航装备制造项目目标、范围等核心信息。

(2)项目需求文档:

项目需求文档是记录项目各项需求的文档,其中包括导航装备的性能、特性和限制等需求。

(3)工作分解结构(WBS):

工作分解结构是将导航装备制造项目范围分解成具体的工作包和任务的层级结构。它可以帮助项目团队明确任务的细分和层级关系。

以上是导航装备制造项目中范围任务管理的主要依据。通过这些依据,导航装备制造项目团队可以有效地规划、执行和控制项目的任务,促进导航装备制造项目的顺利进行。

8.4.2 生产进度管理

导航装备制造项目的生产进度管理是生产与运作控制的核心,它贯穿于项目运作与产品生产项目运作的始终。生产进度管理根据生产进度要求,调整生产进度上的滞后和超前,以确保生产进度按计划实现。

1.管理步骤

对于导航装备制造项目,生产进度管理通常分为以下几个步骤:

(1)制订项目计划;

(2)确定资源需求;

(3)分配任务和责任;

(4) 进度监控和跟踪;

(5) 风险管理;

(6) 沟通与协调;

(7) 调整和优化进度。

2. 管理常用图表

在导航装备制造项目中,生产进度管理的实施标准都以基础生产统计台账和报表为依据。为了方便分析这些数据,导航装备制造项目团队常常将相关数据绘制成图表。常用的图表包括进度坐标图、流动数曲线图、折线图等。

1) 进度坐标图

在导航装备制造项目中,进度坐标图主要用于记录中小型硬件的生产情况。典型的生产进度坐标图如图 8-2 所示。菱形曲线和实心圆曲线分别表示计划的日产量和计划的累计产量,普通曲线表示实际的生产结果。它们之间的差距分别表示产量和工期(时间)上的偏差。

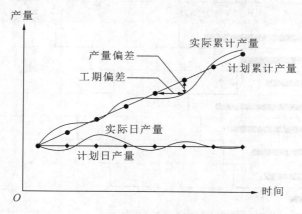

图 8-2　生产进度坐标图

2) 流动数曲线图

在导航装备制造项目中,流动数曲线图主要用于对不同工序下的硬件生产情况进行记录。典型的流动数曲线图如图 8-3 所示。图中的三条曲线分别代表工序 1、2 和 3 的实际产品累计数量。工序 1、2 和 3 是相互连续的工序,水平方向上的差距 T 表示相同时间下不同工序之间的产品数量差,垂直方向上的差距 Q 表示制品的数量。曲线的弯曲程度表示生产变动情况,曲线在某一时间点的倾斜程度表示该时间点的生产速度。

3) 折线图

折线图也称为平衡线图。在导航装备制造项目中,该图表主要用于零部件的配套性分析。配套性横道图是导航装备制造项目中经常使用的一种折线图,它可以展示各种零部件的实际生产数量,使得零部件生产控制更加便捷(见图 8-4)。该配套性横道图中显示了各种零部件目前的实际生产数量,折线 1 代表本期的生产计划数量,折线 2 代表总体的生产计划数量。

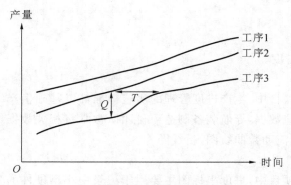

图 8-3 流动数曲线示意图

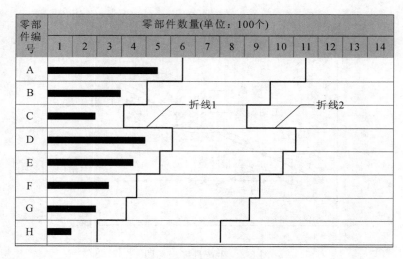

图 8-4 配套性横道图

8.4.3 成本控制管理

在导航装备制造项目中,成本控制管理是指项目团队在多变的条件下预估成本,并对项目实施过程中的实际成本和计划成本进行对比、检查、监督的管理过程。

1.成本控制的内容及原则

成本控制管理分为成本分配和成本控制两个环节。成本分配涉及归纳和分配产品的成本问题,其中的核心内容是成本核算。而成本控制是要将项目的成本最小化,其中包括采取的一切降低成本的行为。

在成本控制中,有一些原则需要遵循:

(1)以竞争为基准:项目团队需要参考行业竞争对手的成本进行控制。

(2)全员全过程控制:项目团队人员在整个过程中都需要参与成本控制的工作。

（3）以价值最大化为最终目标：项目团队应该在成本控制过程中追求价值的最大化。

（4）整合优化内外部资源：项目团队应该整合和优化内部和外部资源，以实现成本控制的最佳效果。

2. 成本控制分类

在导航装备制造项目中，成本控制可以从成本形成过程和成本费用两个角度分类。

1）成本形成过程

成本控制可按照成本形成过程划分为产品投产前的控制、制造过程中的控制和流通过程中的控制。

（1）产品投产前的控制：

在这一阶段，成本主要包括导航装备的产品设计成本、加工工艺成本、物资采购成本等。尽管该阶段实际成本尚未产生，但该阶段的成本控制工作基本上确定了导航装备产品的成本水平。

（2）制造过程中的控制：

导航装备的制造过程是实际成本形成的主要阶段。大部分实际成本在这个过程中支出，其中包括原材料费用、工人雇佣费用、能源动力消耗以及工序间的物料运输费用和若干管理部门的薪资。投产前的成本控制方案和措施能否在制造过程中得以贯彻实施，都与这一阶段的成本控制活动密切相关。

（3）流通过程中的控制：

流通过程的成本包括导航装备产品包装、厂外运输、广告促销、销售机构开支和售后服务等费用。目前，越来越多的企业正在形成以供应链为基础的动态联盟，因此流通过程中的成本费用控制尤为重要。

2）成本费用

成本控制可按照费用构成划分为原材料成本控制、工资费用控制、制造费用控制和项目团队管理费控制。

（1）原材料成本控制：

在导航装备制造项目中，原材料费用通常占总成本的 30% 至 50%，因此成本控制的重点之一是对原材料成本的控制。影响原材料成本的主要因素为采购费用、库存费用和生产费用，因此采购、库存和生产是原材料成本控制的三个主要环节。

（2）工资费用控制：

为了进一步控制成本，项目团队需要控制工资费用与效益水平同步，并减少单位产品中工资费用的比重。提高劳动生产率是控制工资费用的关键。

（3）制造费用控制：

在导航装备制造项目中，制造费用包括导航装备折旧费、导航装备修理费和导航装备生产管理人员薪资等。尽管制造费用在导航装备成本费用中所占的比重不大，但对于项目团队来说，合理地控制这些费用一项不能忽视的工作。

（4）项目团队管理费用控制：

项目管理费用是指在导航装备项目执行过程中，用于支持项目管理工作的成本费用。这些成本通常包括项目管理团队的人员培训费用、办公设备费用、软件系统费用、会议沟通费用等。这些费用类别众多,对于成本费用控制来说也是不可忽视的内容。

8.4.4 质量标准管理

在项目目标管理中,质量标准管理是为确保导航装备硬件、软件和系统达到一定质量要求所进行的工作。

1. 质量标准管理步骤

在导航装备产品质量标准管理中,对导航装备原材料的质量控制是关键的。导航装备原材料质量可以用围绕设计值波动大小的程度来描述。波动越小,质量水平就越高,反之则质量水平越低。因此,需要对导航装备生产过程的质量进行控制,以最大限度地减少导航装备质量的波动。

导航装备生产过程的质量控制可以大致遵循以下六个步骤:

(1) 选择质量控制的导航装备原材料;

(2) 确定需要监测的质量类型;

(3) 选择能够准确测量质量参数的监测仪表并构思测试手段;

(4) 进行实际测试并做好数据记录;

(5) 分析实际情况与设计值之间产生差异的原因;

(6) 采取相应的纠正措施,并继续维持导航装备生产过程的质量控制。

2. 质量标准管理依据

质量标准管理的依据主要分为以下三项内容:

(1) 合同文件:在导航装备制造项目合同文件中,对于导航装备质量控制方面的要求有严格规定。

(2) 设计文件:导航装备制造过程中质量控制的一个重要原则是"按图生产"。因此,经过批准的设计图纸和技术说明书等设计文件也是导航装备质量控制的重要依据。

(3) 国家及政府有关部门颁布的法律、法规性文件:质量管理方面的法律、法规性文件由国家及政府有关部门颁布,为导航装备制造质量标准管理提供指导和规范。

8.4.5 人力资源管理

在项目目标管理中,人力资源管理是指管理和组织导航装备制造项目团队的过程,其目的是确保项目按计划顺利进行。

1. 人力资源管理步骤

以下是项目目标管理中人力资源管理的步骤:

(1) 规划人力资源;

(2) 招募和选择团队成员;

(3) 培训和发展团队成员;

(4) 促进成员间有效的沟通与协作;

(5) 完善绩效管理制度;

(6) 优化管理团队。

2.人力资源管理策略

人力资源策略是人力资源管理的指导方针和行动计划。人力资源策略提供了一个框架,帮助项目团队在雇佣人员、培训人员、筹划薪酬福利等方面做出明智的决策。下面是人力资源管理的一些重要策略:

1) 对齐团队

人力资源策略应与团队的发展目标相一致,以确保人力资源管理与团队的整体发展方向保持一致。

2) 人才招聘和留住

项目团队应制定合适的招聘策略,以吸引并遴选适合团队需求的高素质人才。项目团队也要为团队成员提供适当的留任措施,避免发生人才过度流失的情况。

3) 培训与发展

项目团队应制定培训和发展计划,并为员工提供充足的资源来提升自身能力,以满足团队对各层次员工的需求。

4) 绩效管理体系

项目团队应建立明确的绩效管理体系,其中包括目标设定、员工水平评估和反馈机制。绩效管理体系不仅能衡量员工的工作表现,还能促进个人和团队的成长。

5) 薪酬和福利

项目团队应制定公平、具有竞争力的薪酬和福利以鼓励员工优越的表现。合理的薪酬和福利也能够提高员工满意度并保持团队的竞争力。

6) 工作环境和员工关系

项目团队应创建良好的工作环境和员工关系。良好的工作环境和员工关系能够增强团队的合作能力和凝聚力。

8.4.6　沟通记录管理

在项目目标管理中,沟通记录管理是非常重要的一环。它能够确保项目目标的准确传达和理解,并有助于促进项目所有相关方之间的沟通和协作。

以下是项目目标管理中沟通记录管理的主要方面:

1) 会议记录

会议是项目中常见的沟通方式。会议记录是记录会议议题、讨论内容、决策结果等重要信息的文档。通过记录会议内容,可以确保项目目标和相关讨论的准确性。

2) 邮件和电子文档

邮件和电子文档是项目沟通中常用的工具。它们可以用于传达项目目标、任务分配等信息。妥善保存涉及项目目标的邮件和电子文档有助于追溯项目目标的变化和项目产品的开发过程。

3) 问题和决策记录

项目目标管理涉及大量的问题和决策。记录这些问题和决策的详细信息可以帮助项目团队回顾项目全过程,并能够避免重复的问题和不必要的误解。

4) 变更管理记录

变更管理是项目目标管理中不可忽略的一步。记录所有涉及项目目标变更的决策过程,可以追踪项目目标的变更历史,并确保目标变更的合理性。

5)其他沟通工具和平台记录

除了会议、邮件和文档,项目团队还可以使用其他沟通工具和平台。在这些工具和平台上的沟通记录也应妥善管理,以保证项目团队沟通记录的完整。

8.4.7 风险管理控制

风险管理是指导航装备制造项目团队在产品制造过程中采取的有关项目风险的措施。这些措施旨在于最小化潜在风险并降低风险对项目的负面影响。

对于项目风险管理,可以将其分为风险识别、风险评估和风险控制三个主要阶段。

1.风险识别

风险识别是指在项目实施过程中识别并确定存在的风险的工作。

在进行风险识别时,项目团队首先需要找出可能产生风险的具体问题。比如在导航装备制造项目中,设备投资风险可能表现为实际需求低于预测,设备性能低于预测,技术更新换代过快导致投资效益不佳等。项目团队可以采用检查表法、德尔菲法、情景分析法等方法分析和讨论项目的风险,并进一步分析影响这些风险的因素。

风险识别主要涉及两个方面:

(1)与关键标准相关的风险;

(2)与项目生命周期相关的风险。

通过全面的风险识别,项目团队能够更好地了解项目潜在风险,并能够采取相应的措施降低风险对项目的负面影响。

2.风险评估

项目风险评估是对项目中可能发生的风险进行全面分析和评估的过程。项目风险评估将风险进行分级排序以标明它们对项目的影响程度。

项目风险评估的过程包括以下步骤:

1)研究项目的背景信息

项目团队在风险评估之前需要充分了解项目的背景信息,其中包括项目的目标、范围、利益相关者、项目环境等。

2)确定项目的风险评估标准

制定风险评估标准是风险评估过程的基础。风险评估标准可以用来衡量风险对项目目标的可能影响程度,其中可以包括风险的概率、风险的影响程度等指标。

3)进行风险综合分析

项目团队通过特定的评估模型对各个风险事件进行分析,并初步得出各个风险事件的概率和影响程度。风险综合分析可以通过定量分析、定性分析或者二者结合的方式来进行。

4)分级排序和确定整体风险水平

项目团队根据风险评估的结果对风险进行排序,进而确定哪些风险是需要重点关注的重大风险。重大风险的在全部风险中的占比可以确定项目的整体风险水平,整体的风险水平为制定风险管理策略提供依据。

在项目风险评估过程中,项目团队通常运用各种图表将风险的概率和影响程度可视化来辅助风险评估。在导航装备制造风险评估过程中,最常用的图表是风险分类矩阵图(见图8-5)。风险评估中所使用的图表可以帮助项目团队更好地理解项目的风险情况。根据风险情况,项目团队可以采取适当的风险管理措施。

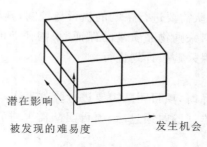

潜在影响

被发现的难易度　　　　　　发生机会

图 8-5　风险分类矩阵图

3. 风险控制

在进行风险识别和风险评估之后,项目团队已经对项目中存在的风险和潜在的损失有了一定的了解。有效地控制这些风险是提高项目的成功率关键。导航装备制造项目的风险控制过程主要包括项目风险对策研究和项目风险对策实施。

项目风险对策研究的工作是根据风险评估的结果制定相应的风险应对措施,目的是降低项目的风险。在进行导航装备制造项目的风险对策研究时,需要综合考虑多个因素,例如风险的严重程度、应对风险所需的资源、采取措施的时机等。

项目风险对策实施的工作是执行先前制订的风险应对计划。然而,即使是最全面的风险应对计划也无法准确预测所有风险的概率和其影响程度。因此,当事先未被识别的风险事件出现时,项目团队需要及时地弥补风险对策的研究并将新对策加以实施。

8.4.8　采购管理

在项目目标管理中,采购管理是一个重要的过程。它管理着导航装备制造项目团队采购所需的物品、设备或资源。

1. 采购管理流程

在导航装备制造项目采购管理流程中,项目团队的采购知识、合同管理技巧、沟通能力以及风险管理能力都非常重要。导航装备制造项目采购管理的流程如下:

1) 采购需求确定

导航装备项目团队首先需要明确需要采购的导航装备资源的类型、数量、规格、质量要求等,这些采购需求可以通过项目相关方的需求分析讨论来确定。

2) 供应商评估与选择

项目团队需要对众多供应商进行评估和选择。供应商的评估可以考虑供应商的能力、经验、信誉、财务稳定性、技术能力等因素。在评估完成后,项目团队可以选择能够满足项目需求的可靠供应商。

3）采购合同管理

供应商选择完毕后，项目团队需要和供应商进行采购合同的谈判和签订，以确保合同中包含双方的权益、交付要求、支付条款、质量标准、风险分担等关键条款。采购合同是确保供应商按照约定交付导航装备物品服务的法律依据。

4）采购执行与控制

采购合同签订后，项目团队需要进行采购的执行与控制，其具体内容包括团队与供应商的沟通协调、交付进度的监督、采购物品质量的保证、采购任务的变更等。此过程需要项目团队密切监控采购进展以确保采购按计划进行。

5）采购验收与结算

供应商提供导航装备物品时，项目团队需要进行验收工作，其目的是确保交付内容符合采购合同中约定的要求与标准。验收通过后，项目团队需要进行相应的付款结算以完成采购流程的最后阶段。

2.采购管理依据

导航装备制造项目采购管理的相关依据如下：

1）项目需求

采购管理的首要依据是项目需求。项目团队必须明确项目的采购需求，其中包括导航装备物品的类型、规格、数量、质量要求等。这些需求可以来自需求文档、设计文档和用户需求等。

2）采购政策与程序

采购管理还必须依据项目团队的采购政策和程序。项目团队通常会制定采购政策并规定采购的原则、流程、授权等。采购程序包括供应商选择、合同谈判、采购执行和验收等过程，整个采购程序必须保证其合规性和透明性。

3）法律法规和合规性要求

采购管理必须符合相关法律法规和合规性要求。不同国家和地区有关导航装备采购的法律法规不同，项目团队应保证导航装备的采购符合当地相应的法律法规。项目团队的采购过程必须遵守这些法律法规和合规性要求，以确保采购的合法性和可持续性。

8.4.9 项目涉众管理

在导航装备制造项目中，项目团队会与多种项目涉众（也称为利益相关方）进行交涉。常见的项目涉众对象包括项目发起人/业主、客户、团队成员、供应商/合作伙伴、政府机构、社会公众等。项目涉众管理不仅能确保项目满足各方的需求和期望，还能解决潜在的冲突和利益纠纷。

项目涉众管理具体包括以下几个方面：

1）项目涉众的识别和分析

项目团队应识别项目的利益相关方并对其进行分析，了解他们的各种需求，以便更好地管理他们在项目中的参与程度。

2）与项目涉众进行沟通

项目团队应与项目涉众进行有效的沟通，确保他们了解项目的目标、进展和决策。同时,项目团队也应清楚了解项目涉众的反馈和需求。通过定期的沟通,项目团队可以与项目涉众建立积极的合作关系,并增强项目的透明度。

3)项目涉众的满意度管理

项目团队应定期评估利益相关方对项目交付成果的满意度,以确保项目目标的实现和团队利益最大化。通过定期的评估和反馈,项目团队可以及时了解项目涉众的满意度,并采取相应的措施来提升项目涉众的满意度。

4)项目涉众的风险管理

项目团队应识别和管理项目涉众的潜在风险,并采取相应的预防措施,以减轻利益相关方潜在风险对项目正常运行的不利影响。

通过有效的项目涉众管理,项目团队可以增强项目的可持续性和成功交付的机会。项目涉众管理有助于建立积极的合作关系,促进信息的共享和理解,提高项目的接受度和支持度,并有助于最大限度地满足各项目涉众的需求和期望。

8.5　知识产权管理

8.5.1　知识产权概念及分类

知识产权,是权利人对其智力劳动所创作的成果和经营活动中的标记、信誉所依法享有的专有权利。知识产权可以分为工业产权与版权两类,工业产权包括专利、商标、货源、厂商名称等,版权则包括文学和艺术作品。知识产权分类如图 8-6 所示。

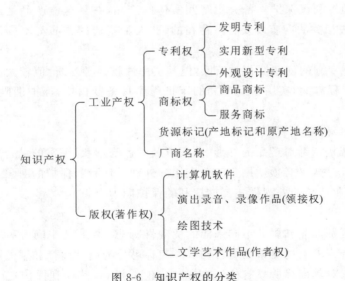

图 8-6　知识产权的分类

在产品开发环境中,知识产权是指受法律保护的与新产品相关的构想、概念、名称、设计和工艺等。主要包括专利权、商标权、版权(著作权)、商业秘密、原产地名称(地理标志)、植物新品种等。导航装备制造项目主要涉及产品的设计和开发,故本节仅介绍与其密切相关的专利权、商标权、版权（著作权）。

1. 专利权

专利权，简称专利，是指专利权人在法律规定的范围内独占使用、收益、处分其发明创造，并排除他人干涉的权利。专利的申请流程包括递交申请、接收受理通知书、初次审核、取得授权以及领取证书等阶段。专利权的有效期从申请日开始计算。权利期限届满前，专利权人可以书面声明放弃专利权；权利期限届满后，专利权自动终止。

专利可分为发明专利、实用新型专利、外观设计专利。

1）发明专利

根据《中华人民共和国专利法》，发明专利是指对产品、方法或其改进所提出的创新技术方案，享有 20 年的权利保护期限。发明专利分为产品发明和方法发明两大类。产品发明是项目团队通过研究开发出来的关于各种新材料、新产品的技术方案。方法发明是为制造产品或解决技术问题而研究开发的制造方法和工艺流程等技术方案。

发明专利的申请流程如下：

（1）发明人凭借技术方案向专利局提出申请。

（2）专利局对发明人的技术方案进行一系列审查，着重审查技术方案的新颖性、创造性和实用性。

（3）在技术方案顺利通过审查后，发明人获得其技术方案的专利授权。

2）实用新型专利

实用新型专利是指对产品的形状、结构或它们的组合所提出的实用且新颖的技术方案，其权利保护期限为十年。实用新型专利具备以下三个特点：

（1）实用新型专利仅保护具备一定空间实体的产品，并且这些产品是通过工业方法制造的。任何与方法相关的内容以及自然存在的、非人工制造的物品都不属于实用新型专利的保护范围。

（2）实用新型专利的创造性相对较低，但其实用性较强，实际价值较大。

（3）在审批流程方面，实用新型专利的审批程序具备授权快、保护期限短、收费标准低的特点。

3）外观设计专利

外观设计专利是指针对产品的外形、图案以及颜色与形状、图案的结合所进行的新颖设计，该设计既具有美感，又必须适用于工业应用。外观设计专利保护的对象是工业产品的外观设计，也就是工业产品的外观样式。该权利的保护期为十年。

2. 商标权

商标是用以区别商品和服务不同来源的商业性标志，由文字、图形、字母、数字、三维标志、颜色组合、声音或者上述要素的组合构成。商标可分为商品商标和服务商标两种。商标权是指商标所有人对其商标所享有的、独占的、排他的权利，其权利保护期限为十年。商标权具有独占性、时效性、地域性、财产性、类别性五大特征。

1）商品商标

商品商标是一种用于标识和区分商品的商标。它可以是一个图案、标志、符号、字母、数字、言语或任何可见标识。

　　为了保护商品商标,企业通常需要在相应的权力机关(例如商标局)注册商品商标,以确保其商品商标的独特性和识别性。商标注册使企业能够更好地保护其品牌标识,并使产品能够在市场竞争中创造持续的商业价值。

　　2)服务商标

　　服务商标是一种用于标识和区分特定服务的商标。与商品商标不同,服务商标主要用于服务行业,如酒店、餐饮、金融、保险等行业。服务商标可以是文字、图形、标志或其组合。

　　为了保护服务商标,企业通常需要在相应的权力机关(例如商标局)注册服务商标,以确保其服务商标的独特性和合法性。服务商标注册可以为服务提供商提供专有权利,防止他人滥用或冒充其服务标识。服务商标注册还有助于服务提供商维护其品牌价值和商业利益。

　　3.版权(著作权)

　　版权,也称为著作权,是指作者或其他人(包括法人)依法对于特定作品享有的权利。版权涵盖了对计算机程序、文学著作、音乐作品、照片、游戏、电影等作品的合法所有权。狭义的版权仅指著作权,是针对原创相关精神产品的人而言的;广义的版权包括著作权和邻接权,邻接权适用于参与表演或传播作品载体的相关产业的参加者。版权的保护范围仅限于思想的表达形式,而不包括思想本身,例如算法、数学思维、技术思路等不在版权的保护范围内。

　　根据著作权法规定,若作品由公民创作的,其保护期限为作者死亡后的第 50 年的 12 月 31 日。若作品由法人或其他组织创作,其保护期限为首次发表后的第 50 年的 12 月 31 日。若作品自创作完成后 50 年未发表,该作品不再受《中华人民共和国著作权法》的保护。然而,作者的署名权、修改权和保护作品完整权的保护期限没有时间限制。

8.5.2　知识产权管理步骤

　　在导航装备制造项目中,知识产权管理通常分为以下步骤:

　　1)识别知识产权

　　项目团队首先需要对企业拥有的导航装备相关知识产权进行全面的识别,这包括专利、商标、版权等各种形式的知识产权。

　　2)评估价值和保护需求

　　项目团队应对每个识别出的导航装备相关知识产权进行评估。评估工作通常包括技术评估、市场评估和法律评估等。评估的目的确定知识产权的价值和保护需求程度。

　　3)知识产权保护策略

　　项目团队应制定适合企业需求的导航装备知识产权保护策略,其中包括申请专利、商标注册、制定保密协议等。制定知识产权保护策略的目的是保护企业的知识产权免受侵犯和盗用。

　　4)知识产权监控和执行

　　项目团队应定期监控导航装备知识产权领域的最新动态和法律法规变化,以便及时调整和更新企业的知识产权保护策略。在必要的时候,项目团队还应采取法律和行政手段来维护和保护企业的知识产权,例如起诉他人的侵权行为等。

　　5)审查和维护知识产权

　　项目团队应定期审查企业拥有的导航装备知识产权以确保其有效性。若知识产权剩余时间不足,项目团队应及时申请续约,以保持企业对知识产权的合法拥有。

第9章 导航装备逆向工程

逆向工程是以设计学为指导,以现代设计理论、方法、技术为基础,运用各种专业人员的工程设计经验、知识和创新思维,对已有的产品进行解剖、深化和再创造。本章将从导航装备的角度分别对逆向工程的概念及流程、关键技术、操作软件及应用进行介绍。

9.1 逆向工程流程

9.1.1 逆向工程概念

逆向工程(Reverse Engineering,RE)又称为反求工程、反向工程等,是近年来发展起来的一系列消化、吸收先进技术的分析方法以及应用先进技术的组合。其主要目的是改善技术水平,提高生产效率,增强经济竞争力。世界各国在经济技术发展中,大力应用逆向工程消化吸收先进技术经验。据统计,各国70%以上的技术源于国外,作为掌握新技术的一种手段,逆向工程可使产品研制周期缩短40%以上,极大程度地提高生产效率。20世纪90年代初,逆向工程技术开始引起各国工业界和学术界的高度重视,特别是随着现代计算机技术及测量技术的发展,利用CAD/CAM技术、先进制造技术来实现产品实物的逆向工程,已成为CAD/CAM领域的一个研究热点,并成为逆向工程技术应用的主要内容。

逆向工程是通过分析和研究已有的产品、系统或装备,从中获取设计原理、工作原理、功能特性等信息的过程,通过对已有产品进行数字化测量、曲面拟合重构产品的CAD模型,在探询和了解原设计意图的基础上,掌握产品设计的关键技术,实现对产品的修改和再设计,达到设计创新、产品更新及新产品开发的目的。

逆向工程的重大意义在于,它不是简单地把原有物体还原,而是要在此基础上进行二次创新。因此,作为一种创新技术,逆向工程在工业领域得到广泛应用,并取得了重大的经济和社会效益。逆向工程技术为产品的改进设计提供了方便快捷的工具,借助于先进的技术开发手段,在已有产品基础上设计新产品,缩短开发周期,可以使企业适应小批量、多品种的生产需求,从而使企业在激烈的市场竞争中处于有利地位。传统的产品实现通常是概念设计-图样-产品,称为正向工程,而产品的逆向工程是根据零件(原型)生成图样,再构造产品。广义的逆向工程是消化吸收先进技术的一系列工作方法的技术组合,是一项跨学科、跨专业、复杂的系统工程。它包括影像逆向、软件逆向和实体逆向三个方面。

导航装备逆向工程是对现有导航装备进行逆向分析和研究的过程。一般而言,它涉及获取并分析目标导航装备的硬件和软件设计,以了解其原理和功能,并进行复制或改进。导航装备逆向工程的目的是揭示导航装备的内部结构、工作原理和算法等关键信息,通过分析硬件电路、通信协议、软件程序等方面的细节,从而获得对导航装备性能和功能的深入理解。

9.1.2　逆向工程流程

由逆向工程的概念可知,逆向工程流程(见图 9-1)包括:

1. 项目目标确定

定义逆向工程项目的具体目标和需求,如分析竞争对手产品、改进现有产品、了解未公开的技术特性等。

2. 数据收集

确定需要采集的数据类型,如物理样本、文档资料、图像数据等。选择合适的数据采集方法,如拆解、测量、扫描、图像处理等。进行数据采集,并确保数据的准确性和完整性。

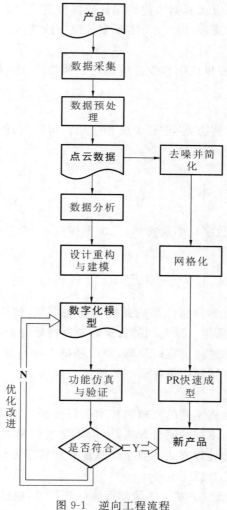

图 9-1　逆向工程流程

3. 数据处理与整理

对采集到的原始数据进行处理和整理,消除噪声和错误。将不同格式的数据进行转换和统一,以方便后续的分析和重建。

4. 数据分析与理解

使用逆向工程软件或工具对数据进行分析和处理。基于数据分析结果,推导出目标对象或系统的设计原理、工作原理和功能特性。然后进行数据比对、统计分析、模拟仿真等,以深入理解目标对象。

5. 设计重构与建模

基于数据分析的结果,进行设计重构和建模。使用计算机辅助设计(CAD)软件或三维建模工具,重建目标对象的设计或制造模型。

6. 功能仿真与验证

使用逆向工程软件或仿真工具对重建的设计或模型进行功能仿真和验证。评估设计的性能、准确性和可行性,并验证设计模型与实际系统的一致性。

7. 优化与改进

根据仿真和验证结果,提出优化和改进的建议。调整设计、材料或工艺等因素,以满足项目的目标和需求。

8. 实施与应用

根据优化后的设计或改进方案,进行实施和应用。可进行样品制造、产品开发、流程改进等,以实现设定的目标。

9.2 逆向工程关键技术

逆向工程的关键技术:数字化测量技术、三维重构技术、坐标配准技术和虚拟现实与可视化等。

9.2.1 数字化测量技术

逆向工程的第一步是收集目标产品或系统的相关数据,使用光学扫描仪、激光测量仪器、摄像机等设备进行数据采集。采集到的数据需要进行处理和清理,以去除噪声和其他不必要的信息。数字化测量是逆向工程的基础,在此基础上进行复杂曲面建模、评价、改进和制造。数据的测量质量将直接影响最终模型的质量。

1. 数字化测量方法分类

数字化测量方法可以根据不同的原理和技术进行分类。在逆向工程中,测量方法的选择是一个非常重要的问题。不同的测量方式,不但决定了测量本身的精度、速度和成本,还决定了测量数据类型及后续处理方式。数字化测量的常见方法分类如图9-2所示。

常见的数字化测量方法有以下几种:

(1)视觉测量:视觉测量方法基于图像捕捉和处理技术,通过相机或传感器获取目标对象的表面图像,然后利用图像处理算法进行特征提取、匹配和测量。这种方法具有非接触、高速和高精度的优点,适用于平面和简单曲面的测量。

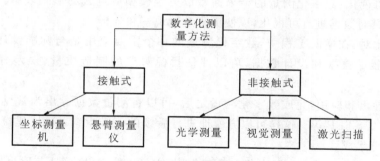

图 9-2　数字化测量的分类

（2）光学测量：光学测量方法利用光学传感器、干涉仪或激光测距仪等设备，测量目标对象的形状和尺寸。常见的光学测量方法包括三角测量、相位测量和投影测量等。这些方法适用于复杂曲面和难以接触的对象。

（3）激光扫描：激光扫描是一种常用的数字化测量方法，它利用激光束在目标对象表面进行扫描，并记录激光与物体表面的交互信息。根据激光扫描仪的类型，激光扫描可以分为结构光扫描、飞行时间扫描和相位扫描等。这些方法适用于复杂几何形状和大范围的测量。

（4）接触式测量：接触式测量方法使用探测器或传感器与目标对象直接接触，并记录物体表面数据。常见的接触式测量方法包括坐标测量机（CMM）、触发探针和悬臂测量仪等。接触式测量方法适用于高精度和复杂数据采集。

（5）点云采集：点云采集是一种基于离散点数据的数字化测量方法，通过多个测量点的坐标来描述目标对象的形状和曲面。点云采集可以通过激光扫描、视觉测量或其他传感器进行获取。通过后续处理和重建算法，可以将点云数据转换为三维模型。

这些数字化测量方法在逆向工程中具有不同的优缺点和适用范围。根据目标对象的特征和要求，可以选择合适的数字化测量方法来获取准确且可靠的测量数据。

2. 数字化测量一般流程

当涉及逆向工程中的数字化测量技术时，它主要用于获取目标对象的几何形状、尺寸和表面特征等关键信息。下面是数字化测量的一般流程：

（1）选取测量设备：数字化测量通常需要使用专门的测量设备来获取数据。常见的设备包括三维扫描仪、激光测量仪、坐标测量机（CMM）等。这些设备可以通过不同的原理和技术，如光学、激光或接触式测量，来获取目标对象的几何数据。

（2）数据采集：使用测量设备进行数字化测量时，需要将设备对准目标对象，并采集相应的数据。常用的采集方式包括扫描、点云采集、轮廓测量等方式。不同的设备和测量方法可能会有不同的采集策略和参数设置。

（3）数据处理：在进行数字化测量之后，需要对采集到的数据进行处理。处理过程包括数据滤波、噪声去除、数据对齐、数据配准等操作。

（4）数据分析：对于数字化测量获得的数据，可以进行进一步的分析。分析流程包括形状分析、曲面拟合、尺寸测量、特征提取等。通过分析数据，可以获取目标对象的几何形状、尺寸和表面特征等关键信息。

（5）数据可视化：数字化测量的结果通常以三维模型或点云的形式表示。通常可使用相关软件或工具对数据进行可视化，以便更直观地观察和分析。

（6）数据比对：在逆向工程中，数字化测量的一个重要应用是与标准设计数据进行比对。通过比对测量数据和设计数据，可以评估目标对象的制造质量、误差分析和产品改进等。

（7）数据导出和应用：完成数字化测量之后，可以将测量数据导出为常见的文件格式，如.STL、.PLY、.STEP 等。这样可以方便地进行后续的三维重构、CAD 建模、工艺仿真或与其他软件进行集成。

数字化测量技术在逆向工程中起着关键作用，它可以快速、准确地获取目标对象的几何形状和相关数据，为后续的设计、分析和制造提供基础。

9.2.2 三维重构技术

在逆向工程中，实物的三维 CAD 模型重构是整个过程中最关键、最复杂的环节，因为后续的产品加工制造、快速原型制造、虚拟制造仿真、工程分析和产品的再设计等应用都需要 CAD 数字模型作支持。这些应用都不同程度地要求重构的 CAD 模型能准确还原实物样件。下面是一些关于三维重构的详细介绍：

（1）数据获取：获取包含目标对象信息的数据。通过不同的方式实现数据获取，如三维扫描、图像拍摄、点云采集等。这些数据可以是表面几何信息、纹理信息或深度信息。

（2）数据预处理：在进行三维重构之前，需要对数据进行预处理。预处理包括去除噪声、填补缺失数据、对齐不同视角的数据等操作，以提高重建结果的质量。

（3）特征提取：三维重构通常采用基于特征提取的方法，通过在数据中提取关键的特征点、边缘、曲线或曲面等，以描述目标对象的形状、结构和纹理信息。

（4）重建算法：根据数据类型和应用需求，可以选择适当的三维重建算法。常用的算法包括体素化方法（Voxel-based methods）、网格生成方法（Mesh-based methods）和基于点云的方法（Point cloud-based methods）。可以根据数据特征和算法原理对这些算法进行选择和调整。

（5）拓扑结构重建：除了几何形状的重建，有时还需要重建目标对象的拓扑结构。包括重建物体的连接关系、孔洞填充和曲面连续性等内容。拓扑结构的重建可以根据数据中的特征点和边缘信息进行分析和处理。

（6）纹理映射：如果原始数据中包含纹理信息，可以通过纹理映射的方式将其应用到重建的三维模型上，以提高模型的真实感和精细度。

（7）模型优化和修复：得到初步三维重建结果后，需要进一步的优化和修复。包括去除不合理的噪声、修复缺失的部分、调整拓扑结构等，以提高模型的完整性和准确性。

（8）输出和应用：完成三维重构之后，可将重建的三维模型输出为常见的文件格式，如.STL、.OBJ、.PLY 等。以便进行后续分析、可视化、制作实体样机或与其他软件进行集成。

三维重构技术在逆向工程中起着重要作用，它可以从现有数据中还原目标对象的几何形状和纹理信息，为后续的设计、分析和制造提供准确的基础。在模型重构之前，应详细了解模型的前期信息和后续应用需求，以选择正确有效的造型方法、支撑软件、模型精度和模型质量。前期信息包括实物物件的几何特征、数据特点等；后续应用包括结构分析、加工、制作模具、快速原型等。

9.2.3　坐标配准技术

当涉及逆向工程中的坐标配准技术时，主要考虑用于多个数据源或多个模型的坐标系对齐，以实现数据融合、比较和分析。在进行坐标配准之前，首先需要定义每个数据源或模型的坐标系。坐标系可以选择三维世界坐标系（如笛卡儿坐标系）或局部坐标系（如模型本身的坐标系）。每个坐标系都有独立的原点和坐标轴方向。

下面是一些关于坐标配准技术的介绍：

（1）数据预处理：在坐标配准前，需要对数据进行预处理。包括去除噪声、滤波、采样等操作，以确保数据质量和一致性。

（2）特征提取：坐标配准通常采用基于特征提取的方法。通过在不同数据源或模型中提取公共的特征点，如角点、边缘点或表面特征点，来描述对象的形状、结构或纹理。

（3）特征匹配：在特征提取后，需将相应的特征点进行匹配。可以通过计算特征点之间的相似性度量来找到最佳匹配。常用的匹配算法包括最近邻算法（Nearest Neighbor）或随机抽样一致性（RANSAC）算法等。

（4）坐标变换：根据特征点的匹配结果，可以计算出数据源与模型之间的坐标变换关系，如平移、旋转或缩放。这些变换可以通过刚体变换（Rigid Transform）或仿射变换（Affine Transform）来表示。

（5）优化与调整：进行精确的坐标配准时，通常需要进行优化和调整。采用迭代优化算法（如最小二乘法）来优化坐标变换参数，以寻求最佳的拟合。

（6）坐标系对齐：最终目标是将所有数据源与模型的坐标系对齐，使它们在一个统一的参考坐标系下表示，以便后续的数据融合、比较和分析，以及逆向工程或其他应用。

坐标配准技术在逆向工程中起着重要作用。它可以将不同数据源或模型的信息整合起来，提供一致的坐标参考，为后续分析和处理提供准确的数学基础。

9.2.4　虚拟现实与可视化

虚拟现实与可视化技术体现在虚拟模型和数字样机两部分。虚拟模型是将重建的三维模型导入虚拟现实环境中，以实现目标对象的交互式可视化和操作。数字样机是利用三维打印等技术，将重建的三维模型制作成实体样机，用于验证设计和进行物理测试。

下面是关于虚拟现实与可视化的详细介绍：

（1）虚拟模型生成：将逆向工程中重建的三维模型导入虚拟现实环境中，创建虚拟模型。其中涉及的特定软件和工具包括 Unity、Unreal Engine 等。虚拟模型可以呈现目标对象的外观、形状和结构，并提供交互式体验。

（2）虚拟现实交互：在虚拟现实环境中，用户可以通过头戴式显示器、手柄、触控设备等进行交互，可以自由浏览、观察和操纵虚拟模型，以了解目标对象的细节、功能和操作。

（3）可视化分析：逆向工程生成的三维模型可用于数据可视化分析。将其他数据源，如温度、压力、流速等，与模型数据进行融合展示，可以帮助用户更好地理解目标对象的性能和行为,有助于设计者解决问题、优化设计、评估改进方案等。

(4) 数字样机制作:基于逆向工程重建的三维模型,可以使用三维打印等技术制作实体样机。数字样机可用于快速验证设计、进行物理测试以及向客户或团队成员展示。

(5) 虚拟仿真:利用虚拟现实技术,可以创建与目标对象相关的虚拟场景,进行仿真和测试。例如,模拟车辆驾驶、飞机飞行、产品装配等情境,以评估性能、可靠性或使用性。

虚拟现实与可视化技术为逆向工程提供了一种直观、沉浸式的方式来理解和分析目标对象。使用户能够以更直观、立体的方式与三维模型进行互动,深入了解目标对象的特性和潜在问题,并帮助优化设计和决策过程。

9.3　逆向工程操作软件

9.3.1　Imageware 软件

Imageware 由美国 EDS 公司出品,是著名的逆向工程软件,是一个全面的产品开发解决方案,为用户提供了从产品设计到制造的完整工作流程。

以下是 Imageware 软件的一些主要功能:

(1) CAD 建模:Imageware 提供了强大的 CAD 建模工具,使用户能够创建复杂的三维几何模型。支持参数化建模、实体建模、曲面建模和组件装配等功能,以满足不同的设计需求。

(2) 反向工程:Imageware 具备反向工程功能,可以将现有的物理对象或扫描数据转换为可编辑的 CAD 模型。使用点云和网格处理工具,用户可以重建几何形状、提取特征和进行拟合,将扫描数据转换为准确的 CAD 模型。

(3) 分析和仿真:该软件还提供了丰富的分析和仿真工具,可用于评估和优化设计。用户可以进行结构分析、流体分析、热分析等操作,以验证产品的性能、耐久性和安全性。

(4) 2D 制图和文档生成:Imageware 支持生成详细的 2D 制图和文档,以便于产品制造和交流。用户可以创建二维图纸、装配图、工程图和制造说明,以及导出 PDF、DXF 等常见格式的文档。

(5) 数据管理和协作:软件内置了数据管理和协作工具,使团队成员可以方便地共享和管理设计数据。包括版本控制、数据审核、访问权限管理等功能,有助于提升团队的协作效率。

在逆向工程中,Imageware 软件的主要产品有:Surfacer——逆向工程工具和 class 1 曲面生成工具;Verdict——对测量数据和 CAD 数据进行对比评估;Build it——实时测量,验证产品的可制造性;RPM——快速生成成型数据;View——功能与 Verdict 相似,提供三维报告。

Imageware 采用 NURBS 技术,具有强大且易于应用的软件功能 Imageware 对硬件配置要求较低,可运行于多种操作系统平台,包括 UNIX 工作站和 PC 机。支持的操作系统包括 UNIX、NT、Windows 95 以及其他平台。由于 Imageware 在逆向工程方面表现出的技术先进性,产品一经推出就占领了巨大的市场份额。Surfacer 作为 Imageware 的主要产品,处

理数据流程遵循"点—曲线—曲面"原则,简单清晰,易于使用。基本流程如下:

1. 点过程

读入点阵数据。Surfacer 几乎可以接收所有格式的三维坐标测量数据,还可以接收 STL、VDA 等格式。如若零件形状复杂或体量较大无法一次扫描完成,就需要移动或旋转零件,因此将得到很多单独的点阵,可进一步将单独的点阵对齐。Surfacer 可以利用诸如圆柱面、球面、平面等特殊的点信息将点阵准确对齐。

(1) 对点阵进行判断,去除噪声(即测量误差点)。

由于受到测量工具及测量方式的限制,有时会出现一些噪声点,Surfacer 有相应的工具对点阵进行判断并去掉噪声点,以保证结果的准确性。

(2) 通过可视化点阵观察和判断,规划曲面创建。

一个零件是由多个单独的曲面构成,对于每一个曲面,可根据特性判断用什么方式来构成。例如,如果曲面可以由点的网格直接生成,可以考虑直接采用该片点阵;如果曲面需要采用多段曲线蒙皮,则可以考虑截取点的分段。提前做出规划可以避免操作错误。

(3) 根据需要创建点的网格或点的分段。

Surfacer 提供了多种生成点的网格和点的分段工具,使用起来灵活方便。

2. 曲线创建过程

(1) 判断和决定生成曲线类型。

曲线的确定方式可分为精确通过点阵、近似拟合或两种方式相结合。

(2) 创建曲线。

根据需要创建曲线,可以通过改变控制点的数目来调整曲线。控制点增多则形状吻合度好,控制点减少则曲线较为光顺。

(3) 调整和修改曲线。

Surfacer 提供很多工具来调整和修改曲线。可以通过曲线的曲率来判断曲线的光顺性,检查曲线与点阵的吻合性,改变曲线与其他曲线的连续性(连接、相切、曲率连续)。

3. 曲面创建过程

(1) 决定生成哪种曲面。

同曲线类似,生成更准确的曲面、更光顺的曲面(如 class 1 曲面)或两者兼顾,可根据产品设计需要来决定。

(2) 创建曲面。

创建曲面的方法很多,可以用点阵直接生成曲面(Fit free form),可以用曲线通过蒙皮、扫掠、四个边界线等方法生成曲面,也可以结合点阵和曲线的信息来创建曲面。还可以通过其他(如圆角、过桥面等)生成曲面。

(3) 诊断和修改曲面。

比较曲面与点阵的吻合程度,检查曲面的光顺性及与其他曲面的连续性,同时可以进行修改。例如,可将曲面与点阵对齐,调整曲面的控制点令曲面更光顺,或对曲面进行重构等处理。

9.3.2　Geomagic Studio 软件

Geomagic Studio 软件由美国的 Geomagic 公司提供,是一款逆向建模软件。Geomagic

可将三维激光扫描仪扫描获得的点云数据自动创建成多边形模型或格网模型,在填补孔洞后,基于这些数据创建逼近原始扫描物体的 NURBS 曲面模型或 CAD 模型,最后输出。

下面是 Geomagic Studio 软件的一些主要功能:

(1)数据处理和编辑:Geomagic Studio 能够导入多种不同格式的 3D 扫描数据,如点云、三角格网等,并提供强大的数据处理和编辑功能。例如,可进行数据滤波、去除噪声、数据修复、数据平滑、数据裁剪和比例调整等操作。

(2)逆向工程:该软件支持逆向工程流程,使用户能够将扫描数据转换为可编辑和可使用的 CAD 模型。Geomagic Studio 提供了曲面自动重建、实体化、特征提取和拟合等功能,帮助用户从扫描数据中创建高质量的几何模型。

(3)CAD 数据互操作性:Geomagic Studio 具备与主流 CAD 软件的兼容性,在逆向工程过程中可以与 CAD 系统无缝集成。支持多种 CAD 格式的导入和导出,如 STEP、IGES、STL 等,方便用户在不同软件之间进行数据交换与合作。

(4)表面和体积测量:该软件提供了一系列测量工具,可用于测量和分析扫描数据中的表面形状、尺寸、曲率、体积等。用户可以快速精确地进行各种测量操作,以便进行质量控制、反馈评估和设计验证。

(5)快速原型制造准备:Geomagic Studio 支持将逆向工程后的 CAD 模型导出为 STL 或其他快速原型制造格式,以便进行快速原型制造或添加制造流程。用户可以使用该软件进行模型修复、拼接、切片和支撑结构生成等操作,进一步优化和准备模型进行快速原型制造。

软件操作流程如下:

(1)CAD 数模得到产品模型。

(2)Geomagic Studio 读入 CAD 模型。

(3)CAD 模型设计、扫描实际模型获得点云数据(不同坐标系)。

(4)扫描数据与 CAD 模型自动对合。

(5)扫描数据与 CAD 模型自动对齐。

(6)误差以彩色图形方式显示。

(7)人机交互,标出点误差。

(8)Qualify 结果输出(HTML 格式)。

9.3.3 CopyCAD 软件

CopyCAD 软件是英国 DELCAM 公司出品的逆向工程系统软件,专注于逆向工程和数字建模。CopyCAD 允许用户将已存在的物理对象或扫描数据转换为可编辑的 CAD 模型。

CopyCAD 界面简单,易于操作。用户可快速编辑数字化数据,生产高质量的复杂曲面。该软件系统可以控制曲面边界的选取,根据设定的公差自动产生光滑的多块曲面。同时,CopyCAD 还能够确保连接曲面之间正切的连续性。

下面是 CopyCAD 软件的一些主要功能:

(1)扫描数据处理:CopyCAD 可以导入来自不同类型仪器的数据,如点云、三角格网等,还能提供丰富的数据处理工具。用户可以对扫描数据进行滤波、去噪、对齐、修复等操作,以获得高质量的数据。

(2) 曲面重建:该软件提供了强大的曲面重建工具,利用扫描数据生成几何曲面模型。用户可以使用这些工具进行曲面拟合、曲线提取、特征提取等操作,以创建精确的 CAD 模型。

(3) 参数化建模:CopyCAD 具备参数化建模功能,使用户能够通过调整参数来修改和自定义 CAD 模型。这使得设计迭代和优化更加便捷,同时也便于产品变体的创建。

(4) 实体建模和装配:使用 CopyCAD,用户可以进行实体建模和装配操作,创建复杂的三维装配模型。支持构建零件、组装零件、添加约束和关系等操作,以完成整个产品的设计。

(5) CAD 数据互操作性:CopyCAD 支持与其他流行的 CAD 软件进行数据交换和共享。它可以导入和导出多种常见的 CAD 格式,如 STEP、IGES、STL 等,以方便与其他软件进行协作。

9.3.4　RapidForm 软件

RapidForm 软件是韩国 INUS 公司出品的全球四大逆向工程软件之一,它提供了新一代的运算模式,能够实时将点云数据计算成无缝的多边形曲面,成为 3D Scan 后处理最佳化的接口。RapidForm 也将提升工作效率,扩大 3D 扫描设备的适用范围,改善扫描品质。

下面是 RapidForm 软件的一些主要功能:

(1) 扫描数据处理:RapidForm 可以导入来自不同类型扫描仪的数据,如点云、三角网格等,并提供了多项扫描数据处理工具。用户可以进行数据对齐、去噪、填充孔洞、修复失真等操作,以获得高质量的扫描数据。

(2) 曲面自动重建:该软件具备强大的曲面自动重建功能,可以将扫描数据转换为精确的曲面模型。RapidForm 使用先进的算法,能够自动拟合曲面、提取特征和边界,生成准确的 CAD 模型。

(3) 参数化建模:RapidForm 支持参数化建模,使用户能够通过调整参数来修改和优化 CAD 模型。这使得设计迭代和变体的创建更加灵活高效。

(4) 实体建模和装配:RapidForm 提供了丰富的建模工具,包括零件设计、构件装配、约束和关系等,用户可以进行实体建模和装配,创建复杂的三维装配模型,以完成产品设计和工程任务。

(5) CAD 数据互操作性:RapidForm 支持与其他常见的 CAD 软件进行数据交换和共享。它可以导入和导出多种 CAD 格式,如 STEP、IGES、STL 等,方便与其他软件协作和集成。

9.4　逆向工程作用

随着新原理和技术的不断引入,逆向工程已经成为新产品开发过程中联系各种先进技术的纽带,在整个过程中居于核心地位。它被广泛地应用于摩托车、汽车、飞机、家用电器、导航装备等产品的改型与创新设计,成为消化吸收先进技术,实现新产品快速开发的重要技术手段之一。逆向工程技术的应用对发展中国家企业缩短与发达国家的技术差距具有特别重要的意义。根据统计数据显示,发展中国家 65％以上的技术源于国外,而应用逆向工程消化吸收先进技术经验,可使产品研制周期缩短 40％以上,极大地提高生产率和竞争力。因此,研究逆向工程技术对于提升科学技术水平和促进经济发展具有重大意义。同样地,下面将探讨导航装备逆向工程所具有的重要且深远作用:

(1)产品分析和改进:通过逆向工程,可以深入研究现有导航装备,了解其内部结构、工作原理和算法等,从而对产品分析改进。逆向工程可以帮助发现其中的不足之处,并提出新的设计思路和功能增强方法。

(2)竞争情报和市场调研:逆向工程可以帮助企业获取竞争对手的产品信息,了解其技术特点和先进性,并对市场进行深入调研。通过逆向工程分析,企业可以了解竞争对手的产品优势和不足,从而制定更具竞争力的战略和产品规划。

(3)安全评估和漏洞检测:逆向工程可以帮助评估导航装备的安全性,发现潜在的漏洞和安全隐患。通过对硬件电路、通信协议和软件程序的分析,识别可能存在的安全风险并提出相应的解决方案。

(4)兼容性研究和集成开发:逆向工程可以帮助研究导航装备与其他系统或设备的兼容性,了解其接口和通信协议等信息。通过逆向工程,可以进行集成开发,使导航装备与其他设备或系统更好地进行交互与协同。

(5)反制侵权产品:逆向工程可以帮助企业发现侵权产品,从而采取相应的法律措施进行维权。通过对侵权产品的逆向分析,可以获取有力的证据,并为维权提供技术支持。

从以上几点可以看出,逆向工程在导航装备的建模和新产品的开发中发挥着不可替代的重要作用。逆向工程是支持敏捷制造、计算机集成制造、并行工程等的有力工具,是企业缩短产品开发周期、降低设计生产成本、提高产品质量、增强产品竞争力的关键技术之一。逆向工程可以帮助推动导航技术的发展和创新。通过研究现有导航装备,可以发现其中的不足之处,并提出改进方法和新设计思路。此外,逆向工程还可以帮助验证导航装备的安全性和可靠性,以及检测潜在的漏洞和风险。需要强调的是,逆向工程必须遵守相关的法律和道德规范。在进行逆向工程时,需要确保不侵犯他人的知识产权,并且不进行非法使用或传播相关技术。

第 10 章　GNSS 接收机制造案例

GNSS 接收机是卫星导航定位系统的重要组成部分,是一种能够接收并处理卫星信号,获取用户位置等信息的装置。GNSS 卫星发送的导航定位信号是一种可供无数用户共享的信息资源,GNSS 接收机能够接收、跟踪、变换和测量 GNSS 信号,根据用途、工作原理、接收频率的不同,GNSS 接收机有多种不同的分类,GNSS 接收机已在智能交通、智慧农业、智慧城市等多个领域广泛应用。本章将主要从功能需求、工作原理、元器件设计、封装集成、装备测试等方面来介绍如何设计与制造 GNSS 接收机。

10.1　GNSS 接收机概述

GNSS 接收机有军用与民用、C/A 码与 P 码、单频与双频、数字与模拟、授时与测量、手持与车载等很多种分类。在形式上可以使用单个 GNSS 接收机,也可以集成或嵌入其他系统中。虽然面向不同应用的接收机在设计构造和实现形式上会存在一些差异,但是它们内部基本软件硬件功能模块的结构和工作原理却大体相近。GNSS 接收机归根结底作为一种传感器,它的主要功能在于接收、测量 GNSS 卫星相对于接收机本身的距离以及卫星信号的多普勒频移,并从卫星信号中解调出导航电文。GNSS 接收机通过码相关运算测得码相位和伪距,又从导航电文中获取用来计算卫星位置和速度的星历参数,GNSS 接收机就可以通过最小二乘算法或者卡尔曼滤波等定位算法来实现 GNSS 定位。

10.1.1　主要功能

GNSS 接收机是在一个完整的系统中同时提供卫星导航电文和用户测量数据的终端设备。对于陆地、海洋和空间的广大用户,只要用户拥有能够接收、跟踪、变换和测量 GNSS 信号的接收设备,就可以在任何时候使用 GNSS 接收机来满足自己的功能需求。GNSS 接收机的主要功能包括以下几个方面:

(1) 实时动态跟踪:指接收机在接收到卫星导航信号后,能快速跟踪卫星,并能捕获、跟踪卫星信号,从而达到测量目的。

(2) 测距:GNSS 接收机通过接收卫星信号中的载波或其他信号来确定距离。

(3) 星历、钟差计算:星历、钟差计算是 GNSS 接收机的关键功能,也是接收机最基本的功能,它的精度直接决定了接收机导航定位的精度。

(4) 导航与定位:利用卫星信号进行定位、测速、测角,并根据这些信息提供相关服务,它主要由星历信息、轨道信息、钟差计算和导航信息等组成。

(5) 时间同步与授时:在每一颗 GNSS 卫星上都配备有原子钟。这就使得发送的卫星信号中包含有精确的时间数据。通过专用接收机或者 GNSS 授时模组,可以对这些信号加以解码,就能快速地将设备与原子钟实现时间同步。

10.1.2 技术需求

GNSS 接收机经过几十年的发展,已深入到生产、生活、科研乃至军事的各个领域,成为促进经济发展的不可或缺的重要科技产业之一。目前,世界上 GNSS 接收机产品已有几百种,根据使用目的及场景的不同,用户要求的 GNSS 信号接收机性能也各有差异。对于测绘型的 GNSS 接收机,基本的技术要求包括:

(1) 高精度定位能力:测绘型 GNSS 接收机需要具备高精度的定位能力,通常在厘米级或亚米级,以满足测绘和 GIS 等应用的需求。

(2) 多频率支持:为了克服信号传播误差,测绘型 GNSS 接收机应支持多频率接收,如 L1、L2、L5 频段,甚至可能涵盖更高的频段,如 L6、L7 等。

(3) 多系统支持:为了提高定位精度和可用性,测绘型 GNSS 接收机应支持多个全球导航卫星系统,例如 GPS、GLONASS、Galileo、北斗等。

(4) 实时差分校正:为了进一步提高定位精度,测绘型 GNSS 接收机可以支持实时差分校正,利用基准站数据进行差分定位。

(5) 高抗干扰性能:测绘型 GNSS 接收机应具备较强的抗干扰能力,能够在复杂环境下保持稳定的信号接收。

(6) 快速冷启动和重新捕获:由于测绘作业通常涉及移动性,接收机需要能够快速冷启动和重新捕获卫星信号,以减少等待时间和数据采集中断。

(7) 数据记录和导出功能:为了进一步处理和分析数据,接收机通常具备数据记录和导出功能,允许用户将测量数据保存到外部设备或计算机中。

(8) 长时间运行能力:由于测绘作业可能需要较长的时间,接收机需要具备长时间运行的能力,可以通过电池供电或外部电源供电。

(9) 用户界面和操作:测绘型 GNSS 接收机应具备易于使用的用户界面,方便用户进行配置、操作和监控。

(10) 数据质量指示:接收机应当提供数据质量指示,帮助用户了解当前的定位精度和可用性。

(11) 高动态性能:对于某些测绘应用,如航空测绘或车辆定位,接收机需要具备高动态性能,能够在高速运动状态下保持精确定位。

(12) 数据格式支持:接收机应能够输出多种数据格式,以便与不同的测绘软件和工具进行兼容和数据交换。

测绘型 GNSS 接收机的基本技术要求涵盖了定位精度、频率支持、系统支持、差分校正、抗干扰性能、冷启动能力、数据记录、长时间运行、用户界面和数据质量指示等方面。具体选择应根据实际应用需求和项目预算来确定。

10.2　GNSS 接收机分类

GNSS 接收机可以根据用途、载波频率、通道数、工作原理等进行不同的分类。

1.按接收机的用途分类

（1）导航型接收机：主要用于运动载体的导航，可以实时给出载体的位置和速度。一般采用 C/A 码伪距测量，单点实时定位精度较低，一般为 10 米左右。接收机价格便宜，应用广泛。

（2）测地型接收机：主要用于精密大地测量和精密工程测量。这类仪器主要采用载波相位观测值进行相对定位，定位精度高。仪器结构复杂，价格较贵。

（3）授时型接收机：主要利用 GNSS 卫星提供的高精度时间标准进行授时，常用于天文台、无线通信及电力网络中时间同步。

2.按接收机的载波频率分类

（1）单频接收机：只接收 L1 载波信号，测定载波相位观测值进行定位。由于不能有效消除电离层延迟影响，单频接收机只适用于短基线的精密定位。

（2）双频接收机：可以同时接收 L1、L2 载波信号。利用双频对电离层延迟的不同可以消除电离层对电磁波信号的延迟影响，因此双频接收机可用于长达几千公里的精密定位。

3.按接收机通道数分类

GNSS 接收机能同时接收多颗 GNSS 卫星的信号，为了分离接收到的不同卫星信号，以实现对卫星信号的跟踪、处理和量测，具有这样功能的器件称为天线信号通道。根据接收机所具有的通道种类可分为多通道接收机、序贯通道接收机、多路多用通道接收机。

4.按接收机工作原理分类

（1）码相关型接收机：是利用码相关技术得到伪距观测值。

（2）平方型接收机：利用载波信号的平方技术去掉调制信号，来恢复完整的载波信号。通过相位计测定接收机内产生的载波信号与接收到的载波信号之间的相位差，测定伪距观测值。

（3）混合型接收机：该种仪器综合上述两种接收机的优点，既可以得到码相位伪距，也可以得到载波相位观测值。

10.3　GNSS 接收机信号处理流程

如图 10-1 所示，GNSS 接收机的内部结构沿其工作流程的先后顺序，通常分为射频（Radio Frequency，RF）前端处理、基带数字信号处理（Digital Signal Processing，DSP）和定位导航运算三大功能模块。

射频前端处理模块通过天线接收所有可见 GNSS 卫星的信号，经前置滤波器和前置放大器的滤波放大后，再与本机振荡器产生的正弦波本振信号进行混频而下变频成中频（Intermediate Frequency，IF）信号，最后经模数（Analog-to-Digital，A/D）转换器将中频信号转变成离散时间的数字中频信号。

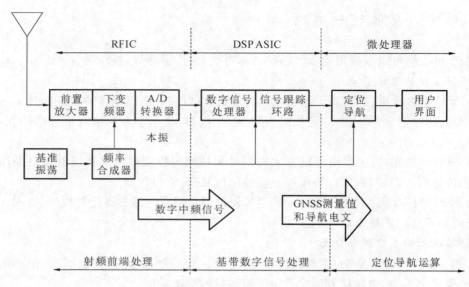

图 10-1　一种典型 GNSS 接收机的三大功能模块图

　　基带数字信号处理模块通过处理射频前端所输出的数字中频信号,复制出与接收到的卫星信号相一致的本地载波和本地伪码信号,从而实现对 GNSS 信号的捕获与跟踪,并且从中获得 GNSS 伪距和载波相位等测量值以及解调出导航电文。

　　在基带数字信号处理模块处理数字中频信号后,各个通道分别输出其所跟踪的卫星信号的伪距、多普勒频移和载波相位等测量值以及信号上调制出来的导航电文,而这些卫星测量值和导航电文中的星历参数等信息再经后续的定位导航运算功能模块的处理,接收机最终获得 GNSS 定位结果,或者再输出各种导航信息。

10.3.1　接收机天线

　　接收天线是 GNSS 接收机处理卫星信号的首个器件,它将接收到的 GNSS 卫星所发射的电磁波信号转变成电压或者电流信号,以供接收机射频前端摄取与处理。GNSS 接收机赖以定位的信息基本上全部来自天线接收到的 GNSS 卫星信号,所以接收天线的性能直接影响着整个接收机的定位性能,它对接收机整体所起的作用与贡献绝对不容忽视。

　　(1) 从极化方式上 GNSS 天线分为垂直极化和圆形极化。

　　垂直极化的效果比不上圆形极化。因此除了特殊情况,GNSS 天线都会采用圆形极化和线性极化。

　　(2) 从放置方式上 GNSS 天线分为内置天线和外置天线。

　　天线的装配位置也是十分重要的。早期 GNSS 手持机多采用外翻式天线,此时天线与整机内部基本隔离,电磁干扰(Electromagnetic Interference,EMI)几乎不对其造成影响,收星效果很好。随着小型化装置的普及,GNSS 天线多采用内置。此时天线必须在所有金属器件上方,壳内需电镀并良好接地,远离 EMI 干扰源,比如 CPU、SDRAM、SD 卡、晶振、

DC/DC。

车载 GNSS 的应用会越来越普遍，而汽车的外壳，特别是汽车防爆膜对 GNSS 信号产生严重的阻碍。一个带磁铁（能吸附到车顶）的外接天线对于车载 GNSS 来说是非常有必要的。

（3）从供电方面又分有源和无源天线。

外置式 GNSS 为有源天线，比如达伽马 GNSS 外置式天线基本上就属于有源天线。无源天线就是不含 LNA 放大器，只是天线本体，如图 10-2 所示。

(a)贴片天线　　　　　(b)有源天线　　　　　(c)圆极化天线

图 10-2　几种较常见的天线

10.3.2　射频前端处理

射频（RF）前端模块位于接收机天线与基带数字信号处理模块之间，它的主要作用是将接收到的射频模拟信号离散成包含 GNSS 信号成分的、频率较低的数字中频信号，并在此过程中进行必要的滤波和增益控制，如图 10-3 所示。所以要求接收机射频前端具有低噪声指数、低功耗、高增益和高线性等优点，确保其输出的数字中频信号具有较高的载噪比，以利于随后的基带数字信号处理模块对信号的跟踪变得更为鲁棒，对信号的监测更加精确，射频前端处理流程如图 10-4 所示。

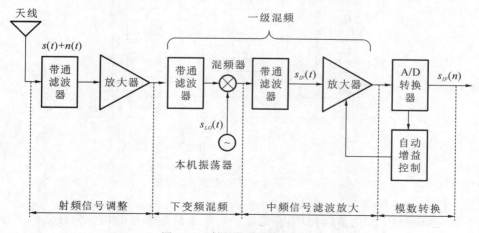

图 10-3　射频前端处理示意图

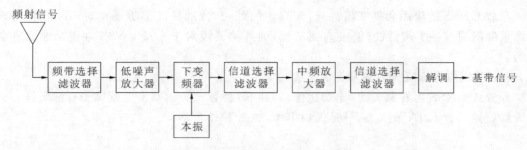

图 10-4　射频前端处理流程图

10.3.3　载波环

在上一节,GNSS 接收机将天线接收到的卫星信号经射频前端处理后变成了数字中频信号,那么在这节将讨论接收机基带数字处理功能模块对数字中频信号的处理。接收机的每个信号通道对于其所跟踪的那颗可见 GNSS 卫星的信号处理过程,可以大体分成捕获、跟踪、位同步、帧同步四个阶段,如图 10-5 所示。

接收机对信号的跟踪主要是借助载波跟踪环路(简称载波环)和码跟踪环路(简称码环)来完成的,其中载波环通常有相位锁定环路和频率锁定环路两种形式。如图 10-6 所示是一种典型的载波环。

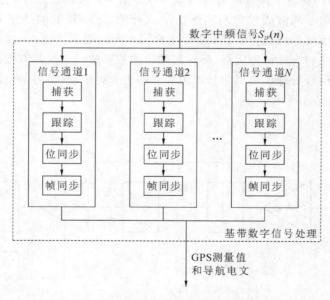

图 10-5　信号通道处理信号示意图

相位锁定环路(PLL)简称锁相环,它是以锁定输入载波信号的相位为目标的一种载波环实现形式。锁相环曾被描述成一种接收机技术,而现在它已经被非常广泛地用于各种通信系统和仪器设备中,任何需要调制出稳定频率的系统基本均受益于锁相环技术。从根本上讲,锁相环是一个产生输出周期信号的电子控制环路,它通过不断地调整其输出信号的相位,使输出信号与输入信号之间的相位时刻保持一致。当输入、输出信号的基本相位保持一致时,称锁相环表现为它的稳态特性;当输入、输出信号的相位尚未达到一致但正趋向于一致时,称锁相环运行在牵入状态,并且此时的锁相环表现为暂态特性。若暂态过程不收敛或者干扰过于激烈而导致锁相环未能进入锁定状态,则称锁相环暂时失锁,它最终可能会丢失信号。

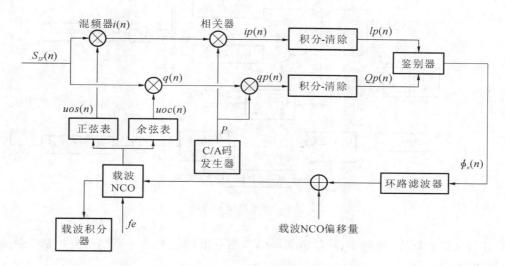

图 10-6　一种典型的载波环

10.3.4　码环

码跟踪环路简称码环,其主要功能是保持复制 C/A 码与接收 C/A 码之间的相位一致,从而得到对接收信号的码相位及其伪距测量值。码环与前面所介绍的载波环联系紧密,彼此互相支持,它们一起共同组成 GNSS 接收机的信号跟踪环路,完成各种基带数字信号处理任务。

码环将通过复制一个与接收信号中的伪码相位相一致的伪码,然后让接收信号与复制伪码相乘相关,以剥离接收信号中的伪码,并从中获得 GNSS 定位所必需的伪距这一重要测量值。

码环的实现形式通常表现为如图 10-7 所示的延迟锁定环路(Delay Loop Lock,DLL)。事实上,平常所说的码环就是专指延迟锁定环路,延迟锁定环路已被默认为码环。

10.3.5　数字信号处理

当接收机在捕获、跟踪接收信号后,它要接着对信号进行位同步和帧同步处理,从而从接收信号那里获得信号发射时间和导航电文,最终实现 GNSS 定位。基带数字信号处理模块除了包含载波剥离、伪码剥离、相关积分和非相关积分等用来完成信号跟踪的这些功能之

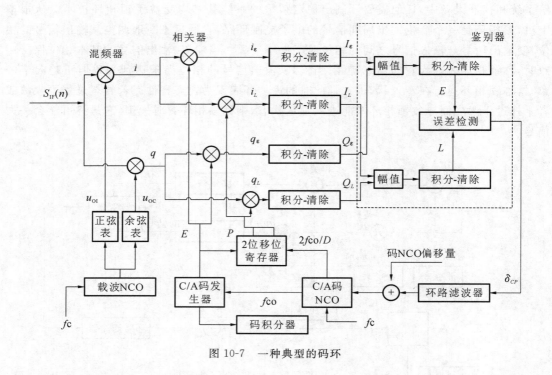

图 10-7　一种典型的码环

外,它还要完成位同步、帧同步、导航电文译码和测量值的组装的一系列任务。基带数字信号处理如图 10-8 所示。

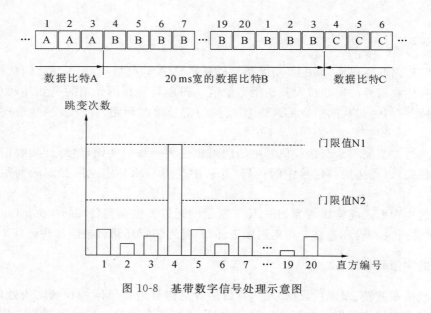

图 10-8　基带数字信号处理示意图

10.4　GNSS 接收机主要模块

GNSS 接收机经过几十年的发展,获得了巨大的成功,在生活中的应用十分广泛。目前,厘米级定位已经很成熟,对于制造厂商来说,功耗与物理尺寸大小要求是最重要的。然而,一旦精度问题有所缓解,泛在可用性问题就突显出来,促使 GNSS 接收机在诸多挑战环境中得到应用。面向高精度定位监测应用,常规的 GNSS 接收机一般由 GNSS 接收机主板和封装外壳组成。

10.4.1　GNSS 接收机主板

GNSS 接收机主板包含 GNSS 定位板卡、4G 通讯模块、微控制器模块(Microcontroller Unit,MCU)、指示灯、SD 卡、电源模块等一系列电子元器件,如图 10-9 所示。基于核心元器件开展接收机硬件电路的设计,包括电源、内部数据传输接口、前面板、PPS 接口、4G 天线接口、COM 接口等。

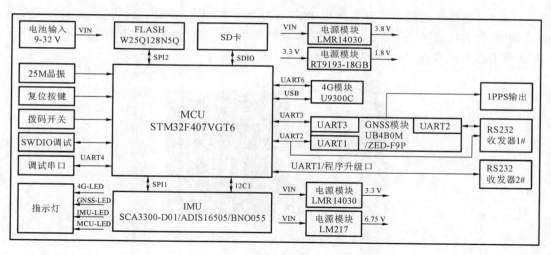

图 10-9　GNSS 主板设计原理图

1. 接收机 OEM 板

随着美国取消 SA 政策,GNSS 民用化得到了高速发展,而 20 世纪 90 年代中期国外推出的 GNSS OEM(Original Equipment Manufacturer)技术,将 GNSS 接收机的主要部件做成大规模集成电路芯片集成在一块电路板上,使得 GNSS 接收模块的价格、体积极速下降,大大地拓展了高精度 GNSS 产品的应用领域。

如图 10-10 所示,GNSS OEM 板主要就是将 GNSS 接收机的主要部件,如存储器、CPU 以及串行 PROM 等做成大规模集成电路片,并将这些部件集成在一块电路板上。从图 10-10 中能够看出,该结构图主要有接收信号、处理信号、定位结果以及输出观测信号等功能。用户可以利用 OEM 板进行二次硬件开发,可研制成各种应用需求的 GNSS 接收机。在

GNSS 接收机的几个重要组成部分中,OEM 板占据着重要的位置,其主要负责接收来自天线单元的信号,并且将这些信号进行一系列的处理,从而实现对卫星信号的跟踪、锁定以及测量,通过以上一系列环节,最终产生与目标位置相关的计算信息。

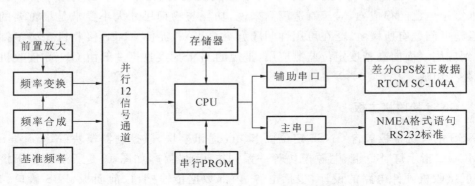

图 10-10　GNSS OEM 板结构示意图

　　目前,国内外已有较多厂家生产 GNSS OEM 板,如美国 Trimble 公司、加拿大 NovAtel 公司、中国和芯星通公司,等等。下面以和芯星通的 UB4B0 为例(图 10-11),介绍 GNSS-OEM 板卡的主要参数,详见表 10-1 和表 10-2、表 10-3。

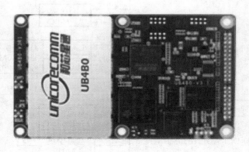

图 10-11　UB4B0 定位板卡

表 10-1　性 能 指 标

通道	432 通道,基于 Nebulasll 芯片
信号	BDS B1I/B2I/B3I/BI1C/B2a
	GPS L1/L2C/L2P(Y)/L5
	Galileo E1/E5a/E5b
	GLONASS L1/L2
	QZSS L1/L2/L5
单点定位(RMS)	平面 1.5m,高程 2.5m

续表

RTK(RMS)	平面 0.8cm+1×10⁻⁶,高程 1.5cm+1×10⁻⁶			
观测精度(RMS)	BDS	GPS	GLONASS	Galileo
B1/B1C/L1C/A/E1/G1 码	10cm	10cm	10cm	10cm
B1/L1C/A/E1/G 载波相位	1mm	1mm	1mm	1mm
B2/L2P(Y)/L2C/G2/E5b 码	10cm	10cm	10cm	10cm
B2/L2P(Y)/L2C/E5b 载波相位	1mm	1mm	1mm	1mm
B3/B2a/L5/E5a 码	10cm	10cm	10cm	10cm
B3/B2a/L5/E5a 载波相位	1mm	1mm	1mm	1mm
首次定位时间(TTFF)	冷启动<40s,重捕获小于 1s			
RTK 初始化时间	<5s(典型值)			
初始化可靠性	>99.9%			
差分数据	RTCM v3.0/3.2			
数据格式	NMEA 0183 Unicore			
观测数据更新率	20Hz			
定位数据更新率	20Hz			
时间精度(RMS)	20ns			
速度精度(RMS)	0.03m/s			

表 10-2　物 理 特 性

尺寸	60mm×100mm×4mm
重量	45g
I/O 接口	2×12 插针,2×8 插针
天线接口	MMCX
工作温度	−40+85℃
存储温度	−40+85℃
湿度	95%非凝露

表 10-3　电 气 特 性

天线 LNA 供电	4.75~5.10V,0~100mA
RTC	3.0~3.3V DC
电压纹波	100mV p-p(Max)

续表

功耗	2.8W(典型值)
功能接口	
串口	1×UART(RS232)
2×UART(LV-TTL)	
网口	1×LAN,10/100M
1PPS 接口	2×1PPS(LVTTL)

2.4G 通信模块

GNSS 高精度实时动态定位技术(Real-time kinematic,RTK)的实现需要实时接收基站网络的差分数据,并在终端进行高精度差分定位解算,以获取高精度的定位结果。无线通信网络是 RTK 定位系统中数据传输的关键环节,无线通信网络通过 4G 等无线信号的传输,将实时获取的星历和原始观测数据报文传输到服务器,并可实现在终端以及服务端的实时解算与定位监控的服务。因此,4G 无线通信模块(图 10-12)是整个 GNSS 主板设计中不可或缺的一部分。

图 10-12　4G 通信模块

3.MCU 模块

微控制单元(MCU),如图 10-13 所示又称单片微型计算机(Single Chip Microcomputer)或者单片机,是把中央处理器(Central Process Unit,CPU)的频率与规格做适当缩减,并将内存(Memory)、计数器(Timer)、USB、A/D 转换、UART、PLC、DMA 等周边接口,甚至 LCD 驱动电路都整合在单一芯片上,形成芯片级的计算机,为不同的应用场合做不同组合控制。在 GNSS 接收机设计中,MCU 主要完成通信管理、电源模块管理、信号灯管理、数据传输管理等功能。

图 10-13　MCU 元器件

4. 存储模块

GNSS 接收机存储模块是一种用于存储 GNSS 接收机数据的设备,如图 10-14 所示。存储模块可以用来保存接收到的 GNSS 数据,以便后续分析、处理或回放。其通常是一个独立的硬件设备,可以与 GNSS 接收机连接并通过特定的接口进行数据传输。它可以包含内部存储器,如固态存储器(如闪存)或硬盘驱动器,也可以支持外部存储介质,如 SD 卡或 USB 存储设备。

通过使用存储模块,用户可以记录和保存 GNSS 接收机接收到的原始观测数据、星历数据以及定位解算结果等。这些数据可以用于后续的数据分析、精密定位、地理信息系统(GIS)应用等。

图 10-14　存储模块

5. 电源模块

GNSS 接收机通常需要供电以正常工作,为了提供电源,可以使用 GNSS 接收机电源模块,如图 10-15 所示。该模块通常是一个小型电路板,用于将外部电源转换为适合 GNSS 接收机的电压和电流。

GNSS 接收机电源模块通常具有以下特点:

(1) 输入电压范围:指模块能够接收的外部电源的电压范围。通常为直流(DC)电压,例如 5V 或 3.3V。

（2）输出电压：指模块提供给 GNSS 接收机的电压。不同的接收机可能需要不同的电压，常见的有 3.3V 或 1.8V。

（3）输出电流：指模块能够提供给 GNSS 接收机的最大电流，确保模块的输出电流能够满足接收机的需求。

（4）电源稳定性：良好的电源模块应该能够提供稳定的输出电压，以确保 GNSS 接收机正常运行，并减少其对电源波动的敏感性。

（5）低功耗：GNSS 接收机通常需要长时间运行，所以一个低功耗的电源模块可以延长其使用寿命。

使用 GNSS 接收机电源模块时，需要将外部电源连接到模块的输入端，然后将模块的输出端与 GNSS 接收机的电源引脚连接起来。这样，模块可以将外部电源转换为适合接收机的电压和电流，并为其提供稳定的电源。

图 10-15　电源模块

10.4.2　GNSS 接收机封装设计

GNSS 接收机封装设计要充分考虑散热问题以及主板的稳定性，因此采用镁铝合金骨架，外部设置有绝缘壳体，比完全采用塑料的壳体，散热性更好，刚性更强，重量轻且结构简单，制造容易，成本低，不易损坏，密闭性好，空间利用率高，设计更加美观。图 10-16 是 GNSS 接收机外观，图 10-17 是 GNSS 接收机接口。

图 10-16　GNSS 接收机外观

图 10-17　GNSS 接收机接口

10.5　GNSS 接收机设计与制造

10.5.1　整体流程

1）需求分析和设计

这一阶段涉及客户和市场的需求与沟通，明确接收机的性能要求、功能和用途。设计团队将根据需求制定产品规格和功能设计。

2）芯片组选择和采购

根据设计要求，选择合适的 GNSS 芯片组，这些芯片组包含接收和处理卫星信号的关键技术。芯片组的选择基于性能、功耗、价格和可用性等因素。一旦确定，芯片组会从供应商处采购。

3）电路板设计和制造

电路板是 GNSS 接收机的核心组件，用于集成芯片组和其他元件。电路板的设计需要专业的硬件工程师和 PCB 设计软件。设计完成后，电路板将通过 PCB 制造商进行生产。

4）芯片组安装和焊接

电路板生产后，通过表面贴装技术（SMT）将选定的芯片组和其他表面贴装元器件精准地安装到电路板上。接下来，会进行焊接，以确保芯片和元器件牢固地连接到电路板。

5）天线安装

GNSS 接收机需要天线来接收卫星信号。天线固定在电路板上，通常位于产品的外壳顶部，以保证信号的有效接收。

6）外壳组装

GNSS 接收机需要一个外壳来保护内部组件。在这一步骤中，将电路板和其他硬件组件（如电池、屏幕、按钮等）安装到外壳中，并确保一切正确安装。

7）软件开发和固件加载

接收机的芯片组需要运行特定的固件和软件，以使其能够正确解析和处理卫星信号。开发团队将开发必要的软件，并通过编程或烧录的方式将固件加载到接收机中。

8）硬件和软件集成

在此阶段，硬件和软件进行集成和测试，确保它们可以正确地协同工作，并按照规格要求运行。

9）功能测试和调试

制造完成后，接收机将进行功能测试和调试。这包括对 GNSS 接收机的各个功能进行测试，以确保其在不同条件下的性能。

10）产品认证和质量控制

在测试和调试完成后，接收机可能需要进行产品认证，以确保符合相关的国际或行业标准。同时，质量控制团队会对每个接收机进行检查，以确保产品质量和一致性。

11）批量生产

一旦通过测试和认证，并经过质量控制确认，接收机将进入批量生产阶段。在这个阶段，大量的 GNSS 接收机将被制造出来。

值得注意的是，每个制造商可能会在这些步骤中进行微小的调整，以适应其特定的工艺和产品设计。此外，制造 GNSS 接收机是一项复杂的任务，需要严格的质量管理和技术专业知识。

10.5.2　电路设计

设计 GNSS 接收机的电路需要考虑许多因素，包括频率范围、信号灵敏度、抗干扰性、功耗、尺寸和成本等。下面是设计 GNSS 接收机电路的一般步骤：

（1）确定要接收的 GNSS：GNSS 包括 GPS、GLONASS、Galileo、BDS 等，每个系统有自己的频率和调制方式。确定要支持的 GNSS 是电路设计的第一步。

（2）RF 前端设计：GNSS 接收机的第一个步骤是设计 RF 前端，它负责接收来自卫星的微弱信号并放大信号。该部分的设计需要考虑频率范围、频率选择、低噪声放大器（LNA）的选择，以及信号抑制和滤波等。

（3）中频（IF）部分：RF 前端产生的信号会被转换为中频信号，以方便后续处理。在这一步骤中需要设计混频器和滤波器等组件。

（4）信号处理和解调：中频信号被传送到信号处理单元，进行解调、解码和测距等操作。这包括将接收到的卫星信号与接收机的本地振荡器进行比较，以确定距离和时间差等信息。

（5）数据解码和定位计算：GNSS 接收机需要处理多个卫星的信号，并进行定位计算。在这一步骤中需要设计相应的处理器和算法。

（6）电源管理：设计电源管理电路，确保接收机在功耗上效率高并且稳定运行。

（7）抗干扰设计：GNSS 接收机通常需要在高干扰的环境中工作。因此，抗干扰设计非常重要，包括滤波、屏蔽和干扰抑制等措施。

（8）PCB 设计：根据前面的电路设计进行 PCB 设计，确保各个组件能够正确连接并且保证信号传输效率高。

（9）测试与调试：完成电路设计后，进行测试与调试，以确保接收机在预期的性能范围内运行。

图 10-18 是电路设计图示例。

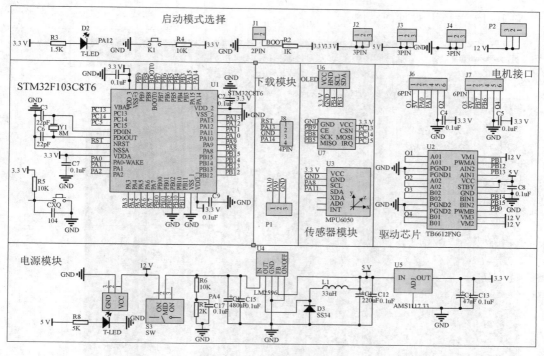

图 10-18　电路设计图

10.5.3　PCB 设计

GNSS 接收机前端为 RF 模块。由于含有射频信号,因此其 PCB 设计相对中低频信号的 PCB 板来说要困难得多。总结设计时遇到的困难及需要注意的事项,可以得到以下几点启示:

(1) 射频滤波器只有在位于天线与射频滤波器之间的微波传送带的特征阻抗为 50Ω 的情况下才能正常工作。该传送带特征阻抗是 PCB 介质层间厚度为 h,介电常数为 ε_r,导线厚度为 t,以及导线宽度为 w 的函数,所以在 PCB 板上放置该段导线时应根据相应的函数精确计算出微波传送带的宽度。

(2) 布线时应将导线的电阻和电容效应都考虑在内,走线尽量短而直,不能走直角;元件布局时要防止产生寄生振荡现象。特别是对于 LC 滤波电路,PCB 板布线与电容和电感摆放所产生的分布参数会直接影响这个滤波器,因而在布线过程中应注意:滤波器的元器件和引线与射频信号线之间要保持良好的间隔,以防止互相之间的串扰;双平衡信号的路径要保持平行,并且长度相仿,这样可以加强二者之间的耦合而减弱与其他线之间的耦合。第一级滤波器和射频信号输入电路之间留有足够的空间,以实现相互隔离,保证系统的稳定性。

(3) 模拟电源与数字电源隔离;数字地与模拟地分开,在两者搭接处加入磁珠,防止互相干扰;连接电源和地的导线应尽量粗一些。

(4) 应使用一个金属罩将射频部分电路屏蔽起来,防止与后面的数字电路发生互相干扰。

图 10-19 为 PCB 设计图示例。

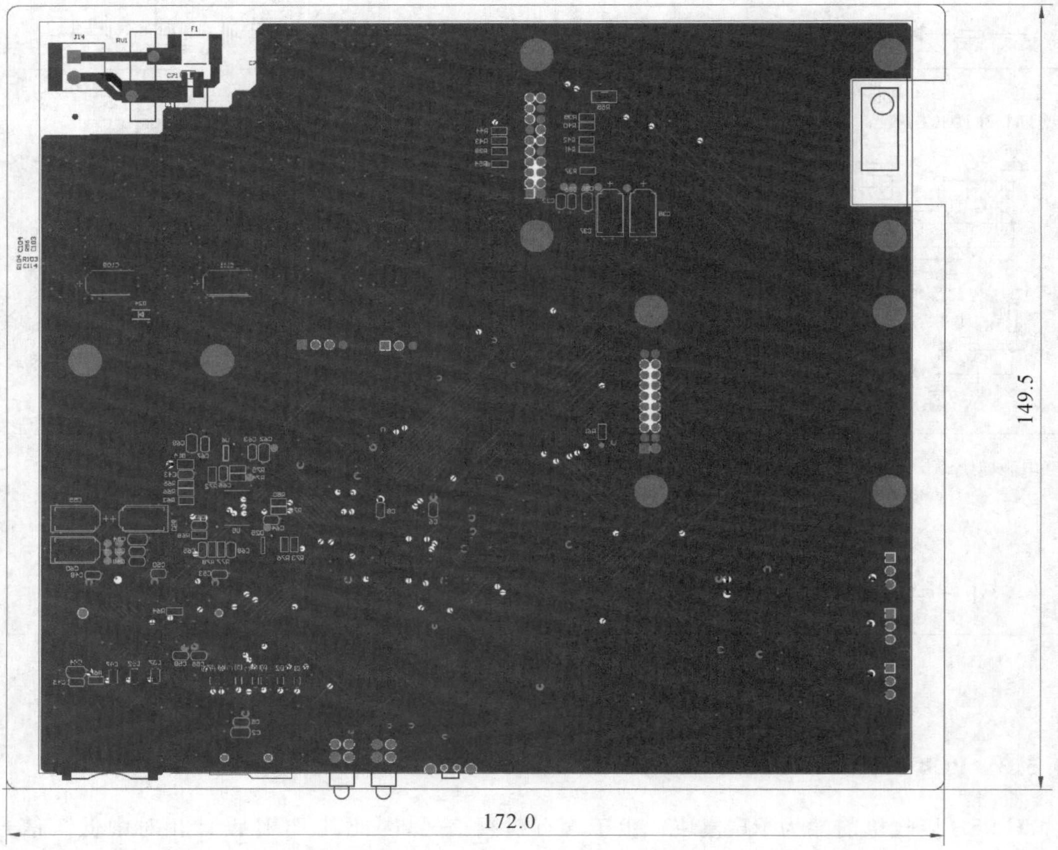

图 10-19 PCB 设计图

10.5.4 物料准备

GNSS 接收机的物料种类根据具体的设计和制造要求不同而不同,不同的制造商可能会采用不同的物料组合。以下列出了一些在 GNSS 接收机制造过程中使用的常见物料:

(1)电路板材料:通常使用玻璃纤维增强树脂(FR-4)作为主要的电路板材料。FR-4 是一种常见的电路板基材,具有良好的电气性能和机械强度。

(2)芯片组:GNSS 接收机的核心部分是芯片组,用于接收和处理来自卫星的信号。

(3)天线:接收卫星信号的天线通常采用导电材料,如金属。

(4)外壳材料:接收机的外壳通常使用塑料、金属或复合材料,以保护内部电路和组件。

(5)电池:如果接收机需要移动或方便使用,可能会使用锂离子电池或其他合适的电池类型。

(6)屏幕:GNSS 接收机中的显示屏通常采用液晶显示器(LCD)或其他显示技术。

（7）按钮和连接器：用于操作和连接的按钮和连接器通常采用金属或塑料材料。

（8）固件和软件：接收机所需的固件和软件是关键的组成部分，用于控制接收机的功能和性能。

随着技术的不断发展和新材料的出现，GNSS 接收机的物料组合可能会有所变化。制造商通常会根据产品的要求和市场趋势来选择适合的物料。此外，符合相关法规和标准的物料使用也是必要的，以确保产品的质量和安全性，如图 10-20 所示。

Bill of Materials

Bill of Materials For Project [BD2_2.PrjPcb] (No PCB Document Selected)

Source Data From:	BD2_2.PrjPcb	
Project:	BD2_2.PrjPcb	
Variant:	None	

Creation Date:	2019/5/25	11:25:27
Print Date:	25-May-19	12:46:49 PM

Footprint	Comment	LibRef	Designator	Description	Quantity
CC1608-0603	15pF	Cap Chip	C61, C62	Polarized Capacitor (Radial)	2
CC1608-0603	100pF/16V	Cap Semi	C3, C4	Capacitor, Ceramic 0603 10V, X7R, 20%	2
CC1608-0603	0.1uF/16V	Cap Semi, Cap, Cap Chip	C5, C26, C28, C50, C51, C53, C54, C55, C56, C57, C58, C64, C66, C69, C71, C72, C73, C74, C75, C76，C2, C8, C16, C18, C25	Capacitor, Ceramic 0603 16V, X7R, 20%,	25
CC1608-0603	0.1uF/50V	Cap Semi	C15	Capacitor X7R	1
CC1608-0603	10nF	Cap	C19	Capacitor	1
CC1608-0603	1uF/16V	Cap, Cap Semi	C20, C63	Capacitor, Capacitor, Ceramic, 25 V, X7R,	2
CC1608-0603	6.8pF/16V	Cap	C21, C11	Capacitor	2
CC1608-0603	2.2uF	Cap Semi, Cap	C24, C67, C68	Capacitor (Semiconductor SIM Model),	3
CC1608-0603	100nF	Cap Semi, Cap	C34, C65	Capacitor, Ceramic, 25 V, X7R, 20%,	2
CC1608-0603	33pF	Cap Semi	C35, C46, C47, C48, C49	Capacitor, Ceramic, 25 V, X7R, 20%	5
CC1608-0603	27pF	Cap Semi	C39, C42	Capacitor, Ceramic, 25 V, X7R, 20%	2

图 10-20　物料清单

10.5.5　元器件集成

接收机在经过原理图设计、PCB 设计、制板的步骤后，将要进行的步骤就是集成，即印刷电路板组装（Printed Circuit Board Assembly，PCBA），将电子元器件安装到 PCB 上，并完成焊接等后续工艺处理。PCB 的组装过程主要包括贴片、插件、焊接和测试等环节。贴片是将表面贴装元器件（SMD）安装到 PCB 上的过程；插件是将直插式元器件安装到 PCB 上的过程；焊接包括波峰焊、回流焊等方法，用于固定元器件与 PCB 的连接；测试环节则是确保 PCB 的性能和质量。GNSS 接收机制造选用的元器件品种尚不齐全，在表面组装时，可采用表面贴装（Surface Mount Technology，SMT）与通孔插装元件相结合的"混合表面安装"方法，双面混合组装由以下三步组成：正面安装焊接、底面安装焊接、插装波峰焊接。GNSS 接收机中 GNSS OEM 板采用插装方式，而 MCU 模块采用 SMT 安装方式，元器件集成后即完成了 GNSS 接收机主板的制造。图 10-21 为 GNSS 接收机主板集成图。

图 10-21　GNSS 接收机主板集成图

10.5.6　结构设计

　　导航设备封装结构设计包括总体结构设计、热设计、电磁兼容性设计、防腐蚀设计、工业造型设计、抗振动冲击设计等主要内容。

　　导航设备封装结构设计时需要考虑下述条件：尺寸要求、重量要求、工作温度范围、充电温度范围、湿度范围、存储温度范围、密封要求、跌落冲击要求。在接收机样品出厂后也同样对这些方面进行装备测试。

　　据相关机构统计，环境因素是导致设备故障的主要因素，有超过 50% 以上的设备故障是环境因素引起的，而高低温、振动与冲击、湿热三种环境造成的故障则高达 44%。因此，必须针对环境要求对设备结构进行充分的设计分析和试验来提高设备的工作可靠性。

10.6　常见的 GNSS 接收机

10.6.1　大地测量型接收机

　　1. 华测 P5 北斗参考站接收机

　　P5 是上海华测导航技术有限公司基于第四代智能平台研发的一款 GNSS 智能参考站接收机（见图 10-22），主要用于精密定位服务系统、矿山监测、桥梁监测、地灾监测、水利监测、水电监测、机械控制、车辆调度、船舶调度等领域，兼具高可靠性和高精度特点。

　　华测 P5 北斗参考站接收机性能见表 10-4。

图 10-22　华测 P5 北斗参考站接收机

表 10-4　华测 P5 北斗参考站接收机性能

项目	内容	指　标
定位指标	静态定位	平面精度：$\pm(2.5+0.5\times10^{-6}\times D)$mm
		高程精度：$\pm(5+0.5\times10^{-6}\times D)$mm
	网络 RTK 技术	平面精度：$\pm(8+1\times10^{-6}\times D)$mm
		高程精度：$\pm(15+1\times10^{-6}\times D)$mm
	码差分 GNSS 定位	平面精度：$\pm(0.25+1\times10^{-6}\times D)$m
		高程精度：$\pm(0.5+1\times10^{-6}\times D)$m
用户界面	电压	宽电压供电(7～36)V DC,过压保护,电源稳压
	防水防尘	IP68
	工作温度	$-40\sim+75$℃
	湿度	100%无冷凝

2. 中海达 A16 GNSS 接收机

A16 是中海达华星品牌新一款高端 GNSS 接收机(见图 10-23),新一代测量引擎,支持星站差分,内置 4G 全网通通信和多协议电台,采用全新外观设计,镁合金结构,Linux 3.2.0 操作系统,内置高清 OLED 显示和电容式触摸屏,是一款极致、智能、轻巧的测量型 GNSS 接收机。

图 10-23　中海达 A16 GNSS 接收机

中海达 A16GNSS 接收机性能指标见表 10-5。

表 10-5　中海达 A16 GNSS 接收机性能指标

项目	内容	指　　标
定位指标	静态定位	平面：$\pm(2.5+0.5\times10^{-6}D)\,\text{mm}$ 高程：$\pm(5+0.5\times10^{-6}D)\,\text{mm}$
	网络 RTK 技术	平面：$\pm(8+1\times10^{-6}D)\,\text{mm}$ 高程：$\pm(15+1\times10^{-6}D)\,\text{mm}$
	DGNSS 定位精度	平面精度：$\pm0.25\text{m}+1\times10^{-6}$ 高程精度：$\pm0.50\text{m}+1\times10^{-6}$
用户界面	电压	6～28V 宽压直流设计，5 芯接口
	防水防尘	IP67
	工作温度	$-40\sim+75℃$
	湿度	100％无冷凝

3. 天宝 Trimble R10 智能型 GNSS 接收机

天宝最新的 Trimble R10 智能型 GNSS 接收机提供多种 GNSS 差分方式和多种精度的选择，以满足不同工作的需求（见图 10-24）。现在，用户只需一台接收机即可满足不同工作对各种精度的需求。工作中需要高精度时，可以很容易地升级到高精度。Trimble R10 智能型 GNSS 接收机可以得到表 10-6 中的几种精度。

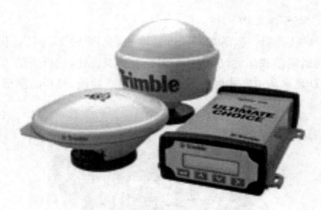

图 10-24　TRIMBLE R10 智能型 GNSS 接收机

表 10-6　Trimble R10 智能型 GNSS 接收机性能指标

项目	内容	指　　标
定位指标	静态定位	平面精度:$3mm+0.5\times10^{-6}$ 高程精度:$5mm+0.5\times10^{-6}$
	网络 RTK 技术	平面精度:$8mm+1\times10^{-6}$ 高程精度:$15mm+1\times10^{-6}$
	码差分 GNSS 定位	平面精度:$0.25m+1\times10^{-6}$ 高程精度:$0.50m+1\times10^{-6}$
用户界面	电压	端口 1 和端口 2(均为 7 针 Lemo 口)为外部电源输入口, 支持 11V 到 24V 外接直流电源输入
	防水防尘	IP67
	工作温度	$-40\sim+75℃$
	湿度	100%无冷凝

Trimble R10 智能型 GNSS 接收机具有 LED 显示屏和设置按钮,能够快速方便地进行设置。两种天线适合于各种精度的工作需求。

10.6.2　导航型接收机

1. NovAtel DL-V3 GNSS 接收机

NovAtel DL-V3 接收机是针对基准站和移动站应用而设计一款高性能产品,如图 10-25 所示。DL-V3 内为 NovAtel 的 OEMV-3 板卡,为坚固耐用的铝合金封装。DL-V3 可提供灵活的接口,包括串口、USB、以太网及蓝牙接口。DL-V3 可以使用来自 GPS 和 GLONASS 系统的定位信号,非常灵活并能增强接收机在恶劣环境下定位的能力。

图 10-25　NovAtel DL-V3 接收机

NovAtel DL-V3 接收机性能指标见表 10-7。

表 10-7　NovAtel DL-V3 GNSS 接收机性能指标

内　　容	指　　标
单点 L1	1.8m RMS
单点 L1/L2	1.5m RMS
DGNSS 定位精度	0.45m
电压	9～28V
防水防尘	IPX7
工作温度	−40～+75℃
湿度	95%无冷凝

2. 司南 M900 GNSS 接收机

司南 M900 GNSS 接收机是上海司南卫星导航技术股份有限公司针对监测及高精度车载定位定向应用自主研发的新一代高精度 GNSS 接收机(见图 10-26)，支持包括北斗卫星导航系统在内的主流全球卫星导航系统，可单机实现定位及定向功能。全金属设计，IP67 防水防尘级别，可应用于各种严苛环境。应用领域有：车载导航、智能交通、形变监测、精准农业等。

图 10-26　司南 M900 GNSS 接收机

司南 M900 接收机的性能指标见表 10-8。

表 10-8　司南 M900 GNSS 接收机性能指标

项目	内容	指　　标
定位指标	静态精度	平面：$\pm(2.5+0.5\times10^{-6}D)$mm 高程：$\pm(5+0.5\times10^{-6}D)$mm
	RTK 精度	平面：$\pm(10+1\times10^{-6}D)$mm 高程：$\pm(20+1\times10^{-6}D)$mm
	测姿精度	航向角：$0.2°/R$(R 为双天线基线长，单位为米) 横滚/俯仰角：$0.4°/R$(R 为双天线基线长，单位为米)

续表

项目	内容	指　　标
用户界面	电压	9—36V
	防水防尘	IP68
	工作温度	−40～+75℃
	湿度	相对湿度,≤95%(非凝结)

3.中海达 IPMV GNSS 接收机

IPMV 组合导航定位模块是由中海达最新推出的一款高精度组合实时定位导航模块（见图 10-27）。组合导航定位模块用于车载定位导航,主要用于具有自动驾驶或智能驾驶功能的乘用车和无人车。组合导航定位模块作为自动驾驶系统中的定位传感器,为车辆提供厘米级定位定向数据和姿态数据。结合高精度地图实现自动驾驶或者智能辅助驾驶。

图 10-27　中海达 IPMV GNSS 接收机

中海达 IPMV GNSS 接收机性能指标见表 10-9。

表 10-9　中海达 IPMV GNSS 接收机性能指标

项目	内容	指　　标
定位指标	RTK 精度	平面:$2cm+1\times10^{-6}$ 高程:$4cm+1\times10^{-6}$
	姿态精度	定向精度:0.2°(1m 基线) 横滚/俯仰:0.1°(RMS)
用户界面	电压	9～28V
	防水防尘	防尘:IP5KX 防水:IPX4K
	工作温度	−40～85℃
	湿度	95%无冷凝

附录 I   最小二乘估计

最小二乘估计法是高斯(Karl Gauss)在 1795 年为测定行星轨道而提出的参数估计算法。这种估计的特点是算法简单,不必知道与被估计量及量测量有关的任何统计信息。

设 $\boldsymbol{X}$ 为某一确定性常值向量,维数为 n。一般情况下对 $\boldsymbol{X}$ 不能直接测量,而只能测量到 $\boldsymbol{X}$ 各分量的线性组合。记第 i 次量测 $\boldsymbol{Z}_i$ 为

$$\boldsymbol{Z}_i = \boldsymbol{H}_i \boldsymbol{X} + \boldsymbol{V}_i \tag{I-1}$$

式中:$\boldsymbol{Z}_i$ 为 m_i 维向量,$\boldsymbol{H}_i$ 和 $\boldsymbol{V}_i$ 为第 i 次测量的量测矩阵和随机量测噪声。

若共测量 r 次,即

$$\begin{cases} \boldsymbol{Z}_1 = \boldsymbol{H}_1 \boldsymbol{X} + \boldsymbol{V}_1 \\ \boldsymbol{Z}_2 = \boldsymbol{H}_2 \boldsymbol{X} + \boldsymbol{V}_2 \\ \cdots\cdots\cdots\cdots\cdots \\ \boldsymbol{Z}_r = \boldsymbol{H}_r \boldsymbol{X} + \boldsymbol{V}_r \end{cases} \tag{I-2}$$

则由上述诸式可得描述 r 次量测的量测方程

$$\boldsymbol{Z} = \boldsymbol{H}\boldsymbol{X} + \boldsymbol{V} \tag{I-3}$$

式中:$\boldsymbol{Z}, \boldsymbol{V}$ 为 $\sum_{i=1}^{r} m_i = m$ 维向量,$\boldsymbol{H}$ 为 $m \times n$ 矩阵。

最小二乘估计的指标是:使各次量测 $\boldsymbol{Z}_i$ 与由估计 $\hat{\boldsymbol{X}}$ 确定的量测的估计 $\hat{\boldsymbol{Z}}_i = \boldsymbol{H}_i \hat{\boldsymbol{X}}$ 之差的平方和最小,即

$$J(\hat{\boldsymbol{X}}) = (\boldsymbol{Z} - \boldsymbol{H}\hat{\boldsymbol{X}})^{\mathrm{T}} (\boldsymbol{Z} - \boldsymbol{H}\hat{\boldsymbol{X}}) = \min \tag{I-4}$$

而要使上式达到最小,需满足

$$\left.\frac{\partial \boldsymbol{J}}{\partial \boldsymbol{X}}\right|_{\boldsymbol{X}=\hat{\boldsymbol{x}}} = -2\boldsymbol{H}^{\mathrm{T}}(\boldsymbol{Z} - \boldsymbol{H}\hat{\boldsymbol{X}}) = 0$$

若 $\boldsymbol{H}$ 具有最大秩 n,即 $\boldsymbol{H}^{\mathrm{T}}\boldsymbol{H}$ 正定,且 $m = \sum_{i=1}^{r} m_i > n$. 则 $\boldsymbol{X}$ 的最小二乘估计为

$$\hat{\boldsymbol{X}} = (\boldsymbol{H}^{\mathrm{T}}\boldsymbol{H})^{-1} \boldsymbol{H}^{\mathrm{T}}\boldsymbol{Z} \tag{I-5}$$

从上式可看出最小二乘估计是一种线性估计。

为了说明最小二乘估计最优的含义。将式(I-4)改写成

$$J(\hat{\boldsymbol{X}}) = \left[(\boldsymbol{Z}_1 - \boldsymbol{H}_1 \hat{\boldsymbol{X}})^{\mathrm{T}} \ (\boldsymbol{Z}_2 - \boldsymbol{H}_2 \hat{\boldsymbol{X}})^{\mathrm{T}} \cdots (\boldsymbol{Z}_r - \boldsymbol{H}_r \hat{\boldsymbol{X}})^{\mathrm{T}} \right] \begin{bmatrix} \boldsymbol{Z}_1 - \boldsymbol{H}_1 \hat{\boldsymbol{X}} \\ \boldsymbol{Z}_2 - \boldsymbol{H}_2 \hat{\boldsymbol{X}} \\ \cdots \\ \boldsymbol{Z}_r - \boldsymbol{H}_r \hat{\boldsymbol{X}} \end{bmatrix}$$

$$= \sum_{i=1}^{r} (\boldsymbol{Z}_i - \boldsymbol{H}_i \hat{\boldsymbol{X}})^{\mathrm{T}} (\boldsymbol{Z}_i - \boldsymbol{H}_i \hat{\boldsymbol{X}}) = \min$$

　　这说明,最小二乘估计虽然不能满足式(I-2)中的每一个方程,即使每个方程都有偏差,但它使所有方程偏差的平方和达到最小。这实际上兼顾了所有方程的近似程度,使整体误差达到最小。这对抑制测量误差$V_1, V_2, \cdots, V_r$的影响是有益的。

附录 Ⅱ　卡尔曼滤波的基本原理

卡尔曼滤波(Kalman Filtering,KF)是于 20 世纪 60 年代初发展起来的一种最优估计方法,它是以最小均方误差为准则的线性、无偏最优状态估计滤波器,一经提出立即受到工程界的高度重视,已经被成功地应用于飞行器导航、导弹制导以及潜艇、战车、火力控制、工业自动化等诸多领域。卡尔曼滤波适用于白噪声激励的任何平稳或非平稳随机过程,所得估计在线性估计中精度最佳,基本思想是:以最小均方误差为最佳估计准则,采用信号与噪声的状态空间模型,利用前一时刻的估计值和当前时刻的观测值来更新对状态变量的估计,求出当前时刻的估计值。算法根据建立的系统方程和观测方程对需要处理的信号做出满足最小均方误差的估计。

经典卡尔曼滤波是建立在线性系统基础上的,即量测模型和系统模型均为线性系统。对于离散线性系统,其状态方程可以描述为

$$x_k = \pmb{\Phi}_{k,k-1}\, x_{k-1} + \pmb{G}_{k-1}\, w_{k-1} \qquad (\text{Ⅱ-1})$$

式中:x_k 为状态向量;$\pmb{\Phi}_{k,k-1}$ 为状态转移矩阵;$\pmb{G}_{k-1}$ 为系统噪声驱动矩阵;w_{k-1} 为过程噪声向量;k 为观测历元。

离散系统的状态转移矩阵是用表示状态向量在 $k-1$ 历元到 k 历元的转换关系,通过系统动态矩阵 $\pmb{F}$ 可以计算得到 $\pmb{\Phi}_{k,k-1}$:

$$\pmb{\Phi}_{k,k-1} = \exp(\pmb{F}\Delta t) \qquad (\text{Ⅱ-2})$$

近似表示为

$$\pmb{\Phi}_{k,k-1} = (\pmb{I} + \pmb{F}\Delta t) \qquad (\text{Ⅱ-3})$$

式中:$\pmb{I}$ 为单位阵,Δt 为采样间隔。$\pmb{F}$ 矩阵常通过系统的物理模型推出。

系统噪声可能影响到不同状态分量,因为系统噪声驱动矩阵可以根据噪声与状态向量的耦合关系进行分配。

观测向量与状态向量同时应满足一定的函数关系,可以得到离散线性系统的观测方程:

$$z_k = \pmb{H}_k\, x_k + v_k \qquad (\text{Ⅱ-4})$$

式中:z_k 为系统观测向量;$\pmb{H}_k$ 为观测系数矩阵;v_k 为观测噪声向量。

对于经典的卡尔曼滤波,其过程噪声和观测噪声向量应为均值为 0 的高斯白噪声,且应满足下列条件

$$\begin{cases} w_k \sim (0, \pmb{Q}_k) \\ v_k \sim (0, \pmb{R}_k) \\ E[w_k\, w_j^{\mathrm{T}}] = \pmb{Q}_k \delta_{k-j} \\ E[v_k\, v_j^{\mathrm{T}}] = \pmb{R}_k \delta_{k-j} \\ E[v_k\, w_j^{\mathrm{T}}] = 0 \end{cases} \qquad (\text{Ⅱ-5})$$

式中：Q_k 为过程噪声的方差阵,假定为非负定阵；R_k 为观测噪声的方差阵,为正定阵；δ_{k-j} 为克罗尼克 δ 函数。

同时,系统的初始状态 x_0 为随机向量,且其与过程噪声和量测噪声均不相关,即

$$\begin{cases} E[x_0\,w_k^{\mathrm{T}}] = 0 \\ E[x_0\,v_k^{\mathrm{T}}] = 0 \end{cases} \tag{Ⅱ-6}$$

卡尔曼滤波的过程即是基于系统状态及含有噪声的观测序列进行递推估计,通常包含了两个计算过程,即预测过程(时间更新过程)和修正过程(量测更新过程)。

时间更新过程方程为[93]：

$$\begin{cases} \widehat{x_k^-} = \boldsymbol{\Phi}_{k,k-1}\,\widehat{x_{k-1}^+} \\ P_k^- = \boldsymbol{\Phi}_{k,k-1}\,P_{k-1}^+\,\boldsymbol{\Phi}_{k,k-1}^{\mathrm{T}} + G_{k-1}\,Q_{k-1}\,G_{k-1}^{\mathrm{T}} \end{cases} \tag{Ⅱ-7}$$

式中:符号" $\frown$ "表示估值,上标"$-$"为先验估值,上标"$+$"为验后估值。$\widehat{x_k^-}$:k 时刻状态预测值；$\widehat{x_{k-1}^+}$:$k-1$ 时刻状态估值；P_k^-:k 时刻状态方差预测值；P_{k-1}^+:$k-1$ 时刻状态方差估值。

量测更新过程方程为：

$$\begin{cases} K_k = P_k^-\,H_k^{\mathrm{T}}(H_k P_k^- H_k^{\mathrm{T}} + R_k)^{-1} \\ \widehat{x_k^+} = \widehat{x_k^-} + K_k(z_k - H_k\,\widehat{x_k^-}) \\ P_k^+ = (I - K_k H_k)\,P_k^- \end{cases} \tag{Ⅱ-8}$$

式中:K_k 为滤波增益矩阵,以状态方差最小为约束条件计算得到。增益矩阵是用来调节观测信息与预测信息的权值,在 GNSS/INS 组合导航中,若 GNSS 观测值更准确,则 K_k 取较大值。若观测方程中包含了不同类型的观测数据,如 GNSS 的伪距、Doppler 及载波观测值,量测更新可以针对不同类型的观测值进行序贯更新,以提高滤波的效率。

为了提高滤波系统的稳定性,保证方差阵的正定性,式(Ⅱ-8)中的验后方差更新可以由下式计算：

$$P_k^+ = (I - K_k H_k)\,P_k^-\,(I - K_k H_k)^{\mathrm{T}} + K_k R_k K_k^{\mathrm{T}} \tag{Ⅱ-9}$$

卡尔曼滤波的预测更新过程如图Ⅱ-1所示,滤波的运行需要给定初始状态 x_0 及其方差

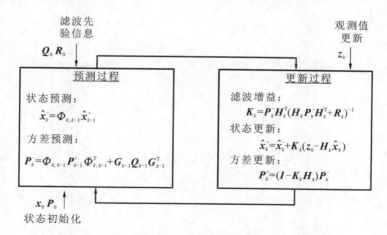

图Ⅱ-1 卡尔曼滤波预测与更新过程

阵 P_0，同时还需要准确选取先验过程噪声矩阵 Q_0 和观测噪声矩阵 R_0。对于实际应用，滤波的初值和方差实际难以准确获得，但随着滤波的推移，最终的状态不受到初始状态选择的影响。但 Q_0 和 R_0 的取值直接影响了滤波的性能，若其取值与实际模型偏差较大，则会导致滤波性能的降低甚至导致滤波发散。为了消除噪声矩阵取值的影响，可以采用自适应滤波的策略，在滤波过程中自适应调整噪声矩阵取值。

附录Ⅲ 伪距单点定位

全球定位系统由以下三个部分组成：空间部分（GNSS卫星）、地面监控部分和用户部分。GNSS卫星可连续向用户播发用于进行导航定位的测距信号和导航电文，并接收来自地面监控系统的各种信息和命令以维持系统的正常运转。地面监控系统的主要功能是：跟踪GNSS卫星，对其进行距离测量，确定卫星的运行轨道及卫星钟改正数，进行预报后，再按规定格式编制成导航电文，并通过注入站送往卫星。地面监控系统还能通过注入站向卫星发布各种指令，调整卫星的轨道及时钟读数，修复故障或启用备用件等。用户则用GNSS接收机来测定从接收机至GNSS卫星的距离，并根据卫星星历所给出的观测瞬间卫星在空间的位置等信息求出自己的三维位置、三维运动速度和钟差等参数。

根据卫星星历及接收机的观测值来独立确定用户在地球坐标系下绝对位置的方法称为单点定位，也叫绝对定位（见图Ⅲ-1）。单点定位的基本原理是利用卫星与接收机间的距离观测值以及卫星的瞬时坐标，采用空间距离后方交会来确定接收机在空间直角坐标系下的位置。单点定位的优势是只需要利用一台接收机即可完成独立定位，外业观测的组织和实施较为方便和自由，数据处理也比较简单。

伪距法定位是由GNSS接收机在某一时刻测得四颗或四颗以上卫星的伪距以及已知的卫星位置，采用空间后方交会的方法求定接收机天线所在点的三维坐标。伪距法虽然一次定位精度不高，但因其具有定位速度快，且无多值性问题等优点，仍然是GNSS定位系统进行导航的最基本方法。同时，所测伪距又可以作为载波相位测量中解算整周模糊度的辅助资料。因此，有必要了解伪距单点定位的基本原理和方法。

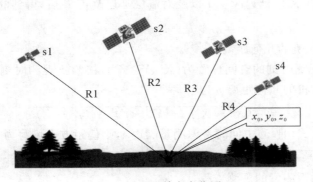

图Ⅲ-1 GNSS单点定位原理

1. 最小二乘伪距观测值

GNSS 卫星发射的信号由载波、测距码和导航电文三个部分组成。测距码是用以测定从卫星至地面测站间距离（简称卫地距）的一种二进制码序列。利用测距码可以测定卫地间距离，其基本原理如下：设卫星钟和接收机钟均与标准的 GNSS 时间保持严格同步，在某一时刻 t，卫星发出某一结构的测距码，与此同时接收机复制出结构完全相同的测距码（以下简称复制码）。由卫星所产生的测距码经时间 Δt 的传播后被接收机所接收。同时接收机所复制的复制码则由时间延迟器延迟一定时间 τ 使之与测距码对齐。此时复制码的延迟时间 τ 就等于卫星信号的传播时间 Δt，将其乘以真空中的光速 c 后即可得卫地间的距离 ρ

$$\rho = \tau \cdot c = \Delta t \cdot c \qquad (\text{III}\text{-}1)$$

由于卫星钟和接收机钟实际上均不可避免地存在误差，故用上述方法求得的距离 ρ 将受到这两台钟不同步的误差影响；此外，卫星信号还需穿过电离层和对流层后才能到达地面测站，在电离层和对流层中信号的传播速度 $V \neq c$，所以据式（III-1）求得的距离 ρ 并不等于卫星至地面测站的真实距离，将其称为伪距。

2. 伪距观测方程

在伪距测量中，直接测量的是信号到达接收机的时刻 t_R（由接收机钟量测）与信号离开卫星的时刻 t^s（由卫星钟量测）之差 $(t_R - t^s)$，此差值与真空中的光速 c 的乘积即为伪距观测值 $\tilde{\rho}$，即

$$\tilde{\rho} = c(t_R - t^s) \qquad (\text{III}\text{-}2)$$

当卫星钟与接收机钟严格同步时，$(t_R - t^s)$ 即为卫星信号的传播时间。但实际上卫星钟和接收机钟都是有误差的，它们之间无法保持严格的同步。现设卫星钟与标准 GNSS 时间有 V_{t^s} 的误差，接收机钟与标准 GNSS 时间有 V_{t_R} 的误差，则经过卫星钟差和接收机钟差改正后卫星与 GNSS 接收机的几何距离 ρ' 为

$$\rho' = c\left[(t_R + V_{t_R}) - (t^s + V_{t^s})\right] \qquad (\text{III}\text{-}3)$$

式中：$(t_R + V_{t_R}) - (t^s + V_{t^s})$ 为信号真正的传播时间，但它与真空中的光速 c 的乘积仍不等于卫星与接收机间的真正距离。因为信号在穿过电离层和对流层时并不是以光速 c 传播的，所以必须要加上电离层延迟改正 I 以及对流层延迟改正 T 后，得到的伪距观测方程为

$$\tilde{\rho} = \rho + I + T + cV_{t_R} - cV_{t^s} \qquad (\text{III}\text{-}4)$$

式中：ρ 为卫星至接收机的几何距离。

设某一卫星在观测时刻的空间位置为 (X^s, Y^s, Z^s)，接收机观测时刻的空间位置为 (X, Y, Z)，则卫星至接收机的几何距离 ρ 为

$$\rho = \sqrt{(X^s - X)^2 + (Y^s - Y)^2 + (Z^s - Z)^2} \qquad (\text{III}\text{-}5)$$

将式（III-4）代入式（III-5）中同时考虑测量噪声 ε，则伪距方程可写为

$$\tilde{\rho} = \sqrt{(X^s - X)^2 + (Y^s - Y)^2 + (Z^s - Z)^2} + I + T + cV_{t_R} - cV_{t^s} + \varepsilon \qquad (\text{III}\text{-}6)$$

式（III-6）即为伪距测量的观测方程。

接收机同每一颗观测卫星之间都可以列出一个式（III-6）的伪距观测方程。所以，当接收机同时观测 i 颗卫星时可以列出 i 个伪距观测方程，当观测卫星数 i 满足一定条件时（$i >= 4$）可以求解出接收机位置。

3.单点定位计算

对接收机位置参数而言,式(Ⅲ-6)为非线性方程,直接对其求解比较困难,需要对观测方程进行线性化。假设某一接收机的近似坐标为(X^0, Y^0, Z^0),第 i 颗卫星坐标为(X_i^s, Y_i^s, Z_i^s),将式(Ⅲ-6)在(X^0, Y^0, Z^0)处按一阶泰勒级数展开,有

$$\tilde{\rho}_i = \rho_i^0 + \frac{-(X_i^s - X^0)}{\rho_i^0}V_X + \frac{-(Y_i^s - Y^0)}{\rho_i^0}V_Y + \frac{-(Z_i^s - Z^0)}{\rho_i^0}V_Z + I_i + T_i + cV_{t_R} - cV_t^{is} + \varepsilon_i$$

$$(Ⅲ-7)$$

式中:$\rho_i^0 = \sqrt{(X_i^s - X^0)^2 + (Y_i^s - Y^0)^2 + (Z_i^s - Z^0)^2}$。

令$\dfrac{(X_i^s - X^0)}{\rho_i^0} = l_i$,$\dfrac{(Y_i^s - Y^0)}{\rho_i^0} = m_i$,$\dfrac{(Z_i^s - Z^0)}{\rho_i^0} = n_i$,可以看出 l_i, m_i, n_i 为测站近似位置(X^0, Y^0, Z^0)至卫星位置(X_i^s, Y_i^s, Z_i^s)向量的方向余弦。因此,线性化后的观测方程可写成如下形式:

$$\tilde{\rho}_i = \rho_i^0 + \begin{bmatrix} -l_i & -m_i & -n_i & 1 \end{bmatrix} \begin{bmatrix} V_X \\ V_Y \\ V_Z \\ cV_{t_R} \end{bmatrix} - cV_t^{is} + I_i + T_i + \varepsilon_i \quad (Ⅲ-8)$$

上式经变换可得

$$\begin{bmatrix} -l_i & -m_i & -n_i & 1 \end{bmatrix} \begin{bmatrix} V_X \\ V_Y \\ V_Z \\ cV_{t_R} \end{bmatrix} = \tilde{\rho}_i - \rho_i^0 + cV_t^{is} - I_i - T_i - \varepsilon_i \quad (Ⅲ-9)$$

在某历元接收机同时观测到 n 颗卫星,由式(Ⅲ-9)则可以列出 n 个观测方程,则有

$$\underbrace{\begin{bmatrix} -l_1 & -m_1 & -n_1 & 1 \\ -l_2 & -m_2 & -n_2 & 1 \\ -l_3 & -m_3 & -n_3 & 1 \\ \vdots & \vdots & \vdots & \vdots \\ -l_n & -m_n & -n_n & 1 \end{bmatrix}}_{B} \underbrace{\begin{bmatrix} V_X \\ V_Y \\ V_Z \\ cV_{t_R} \end{bmatrix}}_{\hat{x}} - \underbrace{\begin{bmatrix} \tilde{\rho}_1 - \rho_1^0 + cV_t^{1s} - I_1 - T_1 \\ \tilde{\rho}_2 - \rho_2^0 + cV_t^{2s} - I_2 - T_2 \\ \tilde{\rho}_3 - \rho_3^0 + cV_t^{3s} - I_3 - T_3 \\ \vdots \\ \tilde{\rho}_n - \rho_i^0 + cV_t^{ns} - I_n - T_n \end{bmatrix}}_{L} = \underbrace{\begin{bmatrix} -\varepsilon_1 \\ -\varepsilon_2 \\ -\varepsilon_3 \\ \vdots \\ -\varepsilon_n \end{bmatrix}}_{V} \quad (Ⅲ-10)$$

上式等价于

$$\boldsymbol{V} = \boldsymbol{B}\hat{\boldsymbol{x}} - \boldsymbol{L} \quad (Ⅲ-11)$$

根据最小二乘原理,可得

$$\hat{\boldsymbol{x}} = (\boldsymbol{B}^{\mathrm{T}}\boldsymbol{P}\boldsymbol{B})^{-1}\boldsymbol{B}^{\mathrm{T}}\boldsymbol{P}\boldsymbol{L} \quad (Ⅲ-12)$$

$$\hat{\boldsymbol{X}} = \hat{\boldsymbol{X}}_0 + \hat{\boldsymbol{x}} \quad (Ⅲ-13)$$

式中:$\hat{\boldsymbol{X}}_0$为设定的待估参数初始值,可设为$(X^0, Y^0, Z^0, V_{tR}^0)$,其中$(X^0, Y^0, Z^0)$为接收机坐标近似值,$V_{tR}^0$为接收机相对于标准 GNSS 时间的钟差初始值,一般第一次迭代可设为 0;$\hat{\boldsymbol{x}}$为求得的参数改正数;每一次所求得的参数估值 $\hat{\boldsymbol{X}}$ 将作为初始$\hat{\boldsymbol{X}}_0$进行下一次迭代,当 $\hat{\boldsymbol{x}}$ 的

每个元素均满足给定的阈值时终止迭代,求得最终的参数估值 $\hat{\boldsymbol{X}}$。其中权阵 $\boldsymbol{P}$ 可以根据每颗卫星的卫星高度角来确定。

$$\boldsymbol{P} = \begin{bmatrix} \sin^2 E_1 & 0 & 0 & \cdots & 0 \\ 0 & \sin^2 E_2 & 0 & \cdots & 0 \\ 0 & 0 & \sin^2 E_3 & \cdots & 0 \\ \vdots & \vdots & \vdots & & \vdots \\ 0 & 0 & 0 & 0 & \sin^2 E_n \end{bmatrix} \qquad (\text{III}-14)$$

式中: $E_1, E_2, \cdots, E_n$ 分别为 n 个卫星的高度角。

当 $n \geqslant 4$,即接收机同时对 4 颗或 4 颗以上的卫星进行伪距观测时,求解该方程组即可得到参数 $\boldsymbol{X}$,进而求得测站坐标。

参考文献

[1] 测绘出版社.测绘地理信息行业常用标准汇编[M].北京:测绘出版社,2011.

[2] 王坚.卫星定位原理与应用[M].北京:测绘出版社,2017.

[3] 刘建业等.导航系统理论与应用[M].西北工业大学出版社,2009.

[4] 严恭敏.惯性仪器测试与数据分析[M].国防工业出版社,2012.

[5] 弓雷.ARM 嵌入式 Linux 系统开发详解[M].2 版.北京:清华大学出版社,2014.

[6] 林超文.VR 与平板电脑高速 PCB 设计实战攻略[M].北京:电子工业出版社,2017.

[7] 秦永元.惯性导航[M].北京:科学出版社,2014.

[8] 施闯,赵齐乐,李敏,等.北斗卫星导航系统的精密定轨与定位研究[J].中国科学:地球
     科学,2012,42(6):854-861.

[9] 谭树森.卫星导航定位工程[M].2 版.北京:国防工业出版社,2010.

[10] 谭兴龙.惯性导航辅助的无缝定位改进模型研究[M].徐州:中国矿业大学出版
      社,2014.

[11] 谭兴龙,王坚,韩厚增.支持向量回归辅助的 GPS/INS 组合导航抗差自适应算法
      [J].测绘学报,2014,43(6):590-606.

[12] 陶本藻,丁仕俊,周建.GPS 定位测量[M].2 版.郑州:黄河水利出版社,2005.

[13] 王坚,李增科,王志杰.基于低通滤波的 GPS/INS 组合导航模型研究[J].导航定位
      学报,2013,1(1):22-27.

[14] 杨元喜.自适应动态导航定位[M].北京:测绘出版社,2006.

[15] 余学祥,王坚,刘绍堂,等.GPS 测量与数据处理[M].徐州:中国矿业大学出版
      社,2013.

[16] 王坚,刘飞,韩厚增,等.测绘导航高精度定位关键技术及应用[J].导航定位与授时,
      2020,7(06):1-11.DOI:10.19306/j.cnki.2095-8110.2020.06.001.

[17] 罗名驹.基于 ARM Cortex-A9 的嵌入式 Linux 内核移植研究与实现[D].广州:广东
      工业大学,2017.

[18] 贺丹丹.嵌入式 Linux 系统开发教程[M].2 版.北京:清华大学出版社,2014.

[19] 陈晓峰.高灵敏度卫星导航接收机基带系统的硬件 PCB 设计和实现[D].上海:上海
      交通大学,2009.

[20] 刘丹,马鸣锦,杜威.基于可视化的 PCB 测量导航系统设计与实现[J].微计算机信
      息,2005(22):156-158.

[21] 杜威,马鸣锦,赵虎强.PCB 反设计系统中的测量导航[J].微计算机信息,2005(07):
      139-141.

[22] 龚爱平. 基于嵌入式机器视觉的信息采集与处理技术研究[D]. 杭州:浙江大学,2013.

[23] 周驰东. 磁导航自动导向小车(AGV)关键技术与应用研究[D]. 南京:南京航空航天大学,2012.

[24] 唐康华. GPS/MIMU 嵌入式组合导航关键技术研究[D]. 长沙:中国人民解放军国防科技大学,2008.

[25] 王美清,唐晓青. 产品设计质量控制方法研究及系统开发[J]. 制造业自动化,2003(09):15-18.

[26] 王国栋. 中小制造企业精益质量导航方法及关键技术研究[D]. 杭州:浙江大学,2011.

[27] 李玮. 卫星导航系统时间测试评估方法研究[D]. 北京:中国科学院研究生院(国家授时中心),2013.

[28] 王磊,陈锐志,李德仁等. 珞珈一号低轨卫星导航增强系统信号质量评估[J]. 武汉大学学报(信息科学版),2018,43(12):2191-2196. DOI:10.13203/j. whugis20180413.

[29] 欧阳晓凤. 北斗导航系统信号质量分析与评估技术[D]. 长沙:中国人民解放军国防科技大学,2013.

[30] 杨筱. 卫星导航系统数据与信号质量评估技术研究[D]. 长沙:中国人民解放军国防科技大学,2009.

[31] 汪寒成. 基于 BOC 族新体制导航信号质量评估技术研究及实现[D]. 成都:电子科技大学,2016.

[32] 李昱姝. iOS 系统导航产品开发项目的需求管理研究[D]. 北京:北京邮电大学,2012.

[33] 马国丰,陈强. 项目进度管理的研究现状及其展望[J]. 上海管理科学,2006(04):70-74.

[34] 程铁信,霍吉栋,刘源张. 项目管理发展评述[J]. 管理评论,2004(02):59-62,58-64.

[35] 公丕平,刘武强,周付明. 工程装备逆向建模中的点云配准技术研究[J]. 机械管理开发,2019,34(06):239-242+280. DOI:10.16525/j. cnki. cn14-1134/th. 2019.06.105.

[36] 陈坡. GNSS/INS 深组合导航理论与方法研究[D]. 郑州:中国人民解放军战略支援部队信息工程大学,2013.

[37] 胡晓,高伟,李本玉. GNSS 导航定位技术的研究综述与分析[J]. 全球定位系统,2009,34(03):59-62.

[38] 游振东. GNSS 接收机内部性能检测方法的研究[D]. 武汉:武汉大学,2005.

[39] 韩雪涛. 电子元器件从入门到精通[M]. 北京:电子工业出版社,2018.

[40] Paul Scherz,Snmon Monk. 实用电子元器件与电路基础[M]. 夏建生,等,译. 北京:电子工业出版社,2017.

[41] 杨俊,等. 卫星导航终端测试评估技术与应用[M]. 北京:国防工业出版社,2015.

[42] 宋宝华. Linux 设备驱动开发详解[M]. 北京:人民邮电出版社,2010.

[43] 成思源. 逆向工程技术[M]. 北京:电子工业出版社,2010.

[44] 刘伟军. 逆向工程原理方法及应用[M]. 北京:机械工业出版社,2009.

［45］ 袁锋.UG 逆向工程范例教程［M］.北京：机械工业出版社，2014.

［46］ HAN Houzeng，WANG Jian，WANG Jinling，et al.，Performance analysis on carrier phase-based tightly-coupled GPS/BDS/INS integration in GNSS degraded and denied environments［J］. Sensors，2015，15(4)：8685-8711.

［47］ KAPLAN E，HEGARTY C. Understanding GPS：principles and applications［M］. Artech house，Boston，London，2005.

［48］ WANG Jian，HU Andong，LIU Chunyan. A floor-map-aided WiFi/Pseudo-odometry integration algorithm for an indoor positioning system［J］. Sensors，2015，15(4)：7096-7124.

［49］ XU P L，SHI C，LIU J N. Integer estimation methods for GPS ambiguity resolution：an applications oriented review and improvement［J］. Survey Review，2013，44 (324)：59-71.

［50］ Phillips，B.. GPS Field Applications in Forestry Consulting，Global Positioning System in Forestry Workshop［R］. Kelowna，British Columbia，Canada，November 25，28，1996.

［51］ Bauer，W. D.，M. Schefcik. Using Differential GPS to Improve Crop Yields［J］. GPS World，1994，2(5)：38，41.

［52］ Petersen，C.. Precision GPS Navigation for Improving Agriculture Productivity［J］. GPS World，1991，2(1)：38，44.

［53］ Smith，B. S.，GPS Grade Control for Construction［J］. Proc. ION GPS 2000，13th Intl. Technical Meeting，Satellite Division，Institute of Navigation，Salt Lake City，UT，September 19，22，2000：1034，1037.

［54］ K. Muthukrishnan，M. E. M. Lijding，P. J. M. Havinga. Towards smart surroundings：Enabling techniques and technologies for localization［J］. In Proc. Int. Workshop on Locationand Context-Awareness，Oberpfaffenhofen，Germany，May 2005，：350-362.

［55］ J. Roth，A decentralized location service providing semantic locations［D］. University of Hagen，2005.

［56］ J. J. Caffery，G. L. Stuber. Overview of radiolocation in CDMA cellular systems［J］. IEEE Commun. Mag.，36：4 (1998)，38-45.

［57］ K. Pahlavan，P. Krishnamurthy，J. Beneat. Wideband radio propagation modeling for indoor geolocation applications［J］. IEEE Commun. Mag.，36：4，(1998)，60-65.

［58］ C. C. Chong，F. Watanabe，H. Inamura. Potential of UWB technology for the next generation wireless communications［J］. In Proc. IEEE Int. Symp. Spread Spectrum Techniques and Applications，Manaus，Brazil，Aug.，2006：422-429.